农民培训精品教材

农业综合实用技术

◎ 王孟强　胡贵民　张翠华　主编

中国农业科学技术出版社

图书在版编目（CIP）数据

农业综合实用技术 / 王孟强，胡贵民，张翠华主编 . —北京：
中国农业科学技术出版社，2018.2
ISBN 978 – 7 – 5116 – 3497 – 9

Ⅰ . ①农… Ⅱ . ①王…②胡…③张… Ⅲ . ①农业技术 Ⅳ . ①S

中国版本图书馆 CIP 数据核字（2018）第 018592 号

责任编辑　　白姗姗
责任校对　　李向荣

出 版 者	中国农业科学技术出版社
	北京市中关村南大街 12 号　邮编：100081
电　　话	（010）82106638（编辑室）　（010）82109702（发行部）
	（010）82109709（读者服务部）
传　　真	（010）82106650
网　　址	http://www.castp.cn
经 销 者	各地新华书店
印 刷 者	北京富泰印刷有限责任公司
开　　本	787 mm×1 092 mm　1/16
印　　张	14.75
字　　数	387 千字
版　　次	2018 年 2 月第 1 版　2018 年 3 月第 2 次印刷
定　　价	72.90 元

版权所有·翻印必究

《农业综合实用技术》编委会

主　　编　王孟强　胡贵民　张翠华

副 主 编　高瑞波　梁建辉　韩翠芬　吴立勇
　　　　　　刘玉军　贾立东　毛喜存　王小慧
　　　　　　许芝英　张红伟　张秋红　程小龙
　　　　　　闫志芳　于超伟　魏改红　段　胜
　　　　　　吕建业　田慧鹏　马开旺　陆　玲
　　　　　　李　娜　陈　勇　王亚丽　王　旸
　　　　　　谢红战　张丽佳　柯青霞　崔心燕
　　　　　　李艳菊　洪朝阳　钟建龙　吴晚信
　　　　　　刘道静　张　波　陈　淑　农建勤
　　　　　　陈　慧　王海红　曹　勇　杨美毕
　　　　　　韩　丹　李俊霖　段昌举　段　胜
　　　　　　李金山　郭希芹　张　冰　李淑敏
　　　　　　张海军　蒋方山

编写人员　贾素敏　张翠华　高景秋　周灵敏
　　　　　　范振水　赵立强　段冠英　王孟强
　　　　　　曹素卿　坑立稳　田崇秋　江庆平
　　　　　　郭书君

前　　言

实施乡村振兴战略，实现农业的现代化，培养和造就适应农业农村新形势下的新型职业农民势在必行。

河北省宁晋县职业技术教育中心作为河北省农业厅、财政厅确定的新型职业农民培育工程项目培训基地，具体承担新型职业农民培育工程项目的培训任务。为确保新型职业农民培育工程实施质量和效果，着力培养一支有文化、懂技术、会经营的新型职业农民队伍，为现代农业发展提供强有力的人才智力支撑。为此我们在邢台市农业局、宁晋县农业局以及学校领导的大力支持下组织编写了《农业综合实用技术》一书。

在多年的农业教学与培训实践中，河北省宁晋县职业技术教育中心广大农科专业教师认真备课，努力钻研，积极参加教学科研及生产实践，充分体现"实际、实用、实效""理论和实践结合"的原则，讲授了农业、农村所急需的多种实用技术，深受广大农民朋友欢迎。在此基础上，我们将教师在教学过程中的技术要点、技术专题进一步整理汇编成册，以飨广大学员和农民朋友。

本书共5章，农作物栽培技术由贾素敏、周灵敏、张翠华执笔，果树栽培技术由赵立强、段冠英、王孟强执笔，食用菌部分由高景秋、郭书君执笔，蔬菜栽培技术由曹素卿、坑立稳、范振水执笔，养殖管理与疾病防治部分由田崇秋、江庆平执笔编写。虽然我们在本书汇编过程中尽了自己的努力，但时间紧，水平有限，不妥之处，在所难免，望读者提出宝贵意见。在教材编写中邢台市农业局、宁晋县农业局主管领导、技术人员提出了宝贵意见和建议，在此一并致谢。

本书全面系统讲述了每种动植物的生理特点、管理技术，通过本书学习不仅能从实践技能上有所提高，更重要的是从理论上有更大的升华。本书适合广大新型职业农民、基层农技人员学习参考。

编　者

2018 年 1 月

目 录

第一章 农作物栽培技术 (1)
第一节 小 麦 (1)
一、小麦的类型 (1)
二、什么是优质麦 (1)
三、如何正确选购小麦种 (1)
四、小麦种子处理方法 (2)
五、小麦播种技术 (3)
六、小麦机械化无垄均匀技术 (3)
七、小麦机械播种注意事项 (4)
八、小麦冬前除草技术 (4)
九、小麦早春如何因苗管理 (4)
十、小麦中后期管理注意事项 (5)
十一、小麦病虫草害绿色防控主推技术 (6)
十二、小麦主要病害的症状表现 (6)
十三、小麦"一喷三防"技术要点 (7)
十四、小麦倒伏原因及防倒措施 (7)
十五、小麦出现"白穗"的病因及防治措施 (8)
十六、小麦吸浆虫发生特点及防治 (9)

第二节 玉 米 (10)
一、玉米种子的好坏和新陈种子的鉴别方法 (10)
二、如何选择玉米种子 (11)
三、玉米种植方式和密度的确定 (12)
四、玉米常见施肥方案 (12)
五、玉米叶龄模式管理追肥技术 (13)
六、玉米全程机械化生产技术 (13)
七、玉米化学除草剂使用方法及注意事项 (15)
八、玉米"一喷多效,综合控害减灾"技术 (16)
九、二点委夜蛾防治技术措施 (16)
十、玉米涝灾补救措施 (17)
十一、玉米倒伏的原因及对策 (18)
十二、玉米最佳收获期的确定 (18)

第二章 果树栽培技术 (20)
第一节 梨生产技术 (20)

1

一、梨树品种介绍 …………………………………………………… (20)
　　二、梨园春季管理 …………………………………………………… (29)
　　三、梨园夏季管理 …………………………………………………… (33)
　　四、梨园秋季管理 …………………………………………………… (34)
　　五、梨树冬季修剪 …………………………………………………… (35)
　　六、病虫害防治 ……………………………………………………… (38)
　第二节　苹果生产技术 ………………………………………………… (40)
　　一、苹果品种介绍 …………………………………………………… (40)
　　二、苹果园春季管理 ………………………………………………… (43)
　　三、苹果园夏季管理 ………………………………………………… (46)
　　四、苹果园秋季管理 ………………………………………………… (48)
　　五、苹果园冬季管理 ………………………………………………… (50)
　　六、苹果病虫害防治 ………………………………………………… (51)
　第三节　葡萄生产技术 ………………………………………………… (52)
　　一、葡萄品种介绍 …………………………………………………… (52)
　　二、葡萄苗培育 ……………………………………………………… (63)
　　三、葡萄园四季管理 ………………………………………………… (64)
　　四、葡萄病虫害防治 ………………………………………………… (69)

第三章　食用菌栽培技术 ……………………………………………… (72)
　第一节　平　菇 ………………………………………………………… (72)
　　一、概述 ……………………………………………………………… (72)
　　二、平菇的生物学特性 ……………………………………………… (74)
　　三、平菇生长发育对环境条件的要求 ……………………………… (78)
　　四、菌种制作 ………………………………………………………… (81)
　　五、平菇发酵料袋式栽培 …………………………………………… (83)
　　六、平菇熟料袋式栽培 ……………………………………………… (89)
　　七、病虫害防治 ……………………………………………………… (91)
　第二节　香　菇 ………………………………………………………… (94)
　　一、概述 ……………………………………………………………… (94)
　　二、生物学特性 ……………………………………………………… (95)
　　三、香菇菌种制作 …………………………………………………… (96)
　　四、香菇袋栽技术 …………………………………………………… (97)
　　五、香菇段木栽培 …………………………………………………… (104)
　　六、加工与保鲜 ……………………………………………………… (107)
　　七、病虫害及杂菌的综合防治 ……………………………………… (107)

第四章　蔬菜栽培技术 ………………………………………………… (109)
　第一节　西葫芦 ………………………………………………………… (109)
　　一、特征特性 ………………………………………………………… (109)
　　二、栽培技术 ………………………………………………………… (111)
　第二节　番　茄 ………………………………………………………… (111)

一、特征特性 …………………………………………………………………… (112)
　　二、栽培技术 …………………………………………………………………… (112)
　　三、主要病虫害防治 …………………………………………………………… (114)
　第三节　辣　椒 ………………………………………………………………… (115)
　　一、特征特性 …………………………………………………………………… (115)
　　二、栽培技术 …………………………………………………………………… (116)
　　三、干椒栽培技术要点 ………………………………………………………… (117)
　　四、主要病虫害防治 …………………………………………………………… (118)
　第四节　菜　豆 ………………………………………………………………… (119)
　　一、类型和品种 ………………………………………………………………… (119)
　　二、特征特性 …………………………………………………………………… (119)
　　三、栽培技术 …………………………………………………………………… (119)
　　四、主要病虫害防治 …………………………………………………………… (120)
　第五节　豇　豆 ………………………………………………………………… (121)
　　一、特征特性 …………………………………………………………………… (121)
　　二、栽培技术 …………………………………………………………………… (121)
　　三、主要病虫害防治 …………………………………………………………… (122)
　第六节　黄　瓜 ………………………………………………………………… (123)
　　一、特征特性 …………………………………………………………………… (123)
　　二、种类与品种 ………………………………………………………………… (124)
　　三、繁殖方法 …………………………………………………………………… (125)
　　四、栽培技术 …………………………………………………………………… (126)
　第七节　茄　子 ………………………………………………………………… (131)
　　一、茄子生物学特性 …………………………………………………………… (131)
　　二、栽培技术 …………………………………………………………………… (132)
　　三、主要病虫害防治 …………………………………………………………… (134)
第五章　养殖管理与疾病防治 ……………………………………………………… (136)
　第一节　养猪技术 ………………………………………………………………… (136)
　　一、猪场建设 …………………………………………………………………… (136)
　　二、猪的经济类型与品种介绍 ………………………………………………… (140)
　　三、猪的生物学特性 …………………………………………………………… (145)
　　四、猪的一般饲养管理 ………………………………………………………… (146)
　　五、猪的饲养管理 ……………………………………………………………… (148)
　　六、肉猪生产 …………………………………………………………………… (156)
　　七、现代化养猪生产 …………………………………………………………… (157)
　　八、养猪生产对环境的污染及对策 …………………………………………… (159)
　第二节　奶牛养殖 ………………………………………………………………… (160)
　　一、牛场建设与管理 …………………………………………………………… (160)
　　二、优良奶牛的选择与选配 …………………………………………………… (162)
　　三、奶牛的发情鉴定与人工授精 ……………………………………………… (162)

四、提高母牛繁殖率 ………………………………………………………（163）
　　五、奶牛的饲养管理 ………………………………………………………（163）
　　六、奶牛全日粮混合（TMR） ……………………………………………（170）
　　七、奶牛饲料的加工 ………………………………………………………（172）
　　八、粪、尿、污水处理及利用 ……………………………………………（177）
　　九、奶牛场数字化管理 ……………………………………………………（179）
第三节　肉牛生产 ………………………………………………………………（181）
　　一、选购 ……………………………………………………………………（181）
　　二、观察适应期饲养管理 …………………………………………………（181）
　　三、驱虫 ……………………………………………………………………（181）
　　四、犊牛的饲养管理 ………………………………………………………（181）
　　五、哺乳期（0～60日龄）的饲养管理 …………………………………（182）
　　六、断奶期（断奶至6月龄）的饲养管理 ………………………………（182）
　　七、育成期（7～15月龄）饲养管理 ……………………………………（183）
　　八、育肥期（16～18月龄）饲养管理 ……………………………………（184）
　　九、妊娠期母牛饲养管理 …………………………………………………（184）
第四节　猪牛常见病防治 ………………………………………………………（185）
　　一、猪病防治 ………………………………………………………………（185）
　　二、奶牛常见病防治 ………………………………………………………（194）
第五节　蛋用鸡的养殖管理与疾病防治技术 …………………………………（201）
　　一、蛋用鸡的品种 …………………………………………………………（201）
　　二、蛋用鸡的饲养管理 ……………………………………………………（205）
　　三、蛋用鸡的疾病防治 ……………………………………………………（208）
第六节　肉羊的养殖管理与疾病防治技术 ……………………………………（217）
　　一、肉羊的品种 ……………………………………………………………（218）
　　二、肉羊的饲养管理 ………………………………………………………（219）
　　三、肉羊的疾病防治 ………………………………………………………（222）

主要参考文献 …………………………………………………………………（224）

第一章 农作物栽培技术

第一节 小麦

一、小麦的类型

1. 按照小麦籽粒的皮色划分

按照小麦籽粒皮色的不同，可将小麦分为红皮小麦和白皮小麦，简称为红麦和白麦。红皮小麦（也称为红粒小麦）籽粒的表皮为深红色或红褐色；白皮小麦（也称为白粒小麦）籽粒的表皮为黄白色或乳白色。红白小麦混在一起的叫做混合小麦。

2. 按照小麦籽粒的粒质划分

按照籽粒粒质的不同，小麦可以分为硬质小麦和软质小麦，简称为硬麦和软麦。硬麦的胚乳结构为紧密，呈半透明状，亦称为角质或玻璃质；软麦的胚乳结构疏松，呈石膏状，亦称为粉质。就小麦籽粒而言，当其角质占其中部横截面1/2以上时，称其为角质粒，为硬麦；而当其角质不足1/2时，称其为粉质粒，为软麦。对一批小麦而言，按中国标准，硬质小麦是指角质率不低于70%的小麦；软质小麦是指粉质率不低于70%的小麦。

3. 按照播种季节分类

按照播种季节的不同，可将小麦分为春小麦和冬小麦。春小麦是指春季播种，当年夏或秋两季收割的小麦；冬小麦是指秋、冬两季播种，第二年夏季收割的小麦。

二、什么是优质麦

优质小麦是指品质优良具有专门加工用途的小麦，且经过规模化、区域化种植，种性纯正、品质稳定，达到国家优质小麦品种品质标准，能够加工成具有优良品质的专用食品的小麦。必须具备3个基本特征：优质、专用、稳定。

优质即品质优良。目前为各行业人士共同接受的小麦品质评价主要指标是小麦的容重、湿面筋的含量和质量（收贮企业以籽粒蛋白、湿面筋含量和稳定时间作为三大必备指标）。

专用就是指具有专门用途。如面包型小麦、饼干型小麦、优质挂面型小麦及专用饺子粉、拉面粉等。

稳定即品质稳定。优质小麦要求规模生产（如集中连片、单收单打单贮）以防止混杂，同时要求区域化种植，因为只有生态环境适应，才能保持种性纯正、品质稳定而优良。

三、如何正确选购小麦种

1. 因地选种

不论选择什么农作物良种，"因地选种"是关键。因为种子的生态区化很严格，每个品种都有自己适宜的区域范围，在选种时一定要明确当地的区域特点和小麦的生态型，如果选择不适宜本地的品种，就会给生产带来很大的损失。

2. 明确耕地肥水情况

在选种上也要明确当地耕地的肥水情况。根据麦田肥沃与否、能否浇灌、是套种还是轮作等情况选取适宜的品种。还应明确良种的特征特性，不同类型的小麦品种的丰产性、稳产性各不相同，成熟期也不一样，抗倒性、抗旱性、抗病性及适应区域都有差异，在种植时必须了解各小麦品种的特点，以便选择最适宜的地块，最适宜的良种种植，才可达到预期的高产目的。

3. 遵循经过试验的原则

除了一些统供统繁的种子外，也可以自选一些种子，做示范性种植，以便为本地区选育出更适宜种植的种子来。但是必须严格依照"一切经过试验"的原则。第一次可以少买，按照经销商、广告的介绍少量购置。这样如果失败也不会有太大的损失，如成功也算是给来年提供科学资料。

四、小麦种子处理方法

1. 拌种法

小麦拌种可以防治土传病害，主要是纹枯病、全蚀病、根腐病。可用15%的粉锈宁可湿粉剂和6%的立克秀悬浮剂拌麦种。

2. 浸种法

据试验，小麦用微肥作种子处理，每亩*可增产10%以上，少数地块增产20%~30%。但是，微肥的用量很少，可以用以下方法进行种子处理。

锌肥每千克种子用硫酸锌3~5克，浸种溶液浓度为0.02%~0.05%，浸种12小时，晾干即可播种。

硼肥浸种时，用0.01%~0.05%的硼砂或硼酸溶液浸种6~12小时；拌种时可加大溶液浓度。

钼肥每千克种子用钼酸铵2~6克，先把钼酸铵用少量温水溶解，然后稀释到以淹没种子为度，同种子一起在缸或桶中搅匀，捞出在阴凉的地方晾干播种；浸种浓度为0.05%~0.1%，按种子与肥液1:1的比例，浸种12小时，捞出晾干播种。

铜肥每千克用0.6~1.2克硫酸铜，浸种浓度为0.01%~0.05%，浸泡12小时，捞出晾干即可播种。

3. 种子包衣

种子包衣是采取机械或手工方法，按一定比例将含有杀虫剂、杀菌剂、复合肥料、微量元素、植物生长调节剂、缓释剂和成膜剂等多种成分的种衣剂均匀包覆在种子表面，形成一层光滑、牢固的药膜。

随着种子表面，形成一层光滑、牢固的药膜。随着种子的萌动、发芽、出苗和生长，包衣中的有效成分逐渐被植株根系吸收并传导到幼苗植株各部位，使种子及幼苗对种子带菌、土壤带菌及地下、地上害虫起到防治作用。

---

* 1亩≈667平方米，1公顷=15亩。全书同

五、小麦播种技术

1. 确定适宜播种期

在适宜播种期播种既可以减少冬前旺苗，培育冬前壮苗，又能减少冬前水分蒸腾，实现节水抗旱栽培，增强抗寒能力。冬性品种在日平均气温16～18℃，半冬性品种在日平均气温14～16℃为适宜播种期。

2. 确定合理播种量

适宜播量是实现冬前合理群体结构，争取最终理想亩穗数的关键。在适宜播期范围内，适宜亩播量11～12.5千克，超出适期范围后，每晚播两天每亩增加0.5千克左右播量。

3. 等行全密种植

可以充分利用土地光热资源，减轻缺苗断垄的影响、改善麦田个体群体结构，实现增密增产。建议推广15厘米等行距全密种植形式或无垄匀播种植技术。

4. 精细播种

播种深度一般掌握3～5厘米。小麦收获期间遇雨、发芽势弱的种子，要注意播种不能过深，以避免不出苗或形成弱苗。播种机要匀速慢走，时速4～5千米。播种机播幅之间相隔1个行距的宽度，以保证深浅一致，行距一致，不漏播，不重播，保证全苗。

六、小麦机械化无垄均匀技术

（一）小麦机械化无垄均匀技术的优势

小麦机械化无垄均匀技术是通过小麦无垄联合耕播机实现的，是小麦人工"撒播"方式的科学升华。小麦在田间均匀分布，可以充分利于空间、接收阳光和吸收土壤养分，个体发育健壮，保证小麦最大地从土壤中吸收肥水，确保了小穗和小花的发育充分完全，易增加穗粒数，为丰产奠定基础；个体均匀分布，个体间可以最大接收阳光，光合作用增强，创造的营养物质增多，抗旱、抗干热风和抗病虫害能力增强；小麦无垄均匀栽培麦苗分布均匀，优先占满田间，抑制杂草生长，充分发挥土地生产能力。

（二）技术要点

1. 适当增加播种量

秸秆全部还田的地块，正常播期20千克，早播15～17.5千克，晚播（土里捂）25～30千克；没有秸秆的地块，正常播期17.5千克，早播12.5～17.5千克，晚播（土里捂）22.5～27.5千克。

2. 底墒要充足

秸秆还田的地块建议播后立即浇蒙头水。由于部分小麦种子处在地表或1厘米以内，播后土壤较疏松且秋季气候干旱，土壤墒情不好会影响小麦发芽，最好播后及时浇蒙头水。

3. 做好冬前杂草防治工作

由于麦田杂草种类方式变化，现在普遍推广冬前防治。小麦机械化无垄匀播栽培模式对冬前防治杂草要求强烈，如果春季防治小麦杂草易踩压小麦，影响小麦生长。

4. 改变小麦病虫害防治方式

由于小麦均匀分布田间，在其身后防止小麦病虫害不能在田间行走，应改变传统的背负式喷雾器走地防治方式，推广小麦病虫害机械防治技术。

七、小麦机械播种注意事项

（1）播种机械在作业时要尽量避免停车，必须停车时，应将播种机升起，后退一段距离，再进行播种，降播种机时，要使拖拉机在缓慢行进中进行。开沟器入土时播种机不得后退，以防止堵塞或损坏开沟器。

（2）地头转弯时，应将播种机升起，切断排种器和排肥器动力，并升起划行和开沟器。

（3）机械手要在作业中随时观察播种机的作业状况，特别要注意排种器是否排种，排肥器是否排肥，输种、输肥管有无堵塞，种箱、肥箱中是否有足够的种、肥等情况。

（4）播完一种作物后，要认真清理种子箱，以免种子混杂造成排种故障，造成种子浪费和给以后的田间管理造成困难和麻烦。播种完毕后，要及时清理排肥箱，以防止腐蚀机器。

（5）播种有农药的种子时，播种人员要戴手套、口罩、风镜等防护工具。剩余的种子要及时妥善的处理，以免污染环境和对人畜造成为害。

八、小麦冬前除草技术

（一）施药时间

在小麦3叶后，杂草基本出齐且组织细嫩时喷药除草效果最好。一般以11月中下旬，即小麦播种后40天左右用药为宜。为确保防效，要在气温10℃以上的晴好天气，土壤比较湿润时用药。若喷药时气温过低（低于6℃），杂草死亡较慢。

（二）除草的药剂

1. 阔叶杂草田

亩用苯磺隆10克，或用巨星1克，对水30千克均匀喷雾。

2. 阔叶、尖叶杂草混合田

亩用70%彪虎水分散剂3克加专用助剂10~15克对水30千克喷雾。

3. 发生节节麦的麦田

可用3%世玛乳油亩用25~30毫升对水30千克，但一定要严格掌握用药量，避免产生药害，混合苯磺隆或巨星。骠马可除雀麦外的尖叶杂草，也可与苯磺隆或巨星一起施用。

（三）冬前除草注意事项

（1）施药方法要正确。配药时，必须采用原液稀释法，严禁将药剂直接倒入喷雾器中使用；同时，要保证用水量。背负式手动喷雾器施药每亩用水量最少30千克，机动喷雾器每亩用水量15~24千克。喷药时一定喷匀喷透，防止漏喷和重喷，以免影响除草效果。

（2）注意气象因素对除草效果的影响。除草剂的除草效果与气象因素密切相关。麦田除草剂要在晴天用药，气温在10℃左右施药才能达到最佳防除效果，连续阴雨天、低温寒流时严禁用药。

（3）含有2,4-D成分的单剂或复混药剂严禁在冬前施用，以免对小麦造成药害。

（4）施药后的药械应及时、彻底清洗干净，以免对其他作物造成药害。

九、小麦早春如何因苗管理

对于土壤不缺墒的麦田，返青时不要急于浇水追肥，仍以中耕松土提高地温为主，促苗早发稳长。根据苗情可以分为以下几种管理类型。

（1）返青期群体中等偏小（每亩60万株以下）的麦田（或中产田）。返青后可蹲苗20天左右，待小麦春生第2叶出生前后再进行浇水追肥。追肥数量可控制在春季追肥总量的40%左右，推荐施肥量为每亩施尿素7千克左右，以促进分蘖生长，争取穗数。待拔节后期（春生第5叶至6叶出生前后）再进行第二次肥水管理，追肥数量掌握在春季追肥总量的60%左右，推荐施肥量为每亩施尿素10千克左右，以促进穗大粒多粒重，改善品质。

（2）返青期群体在每亩60万株以上的麦田（或高产麦田），地力较好墒情足的高产麦田。可推迟春季第一次肥水时期，蹲苗40天左右，待小麦拔节后期（春生第5叶至6叶出生前后）再进行浇水追肥，计划在春季的施肥量可于此期一次施入，推荐施肥量为每亩施尿素15~20千克。这样既可蹲苗壮长、适当控制分蘖、降低基部节间长度、促使茎秆粗壮、防止后期倒伏，又可节约一次浇水成本，还可促进大穗大粒，提高品质。

（3）对于播种过晚、基本苗过大（每亩35万株以上）、冬前无分蘖的麦田。春季也不要急于浇水施肥，早春以保墒增温为主，春季第一次肥水管理可推迟在拔节前期（春生第4叶出生前后，小花分化期）进行，追肥数量占春季计划施肥数量的80%左右，开花至灌浆初期再随水追施剩余的肥料。

（4）对于部分密度大、长势旺的麦田，或植株较高的品种。除掌握好肥水调控外，还可用化学调控的方法，在起身期（春生第3叶出生前后）适当喷施植物生长延缓剂（如壮丰安），控制植株旺长，缩短基部节间，降低株高，防止倒伏。例如，目前生产上应用较多的是20%的壮丰安乳油，每亩用量30~40毫升，对水30~40千克进行叶面喷洒。特别注意要掌握好喷药时期，过早过晚都不利，同时要注意合理用量并喷洒均匀，防止药害。

十、小麦中后期管理注意事项

小麦抽穗后是管理的关键时期，稍有不慎就可能导致大幅度减产，因此在小麦后期管理中应注意以下几点。

1. 注意防病

小麦抽穗以后，是小麦茎、叶、穗部病害易发生期，如小麦锈病、白粉病、赤霉病、纹枯病等。这些病害的特点是发病迅速，为害程度大。防病不及时，减产幅度大；防病及时，便能大大减少、甚至消除其为害。这些病害的发生除与品种和栽培措施等有关外，关键与空气湿度关系密切。自抽穗以后，连续阴天降雨3天以上，或降雨后数日连续阴天，极易导致这类病害的大流行。建议农民密切注意气象台中长期天气预报。一般来讲，喷药后一至两天，药物就能被小麦吸收，起到预防的作用。若阴雨时间过长，应趁阴雨间歇的时间，补喷药物。

2. 注意防虫

小麦抽穗后，小麦蚜虫、红蜘蛛、吸浆虫、棉铃虫、麦叶蜂等相继出现。这些害虫前者如蚜虫、红蜘蛛等，吸取小麦汁液，导致小麦营养不良而减产，并传播病害；后者如棉铃虫、麦叶蜂等蚕食小麦的叶片，造成小麦减产。对于吸取小麦汁液的害虫应用内吸性杀虫剂防治，对于蚕食叶片的害虫应用触杀剂和胃毒剂防治。一般干旱少雨时虫害严重。因此在注意田间害虫密度的同时，也要注意收看中长期天气预报对预防虫害发生也有帮助。

3. 注意防倒伏
4. 注意根外追肥

小麦后期根的吸收能力下降，对于底肥不足，或沙性重保肥能力差的土壤，要进行根外追肥，促进灌浆，提高千粒重。对于肥水足的地块，后期一定要适当控制肥水，以防贪青晚熟和倒伏。

十一、小麦病虫草害绿色防控主推技术

（1）加强植物检疫。

（2）推广抗（耐）病虫品种。

（3）种子包衣或药剂拌种技术。

（4）适期晚播，宽行机播，精量播种技术。适期晚播有效控制小麦纹枯病冬前发病程度，抑制翌年早春病情；宽行机播技术，减轻小麦多种病害发生程度，精量播种技术减轻了小麦病虫为害，节约了生产成本。

（5）精细田管，氮肥后移技术。加强小麦田间管理，冬前小麦视苗情追施偏心肥，亩施尿素3~5千克，促弱控旺，旋耕麦田实行镇压，减轻麦苗冻害，实施人工除草或麦田化除，早春控制麦田无效分蘖，保证每亩有效穗40万~45万，3月中下旬追施小麦拔节肥，亩施尿素8~10千克，促使小麦健壮生长，增强其抗病虫害能力。

（6）生态控制、生物防治和化学防治相结合技术。小麦病虫害绿色防控，在农业防治的基础上，推广生态控制、生物防治和化学防治相结合技术。保护和利用麦田害虫的各种天敌，发挥天敌自然控害作用，同时每50亩麦田设置一台频振式杀虫灯，诱杀麦田各种害虫，麦蚜设置黄板诱蚜，寄主范围较窄的小麦吸浆虫，实施小麦与双子叶植物、大蒜等轮作，显著减轻为害，大力推广生物农药，严控高毒农药麦田防病治虫，推荐使用高效、低毒、低残留、绿色环保型农药防治麦田病虫害，减少化学农药使用量。

十二、小麦主要病害的症状表现

1. 小麦条锈病为害症状

主要为害叶片，严重时也为害叶梢、茎秆和穗部。病叶上形成条状隆起锈斑，当春季温暖多雨时，易流行成灾，对小麦产量和品质影响较大。

2. 小麦白粉病为害症状

主要为害叶片，严重时也为害叶梢、茎秆和穗部。病菌先在植株下部叶片或叶鞘侵染，成近椭圆形或梭形病斑，表面覆灰白色粉状霉层，严重时，在穗部可见白色霉层。

3. 小麦全蚀病为害症状

病苗早春返青迟，植株较矮，病株根系部分变黑，部分叶片发黄，抽穗后形成"白穗"，"黑根白穗"是其典型症状。

4. 小麦赤霉病为害症状

小麦齐穗至扬花期是赤霉病的易感期，穗颈第一节位出现红褐色的病斑其上附着稀薄的粉红色霉层，后期形成"枯白穗"。在小麦抽穗扬花期时若有连阴雨天气，对其流行蔓延极为有利。

5. 小麦纹枯病为害症状

小麦各生育期均可受害，造成烂芽、病苗死苗、花秆烂茎、倒伏、枯孕穗等多种症状。

（1）病苗死苗。主要发生在小麦 3~4 叶期，在第一个叶鞘上呈现中央灰白、边缘褐色的病斑，严重时因抽不出新叶而造成死苗。

（2）花秆烂茎。返青拔节后，下部叶鞘产生中部灰白色、边缘浅褐色的云纹状病斑，多个病斑相连接，形成云纹状的花秆。田间湿度大时，病叶鞘内侧及茎秆上可见蛛丝状白色的菌丝体，以及由菌丝纠缠形成的黄褐色的菌核。

（3）倒伏。由于茎部腐烂，后期极易造成倒伏。

（4）枯孕穗。发病严重的主茎和大分蘖常抽不出穗，形成"枯孕穗"，有的虽能够抽穗，但结实减少，籽粒秕瘦，形成"枯白穗"。

十三、小麦"一喷三防"技术要点

小麦"一喷三防"指在小麦生长的孕穗期至灌浆期将杀虫剂、杀菌剂、植物生长调节剂、微肥等混配剂喷雾，一次施药可达到防虫、防病、防早衰、防干热风、防倒伏、增粒增重的目的，是确保小麦增产最直接、最有效的关键措施之一。

1. 防治对象

"一喷三防"技术可防治麦蚜、小麦红吸浆虫成虫、二代棉铃虫、锈病、全蚀病、纹枯病、根腐病、白粉病、黑穗病，防早衰、防干热风等病虫害和生理病害。

2. 防治配方（亩用量）

（1）20% 高氯马乳油 800 倍液 + 20% 三唑酮乳油 2 000 倍液 + 磷酸二氢钾 500 倍液 + 爱多收 3 000 倍液 + 1% 尿素溶液。

（2）10% 吡虫啉 2 000 倍液 + 20% 三唑酮乳油 2 000 倍液 + 磷酸二氢钾 500 倍液 + 多红宝 600 倍液 + 1% 尿素溶液。

（3）20% 啶虫脒 2 000 倍 + 50% 福美双 500 倍液 + 磷酸二氢钾 500 倍液 + 多红宝 600 倍液 + 1% 尿素溶液。

（4）磷酸二氢钾 500 倍液 + 多红宝 600 倍液或爱多收 3 000 倍液 + 1% 尿素溶液（防早衰、防干热风）。

以上用药方案可根据当地病虫发生特点任选一种，按每亩用水量 30 千克喷雾即可。

3. 用药时间

以 5 月中下旬为宜，防早衰和干热风应 5~7 天喷 1 次，连喷 2~3 次。

4. 注意事项

（1）药剂选用。要选择正规大厂生产的农药，保障药效（如选进口、纯正的磷酸二氢钾和爱多收，不能使用劣质的磷酸二氢钾，否则起不到增产效果）。

（2）喷药时间掌握在 10 时以前和 16 时以后，遇雨应补喷。

（3）准确掌握农药用量，要求亩用水 30 千克以上，喷雾要均匀一致，确保防治效果。

十四、小麦倒伏原因及防倒措施

小麦合理的群体结构为每亩 40 万~45 万穗，最多不超过 50 万穗。如果超过合理群体结构，不采取措施，小麦后期就会有倒伏的危险。

（一）小麦倒伏的原因

一是品种选择不当，秸秆过高或缺乏弹性。

二是种植密度过大，个体发育不壮，秸秆细软柔弱。

三是中前期水肥（氮肥）施用量大或时间不当，群体过大，麦苗旺长，故而田间郁闭，引起组织柔嫩，叶大节长，"头重脚轻"造成倒伏。

四是后期浇水不当，或是种植基础较差，根系发育不好，一遇风雨或浇水后遇风，易造成倒伏。

五是整地质量差，耕层过浅，土壤过紧或水分过多，通气状况不良，土壤缺磷等状况下，小麦根系发育不良，根少根弱，入土较浅。

（二）防倒措施

1. 中耕锄划

目的是增温保墒，增加土壤的通透性，促使根系下扎，壮苗早发，有利于防止小麦后期倒伏。在小麦进入起身前进行深中耕，深度为 8～10 厘米，并结合培土，可起到伤浮根，控上促下的作用。试验表明，深中耕培土可有效减少分蘖，缩短无效分蘖消亡过程，加速了两极分化，推迟了封垄期，可防倒伏。

2. 推迟返青水

适当晚浇返青水，待小麦一节定、二节动时再浇水。一般根据土壤墒情可推迟到 3 月 25 日后浇水。在浇过起身水后，一定要停水蹲苗，一般停水 12～20 天。过旺的麦田可等到"一节硬、二节停、三节伸"，即孕穗期再浇第二水。

3. 镇压

对于有旺长趋势的麦田，于起身后期拔节前进行镇压，镇压应根据旺长程度进行 1～2 次，时间应选晴天 10 时以后，15 时以前，这样可控制基部节间伸长，压减小麦生长量，使株高降低，重心下移，有利防倒。注意"地湿、早晨、阴天"三不压的原则。

4. 化控防倒

采用多效唑控制小麦节间长度，喷施时间应在返青期至起身期，拔节后切忌使用，防止小麦穗头出现畸形，影响光合作用，导致减产。同时注意按照多效唑规定剂量进行常量喷雾，一般亩用 40～50 克多效唑对水 50 千克进行喷雾，避免烈日中午喷药，以免烧叶，做到不重喷、不漏喷，科学合理。小麦喷施后，可使基部节间缩短，叶色加深，叶尖变钝，叶片短厚，株高降低，抗倒增产。

5. 喷施植物生长调节剂

小麦返青后喷施，可起到壮秆增蘖、倒增产的作用，同时，还可有效防止因倒春寒引起的小麦冻害。

十五、小麦出现"白穗"的病因及防治措施

近几年来，小麦在成熟时常出现大片的白穗，造成严重减产。

（一）病因

（1）纹枯病的病因是小麦密度过大，田间通风不良，感染了土壤中的纹枯病菌。具体表现为小麦茎基根部有黑斑，严重时黑斑变成白斑，此时小麦茎秆已经彻底腐烂，茎基根部养分不能向上半部，导致小麦茎秆、穗全部死掉发白。

（2）赤霉病是因小麦扬花期遇雨，雨水把空气中的赤霉病病菌带入小麦颖壳里，致使小麦停止灌浆。有的是个别小穗感染赤霉病，有的则是整穗都感染了赤霉病，此时麦穗停止生长并逐渐变白。

（二）防治措施

1. 纹枯病的防治方法

在小麦抽穗前后每亩用50%的井冈霉素溶液220～250毫升，对水50～70千克进行喷施。

2. 赤霉病的防治方法

小麦齐穗后，及时喷施50%的多菌灵或50%的甲基托布津可湿性粉剂。如果天气预报小麦扬花期有阴雨天气，应抢在下雨前喷施，若雨前没有喷施则在雨停间隙进行补救，7天后再喷施1次更好。

十六、小麦吸浆虫发生特点及防治

小麦吸浆虫是小麦生产上一种毁灭性害虫，以幼虫潜伏在小麦颖壳内吸食正在灌浆的麦粒汁液，造成麦粒干瘪、空壳，影响产量，严重的达70%以上，甚至绝收。

（一）反复发生难以根治的原因

（1）由于小麦吸浆虫虫体小，为害隐蔽农民很难发现（不像蚜虫、麦叶蜂等）。

（2）时间性强、在地面上活动的时间短。

（3）由于近几年，广大农民对小麦吸浆虫的防治产生了麻痹思想，没有进行很好的防治，大多数群众没有进行过蛹期防治，只是进行成虫期防治，而且防治时间掌握得不够准确。

（4）再加上一些新品种的抗虫性差（口松小麦易感虫），所以小麦吸浆虫的发生有加重的势头。

（二）小麦吸浆虫生活史及习性

小麦吸浆虫一般1年发生1代，以3龄老熟幼虫结圆茧在土中越夏越冬，但也有多年发生一代的。

小麦吸浆虫其年生活史的发展变化大致归纳为下列几个阶段。

1. 幼虫破茧活动期

小麦拔节阶段，当春季气温开始转暖（10厘米地温高于10℃时），又具有充足的土壤含水量（20%左右）条件下，处在圆茧休眠状态的越冬幼虫破茧而出，变为活动幼虫，随着气温的上升活动幼虫向土壤表层上升移动。一般3月中下旬，小麦吸浆虫越冬幼虫进入破茧活动期。

2. 化蛹期

小麦开始孕穗，上升到土壤表层的幼虫又具有适宜的水湿条件就开始化蛹。小麦吸浆虫化蛹盛期在4月下旬，此时为撒毒土或毒砂的防治时机。

3. 羽化产卵期

小麦开始抽穗，土壤表层蛹即开始羽化，当天羽化后即开始交尾，开始在麦穗上产卵。其产卵历期为2～3天。一般在5月初即达羽化期。这个阶段所产的卵多属有效虫口，是造成小麦受害减产的主要虫源，必须及时喷药防治。

4. 入侵为害期

小麦扬花盛期和灌浆初期，小麦吸浆虫的卵经3～7天已孵化为幼虫，幼虫即从小穗内外颖壳侵入子房为害。幼虫的口器刺破种皮，吸食还在灌浆的麦粒，造成瘪粒减产。在颖壳内生活 15~20 天即老熟。

5. 脱壳入土

越夏越冬。在颖壳内吃饱睡足的老熟幼虫，遇下雨或露水时，爬出颖壳或麦芒上，借风力落入土表，通过土缝潜入土中，经 2~3 天即开始结圆茧休眠，在土中越夏越冬，直至次年或若干年。

（三）具体防治方法

以蛹期防治、成虫期防治相结合。

1. 蛹期防治

因为中蛹期的吸浆虫处于地表 3 厘米左右，而原来越冬茧在 5~10 厘米深处，如果用药，药剂难以接触到虫体。到中蛹期时虫子上升到地表化蛹，最有利于防治，另外，吸浆虫羽化前，移动性差，防治效果好，所以这是第一个防治关键时期。

防治指标：每个样方有虫 2 头以上要进行蛹期防治和成虫期防治。

防治时间：小麦孕穗期（一般在 4 月下旬）。

防治方法：撒毒土，亩用 2.5% 甲基异柳磷颗粒剂 2~3 千克拌细土 20~25 千克或 10% 辛拌磷颗粒剂 2 千克或 5% 毒死蜱 600~900 克拌细土 20~25 千克；随配随用（于无风傍晚均匀撒于土表然后浇水，提高防治效果。不可有露水时撒避免药剂沾在叶片）。

2. 成虫期防治

防治时间性强，因为小麦吸浆虫从羽化出土产卵到死亡仅存活 2~3 天时间，一旦将卵产入，再用药就不能达到防治效果，一定要在小麦抽穗后到扬花期用药。所以这第二个防治时期也和关键。

防治指标：小麦抽穗期，手扒麦株一眼可见成虫 2~3 头或平均网捕 10 复次有虫 30 头左右时，即为喷药补治扫残适期。

防治时间：小麦抽穗后至扬花前（5 月上旬）。

防治方法：结合小麦"一喷三防"进行，可亩用 4.5% 高效氯氰菊酯乳油 30 毫升或 10% 吡虫啉 20 克或 40% 氧乐果乳油 50 克对水 30 千克，于 10 时前或 16 时后进行全田喷雾。在防治同时可加杀菌剂和叶面肥，兼治小麦纹枯病、白粉病、锈病、赤霉病等。

第二节　玉　米

一、玉米种子的好坏和新陈种子的鉴别方法

（一）玉米种子鉴别方法

1. 纯度

种子的大小、色泽、粒型、粒形等差距较小，且很近似，这种种子多数纯度较高。任意取 100 粒种子，其大小、色泽、粒型、粒形相差达八二开，说明这个种子的混杂率达 20% 以上，这样的种子，一般不要买。凡是多数与认识的品种种子固有的颜色、粒型、粒形不同，这种种子是假的或劣的可能性大。

2. 发芽率

主要看种子在保存过程中是否霉变、发烂、虫蛀、颜色变暗等情况，打开种子包有一股酸霉味，说明这种子已变质，发芽率不会太高，不要轻易购买。

3. 干湿度

凡种子潮湿，都有可能发霉变质。在买种子时，根据直感判断种子的干湿度。可先将种子袋提起反复摇动，发出清脆而刷刷的声音的是较干的，反之是湿的。

(二) 新陈种子鉴别方法

1. 形态区别

主要是种子光泽与新种子（同一品种）相比陈种子经过长时间的贮存干燥，种子自身呼吸养分消耗，往往颜色较暗，胚部较硬，用手掐其胚部角质较少，粉质较多。陈种易被米象等虫蛀，往往胚部有细圆孔等。将种子袋提起摇动，种子袋底部会呈现粉末。

2. 生理区别

陈的种子生活力弱，发芽率和发芽势都比新种子低。田间拱土能力差，这也是生产上常发生的"有芽无势"，种子在土中已发芽但扭曲，无法露出地面形成幼苗的原因。

3. 种子发芽率自测

(1) 浸种催芽法。先将 100 粒种子用水浸约两小时吸胀，放于湿润草纸上，盖以湿润草纸，置于氧气充足，室温 10～20℃ 环境中，让种子充分发芽；再以发芽的种子粒数除以 100，乘以 100%，求得发芽率。这种测定方法虽然准确，但需要 8 天时间。

(2) 红墨水染色法。以一份市售红墨水加 19 份自来水配成染色剂；随机抽取 100 粒玉米种子，用水浸泡两小时，让其吸胀；用镊子把吸胀的种胚、乳胚一一剥出；将处理后种子均匀置于培养器内，注入染色剂，以淹没种子为度，染色 15～20 分钟后，倾出染色剂，用自来水反复冲洗种子。死种胚、胚乳呈现深红色，活种胚不被染色或略带浅红色，据此判断活种子数，以此除以 100，乘以 100%，则为发芽率。

二、如何选择玉米种子

(1) 要选购粒色光泽明亮、籽粒大小及粒形整齐一致的种子。

(2) 可选择包衣剂处理的种子，这样可省去播种后害虫的防治，利于苗匀。

(3) 及时更新杂交种是提高玉米产量的主要措施之一。生产中推广种植时间较长的杂交种往往因当时育种水平偏低及亲本纯度退化而造成杂交优势不强、产量偏低。因此，以选择近期育成审定的新杂交种为宜。

(4) 计划麦垄套种的地块可选择生育期偏长的杂交种，麦后直播地块可选择生育期偏短的杂交种，以便充分成熟，为下季作物适时腾茬。

(5) 根据目前饲料及工业加工市场需要，可集中种植优势玉米杂交种，如高赖氨酸及高油玉米，其经济效益要高于种植普通玉米杂交种的收益。

(6) 根据高产栽培规律，要想获得玉米高产，除增加水肥投入外，还要合理密植。保证合理密度，实现苗齐、苗匀的要求。

(7) 购种子时，尽量向售种单位索要品种说明，以便准确掌握杂交种的特征特性，因品种特性搞好管理，方能确保高产。

(8) 购种时，必须索取和妥善保存种子零售票据，以便种子出现问题时，能据此向售种单位反馈损失，获取赔偿。

(9) 目前玉米种子销渠道较多，但以选购正规视种子公司及农业科研单位等单位的种子较为可靠。

三、玉米种植方式和密度的确定

（一）种植方式

1. 等行单株种植法

行距相等，每穴留单株。一般行距 50~65 厘米，株距 20~30 厘米，视种植密度而定。这种种植方式的优点是植株分布均匀，可充分利用地力和阳光，缺点是后期行间通风远光较差，较适合于肥力较低的田块，或种植密度较疏时采用。

2. 等行双株种植法

行距相等，一般行距 60 厘米以上，株距 35~60 厘米。每穴留双苗，苗距 6~10 厘米，相邻两行以错穴，呈三角形方式下种，也可以采取行株相等的方形播种。

3. 宽窄行种植法

宽行行距 80~95 厘米，窄行行距 35~55 厘米，株距视密度而定，一般 25~36 厘米。窄行以三角错位留苗，宽行可以套种其他作物。这种方式种植密度较大。既保证了单位面积总株数，又便于田间操作，适宜于肥力较高的土壤种植。

（二）种植密度

玉米是靠主茎成穗的作物。合理密植能保证单位面积的有效稳数，能充分利均光能、二氧化碳、水分和矿物养分，同时能使个体与群体生长协调，发育良好，这是提高玉米产量的主要途径。要确定合理的种植密度就要根据品种特性、气候条件、土壤肥力、施肥水平、播种季节和收获目的等条件确定。一般来说，植株较矮，生育期短，叶片直立的品种可适当密些，反之稀些；土层深厚，土壤肥力高，施肥管理水平高的地区密些，反之宜稀些，春玉米生育期长，叶片数多，宜稀些；秋玉米生育期短，叶片数少，宜密些；同一品种收获籽粒的比收获鲜苞的宜密些。如春玉米以每亩 3 500~5 500 株为宜；夏、秋玉米则 4 000~6 000 株为好；甜玉米一般每亩植 3 000 株左右；糯玉米若是采收鲜苞的，一般每亩植 3 000~3 500 株，收获籽粒的每亩植 4 000~4 500 株为宜。

四、玉米常见施肥方案

1. 春玉米施肥方法

底肥可使用玉米配方肥 45%（18—12—15），每亩 10~20 千克。在大喇叭口时期追施高氮追肥：36%（28—0—8），每亩 30~40 千克。

2. 东北地区春玉米"一炮轰"

有些地区为减少用工，采取一炮轰的施肥方法，应用高含量玉米配方肥 54%（30—14—10）或控释肥等，每亩 30~50 千克。播种时一次性施入。此方法应注意两点：一是种肥左右隔离 5 厘米以上，避免烧种烧苗。二是后期如发现肥力不足，应及时追肥，每亩地 20~30 千克尿素。

3. 夏玉米直播玉米区，种肥—追肥法

播种时种肥可以使用 40%（18—10—12），45%（18—12—15）或 45%（15—15—15）等品种，每亩 10~20 千克。追肥：在小喇叭口到大喇叭口时期，追施高氮复合肥 40%（26—5—9）、44%（26—9—9）、40%（30—5—5）等，每亩 30~40 千克。

4. 控释肥一次追肥法

有些地区为减少劳动用工，采取苗期一次追施法。在定苗后，一次性追施，可选用控释肥 40%（26—5—9）、44%（26—9—9）等，每亩 35~40 千克。此方法应注意两点：一是追肥时，苗肥隔离 5 厘米以上，不要把肥料直接撒在幼苗基部。二是后期如发现肥力不足，应及时追肥，每亩地 20~30 千克尿素。

5. 套种玉米一次追肥法

在一些蒜套玉米区，或马铃薯玉米轮作区等由于上季作物用肥量较大，土壤肥力良好的地块，可不用种肥，在小喇叭口时期一次性追施高氮复合肥 30~40 千克，配方可选用 36%（28—0—8）、40%（26—5—9）、44%（26—9—9）、40%（30—5—5）等。

五、玉米叶龄模式管理追肥技术

按照玉米叶龄模式管理的要求，玉米的一生应掌握在适当的时机做好断奶肥、送嫁肥、提苗肥、穗肥、壮籽肥等追肥的施用。

（1）玉米苗期及移栽前后，注意做好断奶肥和送嫁肥的追施。玉米三叶期，种子胚乳内储藏的养分耗尽，这个时候，植株根系尚不发达，吸收土壤中养分的能力较弱，可每亩用尿素 2.5 千克左右对水浇施一次"断奶肥"。实行营养球育苗移栽的玉米，移栽前（二叶一心到三叶一心时）也必须追浇一次"送嫁肥"。

（2）玉米生长至 5~6 片叶时，根据田间长势、土壤肥力状况等，对苗势较弱的玉米，采取每亩用 5~10 千克尿素，结合浅中耕破土追施一次"提苗肥"。这个时候破土还可收到截断土壤毛细管以利保墒的作用，对干旱缺水地区尤不失为一条有效的抗旱措施。

（3）玉米达到 10 片叶时，应追施一次"穗肥"以促进长穗，为形成大穗创造条件。玉米植株对追肥的吸收往往要滞后几天，刚施下的肥料不能立即发生作用，当这个时候追的这道肥起作用的时候，正好可为穗位三叶的生长发育提供营养。穗位三叶是直接影响玉米穗大小及产量形成的功能叶，这次追肥是关键，应保证施到、施足。一般每亩用尿素 15~20 千克。

（4）玉米抽雄期，为保证籽粒饱满，还应追施一次"壮籽肥"，一般每亩用尿素 5~7.5 千克。这时还可辅以隔行去雄、除去影响产量的病株弱株以及去除病黄脚叶等，改善玉米田间通风透光状况，以减少病虫害，增加产量。隔行抽去雄穗（天花），不但可减少养分虚耗，使玉米增产，抽下的雄穗还可作为优良的饲料添加剂，用来喂猪能增肥促长亮毛。玉米去雄一般宜在雄穗刚开始露头时，一手握住顶叶鞘，一手捏住已长出的部分雄穗用力抽掉。

六、玉米全程机械化生产技术

（一）技术要点

玉米生产全程机械化高产高效技术包括播前整地、播种、灌溉、中耕、植保、收获等环节。其中播前耕地、灌溉、中耕、植保可采用通用机械作业，制约玉米生产机械化作业操作环节主要是玉米机播、机收两大环节。

1. 选地整地

应选择土质肥沃，灌、排水良好的地块。在地势平坦的地方，可按照保护性耕作技术要点和操作规程实施免耕播种，或利用圆盘耙、旋耕机等机具实施浅耕或浅旋。适用深松技术的地方可采用深松技术，一般深松深度 25~28 厘米。在山区小片田地，可使用微耕机耕整。

2. 播种

（1）选种，为适应玉米机械化生产，应尽量选择耐密植品种，并在播种前进行种子精选，去除破损粒、病粒和杂粒，提高种子质量，有条件的还可用药剂拌种，对防治地下害虫、苗期害虫和玉米丝黑穗病的效果好。

（2）机播、直播玉米主要采用的是玉米精少量播种机械，建议使用集播种、施肥、喷洒除草剂等多道工序于一次完成的播种机。播种时应根据土壤墒情及气候状况确定播深，适宜播深3~5厘米。玉米行距的调节主要考虑当地种植规格和管理需要，还要考虑玉米联合收获机的适应行距要求，如一般的悬挂式玉米联合收获机所要求的种植行距为55~77厘米（规范垄距60~65厘米最佳）。还可采用免耕直播技术，在小麦收割后的田间，用玉米直播机直接播种，行距60厘米、株距15.2~28.8厘米，播种量为1.5~2.5千克/亩，深度3~5厘米，可保证苗齐、苗全，实现节本增效。

3. 中耕追肥

根据地表杂草及土壤墒情适时中耕，第一次中耕在玉米齐苗作物显行后进行，一般中耕2遍，主要目的是松土、保墒、除草、追肥、开沟、培土。第一遍中耕以不拉沟、不埋苗为宜，护苗带10~12厘米，为此，必须严格控制车速，一般为慢速。第二、第三遍中耕护苗带依次加宽，一般为12~14厘米，中耕深度依次加深。第一遍12~14厘米，第二遍14~16厘米，第三遍16~18厘米。中耕施肥可采用分层施肥技术，每亩施肥45~60千克，施肥深度一般在10~25厘米，种床和肥床最小水平垂直间距大于5厘米，播后盖严压实。中耕机具一般为微耕机或多行中耕机、中耕追肥机。

4. 玉米病虫草机械化防控技术

玉米病虫草机械化防控技术，是以机动喷雾机喷施药剂为核心内容的机械化技术。目前，植保机具种类较多，可根据情况选用背负式机动喷雾机、动力喷雾机、喷杆式喷雾机、风送式喷雾机、农用飞机或无人植保机。在玉米播种后芽前喷施乙草胺防治草害；对早播田块在苗期（5叶期左右）喷施久效磷等内吸剂防治灰飞虱、蚜虫，控制病毒病的危害；在玉米生长中后期施三唑酮、乐施本等农药，防治玉米大小斑病和玉米螟等病虫害。

5. 收获机械化

目前应用较多的玉米联合收获机械有摘穗型和摘穗脱粒型两种。摘穗型分悬挂式玉米联合收割机和小麦联合收割机互换割台型两种，可一次性完成摘穗、集穗、自卸、秸秆还田作业。摘穗脱粒型玉米收割机是在小麦联合收割机的基础上加装玉米收割、脱粒部件，实现全喂入收割玉米，一次性完成脱粒、清洗、集装、自卸、粉碎秸秆等作业。

（二）注意事项

1. 农艺和农机协同

当前，河北省玉米收获机械化发展缓慢，有产品技术、制造和使用上的原因，但在很大程度上受到品种和栽培制度的制约。品种选用、种植密度和株行距配置要与选用的机械相配套。

2. 适期收获计划作业

玉米收获尽量在籽粒成熟后间隔3~5天再进行收获作业，这样玉米的籽粒更加饱满，果穗的含水率低，有利剥皮作业。收获前10~15天，应对玉米的倒伏程度、种植密度和行距、果穗的下垂度、最低结穗高度等情况，做好田间调查，并提前制定作业计划；提前3~5天，对田块中的沟渠、垄台予以平整，并将水井、电杆拉线等不明显障碍安装标志，以利安全作业；作业前应进行试收获，调整机具，达到农艺要求后，方可投入正式作业；作业前，适当调整摘穗辊（或搞穗板）间隙，以减少籽粒破碎；作业中，注意果穗升运过程中的流畅性，以免卡住、堵塞；随时观察果穗箱的充满程度，及时倾卸果穗，以免溢出或卸粮时发生卡堵现象；正确调整秸秆还田机的作业高度，以保证留茬高度小于10厘米，以免还田刀具打土、损坏；如安装除茬机时，应确保除茬刀具的入土深度，保持除茬深浅一致，以保证作业质量。

七、玉米化学除草剂使用方法及注意事项

（一）使用方法

1. 苗前封闭

玉米播后出苗前进行全田均匀喷雾。药剂可选用40%乙阿合剂或4%乙莠合剂或41%乙丙甲莠悬浮剂200毫升/亩。该类除草剂主要以幼芽吸收，喷施后在地表形成一层药膜，杂草幼芽接触到药膜中毒死亡，可有效防除一年生禾本科及阔叶杂草，持效期一般30～50天。

2. 玉米2～5叶期除草

在杂草幼龄期、玉米2～5叶期进行苗后茎叶处理，如23%烟密·莠去津100～120毫升/亩。

3. 玉米后期除草

后期发生顽固性杂草时，采用灭生性除草剂如20%的2甲4氯钠盐水剂250～300毫升/亩，10%草甘膦水剂400～500毫升/亩，20%克芜踪水剂100～150毫升/亩，对杂草茎叶定向喷雾。喷头上要加防护罩，避免玉米发生药害。

（二）注意事项

1. 选择化学除草剂要慎重

选择苗后除草剂时应注意，一些玉米品种对烟嘧磺隆较为敏感，易发生药害，如郑单958、豫玉22等品种。有的产品注明禁止在玉米自交系、甜玉米、糯玉米等品种上使用，选择时应加以注意。

2. 使用除草剂要科学

一是选药时要查看除草剂使用标签、有效成分、生产日期及产品许可证等，严防购买假冒伪劣产品。

二是合理科学配药。建议采用二次稀释配药，先将原药配成母液，后对水充分拌匀配成药液，避免因混合不均而出现"花脸"除草效果。

三是严格用量。除草前，要按照玉米种植面积，注意区分化学除草剂商品量和有效成分含量，严防药量过大或不足，确保玉米植株安全。使用单一除草剂时，应注意按照除草剂的安全有效剂量及玉米田的实际面积计算用药量，不得随意加大用量。两种或两种以上除草剂混用的，必须选用杀草谱不同、但适用作物、时期和使用方法基本一致的，每种除草剂用量应为其常规用量的1/3～1/2。每亩用药液量（原液对水后）：土壤处理的无秸秆还田的不少于30千克，秸秆还田的不少于45千克；茎叶处理时，杂草小不少于30千克，杂草大不少于45千克。

四是适时施药。土壤封闭一般在播种后1周、杂草种子开始萌动时施药。苗后除草要"喷小不喷老"，抓住杂草二叶一心至四叶一心期集中施药，喷药时间宜在9时前或17时以后的无风天气进行，严禁中午高温时段用药。干旱天气或玉米田墒情不足情况下，要及时加大对水量，一般每亩不低于45千克。另外，风力较大时停止用药，以免药液飘移到其他作

物上造成药害。施药时做到不重喷、不漏喷，适量均匀。

五是施药时注意湿度。封闭处理时以土壤表面湿润为好，有利于药膜形成。苗后处理如喷后遇雨，应再次喷药。

六是后期除草定点施药。玉米2~5叶期是苗后除草的最佳喷药时期，如果错过最佳期且必须除草时，应顺垄定点喷雾，千万不能全田遍喷，以免引起药害。

七是准确把握用药间隔期。玉米除草剂要求单独使用，不能混合杀虫剂，特别是不要同有机磷类农药混施，以免发生药害，注意除草剂与杀虫剂间隔用药不少于5天。

八是施药前及时检修施药器械。施药前及时检修喷雾器械，严防跑、冒、滴、露等问题。同时要选用清水试喷，准确计算好喷幅、行走速度和应喷的面积。施用除草剂后要彻底清洗喷雾器械，否则易造成药害。

八、玉米"一喷多效，综合控害减灾"技术

玉米大喇叭口期是推行"一喷多效"技术的关键期，也是需肥临界期，是确保玉米高产优质的重要环节。该阶段主要病害为褐斑病、大斑病、顶腐病、鞘腐病等，主要虫害为玉米螟、玉米蚜、桃蛀螟、棉铃虫等，应本着增产保健兼顾的原则，突出"科学植保、绿色植保、公共植保"的理念，以环境友好型防控措施为主，突出科学选用药和指标化防治，杀虫、治病、增产兼顾，实施"一喷多效"技术。

（一）常用药剂

一是杀菌剂可选用苯醚甲环唑、咯菌腈、戊唑醇、嘧菌酯、醚菌酯、吡唑嘧菌酯、海岛素（5%氨基寡糖素，兼增产保产）、络合态代森锰锌等。

二是杀虫剂可选用吡虫啉、啶虫脒、噻虫嗪、烯啶虫胺、甲维盐、氯虫苯甲酰胺、溴氰虫酰胺等。

三是增产剂（包括免疫增产剂）可选用海岛素（5%氨基寡糖素，兼杀菌免疫）、磷酸二氢钾、芸薹素、微量元素、水溶肥等。

（二）因地制宜，对症用药

要针对不同区域不同的病虫种类，突出重点、兼顾一般，把握防治时期，控制在发生蔓延之前。一般重点防治棉铃虫、玉米螟、顶腐病和斑病类，与5%氨基寡糖素（海岛素）同用，杀虫、治病、增产兼顾。对个别病虫突出的一些区域，应对症选用药。

一是褐斑病发病初期（10片叶左右）要及时选用喷施唑类药剂或与代森锰锌络合物、多菌灵等保护剂混用。

二是细菌性顶腐病初期要选用烯唑醇、络合态代森锰锌等杀真菌药剂与农用链霉素、农抗120、新植霉素等杀细菌药剂混合喷施，或用嘧菌酯、吡唑嘧菌酯等。

三是大小斑病用百菌清、多菌灵、甲基硫菌灵、唑类农药等防治，兼治其他斑病。

四是玉米蚜突出的要选用啶虫脒、吡虫啉、烯啶虫胺、吡蚜酮等杀虫剂为主，玉米螟、桃蛀螟、棉铃虫为主的应选用甲维盐、氯虫苯甲酰胺、溴氰虫酰胺等为主。

九、二点委夜蛾防治技术措施

二点委夜蛾是为害玉米的一种新的重要害虫，主要以幼虫钻蛀玉米幼苗根颈部或切断浅表层根，导致玉米倒伏或死亡，造成缺苗断垄，对夏玉米的生产安全构成严重威胁。遇到阴雨天气多、田间湿度大的环境，二点委夜蛾将会严重发生，对玉米生产构成严重威胁。防治

措施主要有以下方面。

（一）农业防治

及时人工除草和化学除草，清除麦茬和麦秆残留物，减少害虫滋生环境条件；提高播种质量，培育壮苗，提高抗病虫能力。

（二）化学防治

幼虫三龄前防治是最佳时期。

1. 撒毒饵

亩用4～5千克炒香的麦麸或粉碎后炒香的棉籽饼，用48%毒死蜱乳油500克拌成毒饵，在傍晚顺垄撒在玉米苗边。

2. 撒毒土

亩用80%敌敌畏乳油300～500毫升拌25千克细土，早晨顺垄撒在玉米苗边，防效较好。

3. 灌药

（1）随水灌药，用48%毒死蜱乳油1千克/亩，在浇地时灌入田中。

（2）喷灌玉米苗，可以将喷头拧下，逐株顺茎滴药液，或用直喷头喷根茎部，药剂可选用48%毒死蜱乳油1 500倍液、2.5%高效氯氟氰菊酯乳油2 500倍液或4.5%高效氯氰菊酯1 000倍液等。药液量要大，保证渗到玉米根围30厘米左右的害虫藏匿的地方。

注：喷施烟嘧磺隆的田块避免使用有机磷类农药。

十、玉米涝灾补救措施

玉米是需水量大但又不耐涝的作物。土壤湿度超过最大持水量80%以上时，玉米就发育不良，尤其在玉米苗期表现更为明显。玉米种子萌发后，涝害发生的越早受害越重，淹水时间越长受害越重，淹水越深减产越重。一般淹水4天减产20%以上，淹没3天，植株死亡。玉米出现涝渍害以后应尽快采取补救措施，将损失降至最低程度。

1. 排水降渍

要疏通田头沟、围沟和腰沟，及时排出田间积水，降低土壤湿度，达到能排、能降的目的。

2. 中耕松土

降水后地面泛白时要及时中耕松土，破除土壤板结，促进土壤散墒透气，改善根际环境，促进根系生长。倒伏的玉米苗，应及时扶正，壅根培土。

3. 早施苗肥

要及时追施提苗肥，大喇叭口期每亩追施尿素20千克。对受淹时间长、渍害严重的田块，在施肥的同时喷施高效叶面肥和促根剂，促进恢复生长。

4. 加强病虫害防治

涝后易发生各种病虫害如大小斑病及玉米螟等。喷施叶面肥时，可同时进行病虫害防治。防治纹枯病可用井冈霉素或多菌灵喷雾，喷药时要重点喷果穗以下的茎叶；防治大小斑病可用百菌清或甲基托布津，7～10天1次，连续2～3次。防治玉米螟应在拔节至喇叭口期用杀虫双水剂配成毒土或用辛硫磷灌心。

十一、玉米倒伏的原因及对策

玉米倒伏的方式有3种：茎倒、根倒及茎折。茎倒是茎秆长得细长，植株过高，基部机械组织强度差，遇暴风雨造成茎秆倾斜；根倒是根系发育不良，灌水及雨水过多，遇风引起倾斜度较大的倒伏；茎折主要是抽雄前生长较快，茎秆阻止嫩弱及病虫为害，遇风引起茎秆折断。其中对产量影响最大的是茎折，其次是根倒，茎倒对产量的影响最轻。

（一）玉米倒伏的原因

1. 种植密度不合理

在玉米播种和玉米间定苗时，留苗密度过大，群体内光照弱，光合产物少，导致茎秆纤细，其硬度和韧性度降低，穗位升高，与暴风雨时发生倒伏。

2. 施肥方法不当

第一种情况是施底肥时磷钾肥用量过少，氮肥用量明显过多，造成玉米营养失衡，玉米生长过快，植株过高，茎秆细长易发生倒伏；第二种情况是在玉米生长期间追施肥料时，肥料离根茎基部过近，或直接撒施根系上面，将根基部烧断，使支持根（气生根）的数量减少，导致根的支持作用降低而发生倒伏。

3. 田间管理措施不当

在玉米生长期间不能够合理地施肥浇水；发生病虫害时不能及时防治，使玉米抵抗能力降低。

（二）防止玉米倒伏的有效措施

1. 合理密植

要因地制宜、因品种制宜，按照品种说明书上要求，不可随意增加种植密度。

2. 加强肥水管理

施底肥时增加磷钾肥的施用量，同时增施农家肥。追肥时要深施，并距植株根茎基部7厘米，避免烧根和根系发育不良。在玉米苗期底墒充足的情况下，控制灌水，进行蹲苗，蹲苗时应掌握"蹲黑不蹲黄，蹲肥不蹲瘦，蹲湿不蹲干"的原则，时间应从出苗开始到拔节前结束，套种玉米苗势较弱，一般不进行蹲苗。雨水过多的地区，应注意排涝通气。

3. 倒伏后的补救措施

玉米倒伏后，为了减轻损失，可采取一些补救措施。如果是在拔节前后倒伏，不必人工扶起，可让其自动恢复直立。如果是抽雄前后倒伏，一定要在倒伏后2天内及时扶起，边扶边施肥培土。

十二、玉米最佳收获期的确定

正确掌握玉米收获期，是增加粒重，减少损失，提高产量和品质的重要生产环节。玉米适时晚收可亩增产50千克以上。

1. 看玉米生长特征

玉米的成熟期需经历乳熟期、蜡熟期、完熟期3个阶段。因玉米与其他作物不同，籽粒着生在果穗上，成熟后不易脱落，可以在植株上完成后熟作用。因此，完熟期是玉米的最佳收获期。若乳熟期就过早收获，这时植株中的大量营养物质正向籽粒中输送积累，籽粒中尚有45%～70%的水分，此时收获的玉米晾晒会费工费时，晒干后千粒重大大降低。据试验，乳熟期收获一般可减产20%～30%，而且品质明显下降。完熟期后若不收获，这时玉米茎秆的支撑力降低，植株易倒折，倒伏后果穗接触地面引起霉变，而且也易遭受鸟虫为害，使产量和质量造成不应有的损失。

玉米是否进入完熟期，在其植株正常成熟情况下，可以从外观特征上看：植株的中下部叶片变黄，基部叶片干枯，果穗黄叶呈黄白色而松散，籽粒乳线消失，黑层出现，变硬，并呈现出本品种固有的色泽。

2. 推算时间，确定玉米收获期

一般情况下，按玉米生育期延长 10 天左右进行收获为宜。例如，郑单 958 生育期 96 天，可在正常播种之日起、土壤能够正常出苗计算生育期，延长 10 天左右，106 天左右进行收获。如播种时间在 6 月 10 日，可在 9 月 27 日左右进行收获。

3. 收获后及时剥皮晾晒

收获后不要进行堆垛，在棵上剥皮收获或带皮掰棒后拉运回家，利用人工及时进行剥皮晾晒。亦可推广新型玉米剥皮机进行剥皮，可节省大量人工。

4. 适时脱粒晾晒

因晚收玉米的含水量一般在 30%~40%，可听好天气预报，在晴朗天气进行晾晒，在含水量 20%~30% 时，及时进行脱粒晾晒，晾晒到玉米含水量在 14% 以下为宜。

第二章 果树栽培技术

第一节 梨生产技术

一、梨树品种介绍

（一）雪花梨

1. 来源及分布

赵县雪花梨是河北省赵县特产，又名"象牙梨"，栽培历史悠久，可上溯到2 000多年以前。早在秦汉时代始就被历朝历代选作贡品进贡朝廷。"赵县雪梨"因其成熟后肉质洁白无瑕，似霜如雪，故被称为赵州雪花梨，亦称赵县雪花梨，主要分布在河北省中南部。

2. 果实经济性状

果实大型，平均单果重250~300克，最大单果重530克，长卵圆形或椭圆形。果梗中长，梗洼深度、广度中等，萼片脱落，萼洼深广。果面较粗糙，采收时绿黄色，贮后变鲜黄色。果皮较厚，果面稍粗糙，有蜡质，果点褐色，果心较小。果肉乳白色，肉质稍粗，脆而多汁，渣稍多，味甜，有微香。可溶性固形物含量12%，品质上等，较耐贮运。

3. 特征特性

树冠圆锥形，树姿直立；主干黑褐色，有不规则的裂痕；一年生枝红褐色，皮孔较大，中等密度；叶芽中等大小、贴生；花芽较大，椭圆形；嫩叶深红色，茸毛较少；叶片广椭圆形，长13.05厘米，宽9.10厘米，叶色深绿，叶姿平展、较厚、有光泽，叶尖长尾尖，叶基圆形，叶缘具细锯齿；叶柄长4.38厘米，斜生，无托叶；每花序平均6~7朵花；花蕾白色，花冠白色，花瓣圆形；柱头高于花药，花药紫色，花粉量多。

树势中庸，幼树生长缓慢；一年生枝长92.84厘米，粗0.66厘米，平均节间长4.65厘米；萌芽力强，成枝力中等，长枝中度短截后一般发出2~3个长枝，其下依次为中、短枝；以短果枝结果为主，中、长果枝及腋花芽结果能力也较强，但果台发枝能力弱，因而连续结果能力差，且短果枝寿命较短，因此结果部位容易外移。自然授粉条件下每花序平均坐果2个；始果年龄较早，一般3~4年开始结果，较丰产。

4. 物候期

在冀中南部梨产区芽萌动一般在3月中下旬；开花期4月上中旬，较"鸭梨"略晚（2~3天）；果实成熟期9月上中旬；新梢4月中旬开始生长，6月下旬停止生长；落叶期为10月下旬或11月上旬。果实发育期150天左右，营养生长天数为250天。

5. 抗性

该品种适应性较强。抗旱能力较强，抗寒力中等，且较抗轮纹病；但近年黑星病为害较严重，而且叶片抗药性较差；同时抗风力差，易因风灾而引起大量落果。另外，因果实个大、生长势相对较弱，所以对肥水条件要求较高。

6. 栽培技术要点

（1）定植与授粉树配置。栽植不宜过密，一般沙壤地以3米×5米为宜；雪花梨自花授粉不实，要配置足量的授粉树，可与"黄冠""早酥""冀蜜"等品种互为授粉树。

（2）肥水管理。以秋施基肥为主，成龄树每株30~50千克，萌芽期和果实速长期追施少量速效肥；浇水应结合施肥进行，果实发育前期应尽量保证水分供应，后期宜适度减少灌水，以提高果实品质和促进花芽分化。

（3）整形修剪。由于其枝条直立生长，故幼树整形要注意开张角度。对骨干枝延长枝应轻短截，并注意留芽方向。其他一年生枝宜缓放，充分利用中、长果枝和腋花芽结果，以提高早期产量。盛果期树应注意对内膛枝组的维护与更新。当出现结果能力降低、结果部位外移问题时，应对小枝重截、大枝回缩，以促发新枝，培养结果枝组，维持结果的稳定。

（4）疏花疏果、合理负载。由于"雪花梨"果个大，树势中庸，所以疏花疏果是连年丰产稳产的必要条件。疏花以疏蕾为主；疏果宜在5月底前完成，留单果，且幼果间的空间距离以30~35厘米为宜。重视合理负载，防止出现大小年。

（5）套袋增质。如按"鸭梨""黄冠"等品种的套袋方法于5月底以前完成套袋，则果面锈斑严重，形成"虎皮"；根据河北省赵县经验，于6月下旬至7月中旬进行套袋，既可有效地提高外观品质，又能避免"虎皮"的产生。

（6）病虫害防治。病虫害防治以梨黑星病、梨小食心虫、梨木虱、梨茎蜂、轮纹病等为主。对套袋栽培应注重黄粉虫、康氏粉蚧等入袋虫的防治工作，可选用吡虫啉、齐螨素、敌敌畏等药剂。

7. 适宜地区

该品种适应性较广，喜肥沃深厚的沙壤土，在平原沙地栽培产量高、品质好。但要求肥水充足，否则易早衰。在陕西、山西、山东、河南、辽宁、四川等地均有栽培。

（二）鸭梨

1. 来源及分布

原产河北省，是我国最古老的优良品种之一。

2. 特征特性

树冠阔圆锥形，树姿开张；主干暗灰色或棕褐色，有不规则裂痕；1~2年生枝多为深褐色，幼树有屈曲生长的特点，皮孔椭圆形、较大、稀疏；嫩叶浅红色，茸毛多；叶片卵圆形，长12.2厘米，宽9.3厘米，深绿色，较厚，叶尖长尾尖，叶基圆形，叶缘具细锯齿；叶柄长4.5厘米，叶柄弯曲生，无托叶；平均每花序8朵花，花蕾白色，花冠白色；花瓣圆形，柱头与花药等高；花药紫色，花粉量多。

幼树生长旺盛，大树生长势较弱，枝条稀疏，开张而近于水平；10年生树高3.49米，干周40厘米，冠径392厘米×435厘米；一年生枝长85.6厘米，粗0.63厘米，平均节间长4.33厘米；萌芽率强，成枝力弱，长枝适度短截后，剪口下抽生2个左右的长枝；以短果枝结果为主，但在初果期，长果枝、中果枝占30%左右，并有一定数量的腋花芽；随树龄的增长，短果枝比例增大，长、中果枝和腋花芽比例减少，盛果期90%以上的果枝为短果枝，如10年生树，短果枝、中果枝、长果枝、腋花芽及短果枝群比例分别为79.9%、14.5%、1.6%、2.4%、1.6%；果台枝连续结果能力较强；自然授粉条件下每花序坐果1~3个，花序坐果率在80%以上，花朵坐果率30%~40%；"鸭梨"开始结果较早，通常定植后第 3 至第 4 年开始结果，第 7 至第 8 年进入盛果期。

3. 果实性状

果实倒卵圆形，近果梗处有一似鸭头状的小突起（鸭突），故名"鸭梨"；果实中等大小，平均单果重 230 克，最大单果重 280 克，果实纵径 9.64 厘米，横径 7.78 厘米，果面绿黄色，果皮薄，靠果柄部分有锈斑，微有蜡质，果实美观，果梗先端常弯向一方，果点中大、稀疏；果梗长 5.14 厘米，粗 2.43 毫米，几乎无梗洼，萼洼深广，萼片脱落；果肉白色，肉质细腻脆嫩，石细胞极少，汁液丰富，酸甜适口，有香气，果心小，冀中南地区 9 月中旬成熟。果实耐贮性较好，一般自然条件下可贮藏至翌年 2—3 月。可溶性固形物含量 12.0%，品质上等。

4. 物候期

在冀中南地区花芽萌动期一般为 3 月中旬，初花期 4 月上旬，盛花期 4 月上中旬，终花期 4 月中旬，花期为 7 天左右；新梢 4 月中旬开始生长，6 月上中旬新梢停止生长；果实于 9 月中旬成熟，果实生育期 150 天左右；落叶期为 10 月下旬或 11 月上旬。

5. 抗性

"鸭梨"适应性广，宜于在干燥冷凉地区栽培。抗旱性强，在干旱山区表现较好；抗寒力中等；抗病虫力较差，对黑星病抵抗力弱，食心虫为害较重。

6. 栽培技术要点

（1）定植及配置授粉树。株行距以 3 米×5 米为宜；因自花不结实，必须配置授粉树，可用"京白梨""胎黄梨""金花梨"等花期略早的品种，以便低序位花朵坐果，从而保证其独特的品种特性——鸭突。一般授粉品种与鸭梨的距离以不超过 40 米为宜。

（2）加强土肥水管理。通过清耕、生草、间作、覆盖、深耕等方法改良土壤；为提高品质，需根据土壤条件、产量高低、树龄等因素平衡施肥，河北省中南部平原梨产区，盛果期鸭梨树每生产 100 千克梨果需施纯 N 肥 0.3～0.45 千克，N、P、K 比例为 1∶0.5∶1，叶面喷肥可作为土壤施肥的辅助措施，于开花前后、新梢和幼果生长期、果实膨大和花芽分化期、采果后喷施；并根据各物候期的生长特点，结合施肥及时灌水；地势较洼的园片，雨季需及时排水。

（3）整形修剪。树形可采用疏散分层形、高位开心形等；但依其生长、结果习性，幼树应适当多短截、少疏枝，以迅速增加枝叶数量，为早期丰产打下基础；骨干枝外的枝条应缓放或轻剪，用以培养较多结果枝；结果枝组的培养与维护是连年丰产稳产的先决条件，连续几年结果后的中、小枝组应适当回缩，以防早衰。

（4）疏花疏果、合理负载。鸭梨易形成花芽，疏花疏果可提高果实品质，维持树势健壮。河北省中南部产区在 5 月上旬开始疏果，5 月底以前完成，留果标准以幼果空间中距离 25～30 厘米为宜。

（5）果实套袋。河北省中南部产区多于 5 月上中旬进行，以外黄内黑双层纸袋的效果最为显著，复合纸袋、报纸袋亦可起到提高外观品质的作用。套袋应在 5 月底前完成。

（6）病虫害防治。病虫害防治以梨黑星病、梨小食心虫、梨木虱、梨茎蜂、轮纹病等为主；对套袋栽培，应注重黄粉虫、康氏粉蚧等入袋虫的防治，可选用吡虫啉、齐螨素等高效低毒药剂。

7. 适宜地区

"鸭梨"是我国栽培历史最悠久的古老优良品种之一，也是白梨系统中重要优良品种。

当前，除河北省中南部产区外，山东、河南、辽宁、山西、陕西、北京、天津等地，也有较大面积的栽培，江苏、安徽、浙江、湖北等地亦有少量栽植。20世纪50—70年代又被四川、云南等地引种，且均能正常生长结果。但因易感黑星病，长江以南的高湿地区不宜大面积发展，其最适宜区为华北和辽西温带梨区。

(三) 黄冠

1. 品种来源

黄冠梨是河北省农林科学院石家庄果树研究所于1977年以雪花梨为母本、新世纪为父本杂交培育而成。

2. 特征特性

树势强健。枝条浅褐色，粗壮，皮孔细长，叶片大而厚，叶面有光泽，深绿色，叶片卵圆形。叶缘锯齿状。花冠大，花粉多。树姿较开张，萌芽率高。1年生枝短截后能抽生2～3个生长枝。以短果枝结果为主。有腋花芽结果习性。果台副梢有连续结果能力。坐果率高，早果早丰。2～3年生的树结果率在90%～100%。高接树第2年就可开花结果，第3年恢复产量。

3. 果实性状

果实椭圆形，个大，平均单果重235克，最大果重360克。果实纵径7.5厘米，横径6.9厘米。果皮黄色，果面光洁，果点小、中密。果柄长4.35厘米，粗0.28厘米。梗洼窄，中广。萼洼中深，中广；萼片脱落。外观酷似"金冠"苹果。外观综评极好。果心小，果肉洁白，肉质细腻，松脆，石细胞及残渣少。风味酸甜适口并具浓郁香味。平均可溶性固形物含量为11.4%，总糖、总酸及维生素C含量分别为9.376%、0.200 9%和2.8毫克/百克。品质综评极上。自然条件下可贮藏20天，冷藏条件下可贮至翌年3—4月。另外，黄冠梨还有清心润肺、止咳定喘、润燥利便、醒酒解毒之功效，适宜各类人群食用。

4. 物候期

在河北省，黄冠梨3月下旬萌芽；4月上旬开花；4月中旬谢花；6月下旬为果实膨大期。新梢6月下旬停长。幼旺树二次生长，果实8月中旬成熟。果实生育期120天。落叶期为10月下旬或11月上旬。营养生长天数为220～230天。

5. 抗性

黄冠梨高抗黑星病，黑斑病。抗寒性较弱。抗旱、耐涝、耐瘠薄。

6. 栽培技术要点

(1) 园地的选择。园地要选择生态环境良好、空气清新、水源清洁、土壤未受污染、周围无污染源、土壤肥沃的地块。

(2) 幼树的栽植。选择苗高在80厘米以上的大苗、壮苗。要求根系完整，无病虫害，尤其是不带检疫性病虫害。

(3) 梨苗定植前的处理。定植前，苗木必须进行修剪。凡是断根或断枝的，伤口一定要剪成垂直断面的光滑平口，以利于伤口愈合，促生新根。

(4) 定植。定植时间。在苗木落叶后（10月下旬）即可定植。其中以10月下旬至11月上中旬定植最佳。秋季定植的苗木，当春季地温达到-2℃时，根系就开始生长。秋栽比春栽根系活动早，萌芽早，缩短了缓苗期，当年生长量大。春季定植最迟在3月20号结束。定植方法：在定植沟上挖定植穴。长、宽、深各80～100厘米。将挖出的阳土混合腐熟的秸秆、圈肥等有机肥，回填坑内30～40厘米，然后放苗，尽量使根系舒展，回填细土。填满后灌水沉实。水渗完后及时将苗木扶正。要求栽植深度与原来的栽植深度持平。然后覆膜以利于保湿保温。定干后树体要裹上塑料膜。一是为了防冻，二是为了防止春季害虫如金龟子等为害嫩芽。当新梢长到20~30厘米时，要及时除去树体和地面塑料膜，并深埋销毁。

（5）及时补苗。定植一周后要及时查看。如发现枯死苗、失水苗、丢失苗要及时补栽，最好带土移栽。补栽宜早。补栽愈晚成活率愈低。

（6）施基肥。在果实落叶后或采果前进行。一般每年施腐熟有机肥要5 000千克/亩以上。优质鸡粪不超过4 000千克；长效全元复合肥等迟效肥可混合在基肥中一次施入。基肥施入不宜太深。由于80%的根系主要分布在40厘米以上的土壤层内，因此施肥深度以50厘米为宜。

（7）追肥。根据土壤养分情况进行配方施肥。追肥同时可追施少量的铁、锌、硼等微量元素。生长期、萌芽前、采果后，以氮肥为主。果实膨大期以磷、钾肥为主。施肥后及时浇水。

（8）叶面喷肥。全年可在花后、果实膨大期和采果前进行叶面喷肥。喷肥的种类可选用平衡叶肥、尿素、磷酸二氢钾、多元微肥、钙肥等。据调查，加喷氨基酸钙或盖中钙5~6次的果园，黄冠梨的好果率都在95%以上。

（9）灌水与排水。果园内根据墒情适时浇水。重点在花前、花后、果实膨大期进行浇水。6—8月天旱无雨时浇水，并注意夏季排涝。

（10）整形修剪。黄冠梨幼树生长势较强，萌芽率高，成枝力较强。而且幼树新梢具有直立生长的特性。因此，树冠内易郁闭，影响通风透光，容易造成结果部位外移。因此，黄冠梨宜采用小冠疏层形。树高控制在3~3.5米。幼树修剪以轻剪缓放为主。外围枝头不能过多、过大，以保持均衡的树势和枝势，同时注意拉枝开角。夏季修剪注意果园通风透光，增强叶片光合效能，减轻病虫害的滋生蔓延。

（11）疏花疏果。黄冠梨坐果率高，应严格疏花疏果。疏花从花蕾期开始。20厘米左右留一个花序，其余全部疏除。注意保留花序基部的嫩梢。花后及时疏果。果间距25厘米左右。选留低序位的果个大、果柄长、果形正的边果，疏除小果、病果、畸形果、枝磨叶扫果，壮树壮枝多留，弱树弱枝少留。

（12）果实套袋。为了提高黄冠梨的果实品质，果实必须套袋。套袋时间一般在4月25日开始，到5月10日以前完成。宜早不宜迟。选用遮光性能好、透气性好的优质纸袋或专用纸袋。如内层为黑木浆纸的双层纸袋或内为无纺布+黑木浆纸的三层纸袋。套袋前必须要细致地喷一遍杀虫、杀菌药。防治入袋害虫梨木虱、康氏粉蚧、食心虫、黄粉蚜，以及梨黑点病等。药剂要选择高效、内吸、低残留的农药。如70%纯甲基托布津、10%宝丽安、50%多菌灵、40%乙膦铝、齐螨素、吡虫啉、万灵等。待梨果萼洼处的药液完全变干后方可套袋。套袋时一定要撑开果袋，使梨果置于袋中央悬空。同时扎严袋口，松紧要适度。过松，一是喷药时药液易流入袋中，产生药害；二是漏光，影响果面；过紧，容易形成僵果。

（13）病虫害防治。黄冠梨高抗黑星病，主要病害为褐斑病和轮纹病。虫害有梨木虱、黄粉蚜、康氏粉蚧、梨大食心虫等。土壤封冻前耕翻土壤；结合冬季修剪，剪除病虫枝、枯枝、残留的纸袋、僵果、撑棍、卵块等；早春刮树皮，清扫果园，将枯枝落叶、杂草、落果等集中深埋或销毁；春季发芽前全园喷一遍3~5度石硫合剂，铲除越冬病虫害。落花60%时，选用80%多菌灵2 000倍+48%乐斯本2 000倍+2.0%齐螨素6 000倍或80%多菌灵2 000倍+90%乙膦铝800倍+2.0%齐螨素6 000倍。套袋前连喷两遍。5月初以防治梨木虱、黄粉虫、黑星病等为主。此时是梨木虱第一代成虫发生期,黄粉虫出蛰期,黑星病的侵染发病期。杀菌剂可选用10%世高6 000倍、10%杀菌优1 000~1 200倍。杀虫药剂可选用10%蚜虱净·4 000倍或选用1.8%爱福丁或1.8%绿维虫清6 000倍。5月中旬以后每隔10~15天喷一遍杀虫、杀菌药剂。药剂可选用齐螨素、吡虫啉、乙膦铝、多菌灵、甲基托布津等要交替使用。

7. 适时采收

黄冠梨在邢台市的适宜采收期为8月中旬。采收过早,果实含糖量低、味酸、品质差。采收过晚,果肉易变软,不耐储藏和运输。

8. 适宜地区

黄冠梨以其外优、抗性强、结果早及连年丰产等诸多优良特性,深受广大果农及消费者的欢迎。其适应区域广,不仅适宜在黄、淮、海大部分地区栽培,而且亦适于长江流域及其以南多数地区栽培,发展前景十分广阔。

(四)绿宝石

1. 品种来源

绿宝石梨又叫中梨1号,是中国农业科学院郑州果树研究所用新世纪和早酥梨杂交选育而成的,是目前早熟梨中综合性状较好的品种之一。

2. 特征特性

幼树生长旺盛,树势强健,生长易直立,成龄树较开张,分枝少,背上枝较多。树干浅灰褐色,多年生枝棕褐色,树皮光滑,1年生枝黄褐色。叶片长卵圆形,深绿色,叶缘锐锯齿,叶背具茸毛。花芽肥大,心脏形。每花序有花朵6~11朵,花初开时为粉红色,盛开期呈白色。花序坐果率较高,自然授粉状态下花序坐果率为69%。大小年结果现象和采前落果现象不明显。生长势强,萌芽率高,成枝力中等,分枝角度小。早果性强,高接树当年便可形成花芽,第二年即有产量。坐果率高,丰产性好,有腋花芽坐果习性,进入盛果期以短果枝结果为主。翠绿色,套袋果黄白色。果柄粗短,萼洼浅,萼片残存。果肉乳白色,质地酥脆,石细胞少,汁液多,味甜微香,可溶性固形物含量11.8%。在河北省泊头市4月10日前后开花,7月中旬成熟。

3. 果实性状

果实近圆形,果个整齐,平均单果重275克,最大单果重485克;果实黄绿色,果面光洁,果点中大,翠绿色,套袋果黄白色。果柄粗短,萼洼浅,萼片残存,外形美观;果肉乳白色,肉质细脆,汁液多,石细胞少,果心小,风味甜具香味,可溶性固形物含量11.8%,品质上等;耐贮性较强,室温下可存放30天左右,冷藏条件下可贮放2~3个月。

4. 物候期

花芽膨大期在3月上旬,萌动期为3月下旬,盛花期为4月4日前后,5月新梢开始旺长,6月中旬幼果迅速膨大,7月中旬果实成熟,11月中旬开始落叶。

5. 抗性

抗逆性、抗病性强,对环境条件要求不严,特别对轮纹病、黑星病、干腐病的抗性较强。但个别年份裂果较重。

6. 栽培技术要点

(1)整形修剪。绿宝石梨宜采用自由纺锤形,成形后干高50厘米,树高2.5~3米,中心干上均匀分布10~12个主枝,主枝角度70°~80°,由下而上逐次减少,呈螺旋式上升,主枝单轴延伸。第1年苗木定植后定干80厘米,生长期及早抹除主干50厘米以下的萌芽。以后每年冬剪时,对中干延长枝适度短剪,除对过密枝条疏除外,其他枝条一律缓放。生长季节对缓放的枝条及主枝进行拉枝成角,刻芽促发分枝,一般永久性枝拉成70°,对背上直立竞争枝进行疏除,较旺的幼树可对主干或主枝环割,以缓和树势,尽早开花结果,经3~4年树冠基本成形。结果后及时回缩、更新和复壮枝组,以达丰产稳产的目的。

大树高接换头,可采用单芽切腹接和劈接法,树形宜保持原有的树体结构,因该品种生长势强,不宜采用开心树形。高接第一年冬剪要轻,尽量多留枝,以后随着树冠的扩大,在2~4年内陆续清理多余枝条。夏季采用拉枝、别枝等方法调整枝条角度。刚进入大量结果期的树,以疏枝清膛为主,不宜回缩过急过重,避免返旺,影响花芽形成。

（2）人工授粉与疏花疏果。人工授粉可确保果形端正、果实个大、品质良好,鸭梨、黄冠梨、黄金梨均可作为授粉品种。疏花是为了节约养分,以花换花,连年丰产,疏果是为了控产保质,确保效益。疏花从花序伸出到盛花期进行,每20~25厘米留1个花序,其余全部除掉;绿宝石梨成花容易,花量大,应严格疏花疏果,疏果宜在花后10天左右进行,疏果从4月下旬到5月中旬结束,每25~30厘米留1个果。

（3）果实套袋。生产优质高档梨必须进行果实套袋。套袋时间为5月中旬至6月上旬,选用内层是棉纸的三层纸袋为好。套袋前必须喷一遍杀虫、杀菌剂,防止将病虫套入袋内,等药液干后再套袋。

（4）肥水合理。必须保证充足的肥水供应,每年8月底至9月上旬开放射状沟施基肥,亩施有机肥5 000千克,二铵20千克,硫酸钾25千克作秋基肥。追肥分3次进行,采用多点穴施法。萌芽前和采果后以氮肥为主,花后和果实膨大期以复合肥为主追肥2~3次。灌水可结合施肥进行,重点抓好萌芽至开花前、新梢速长期、采果后和越冬前灌水,落花后至6月中旬前,保证充足的水分供应,6月下旬以后,慎重浇水。避免梨园土壤湿度变化过大;雨季注意排出积水,确保根系正常生长。

（5）病虫害防治。发芽前全园普喷1遍5波美度石硫合剂,铲除越冬病虫源,同时结合修剪,剪除病虫枝、病僵果,并进行清园;发芽至落花后喷布10%吡虫啉5 000倍液防治蚜虫,1.5%阿维菌素2 000倍液防治梨木虱、螨类等;疏果后及时喷1遍80%大生M-45可湿性粉剂。800倍液+70%甲基托布津1 000倍液+10%吡虫啉5 000倍液,风干后及时套袋;以后每隔10~15天喷1遍杀菌剂,同时配合低毒、高效杀虫剂,以达到病虫兼治的目的,保护叶片,延长叶片寿命。

7. 适宜地区

绿宝石适合多种土壤、气候和生态条件栽培,尤其适于黄淮海地区、西南地区和长江中下游地区发展。

（五）黄金

1. 品种来源

黄金梨是韩国1981年用新高×20世纪杂交育成的中晚熟新品种,1984年命名。1998年科山东省从韩国引进。

2. 特征特性

生长势强,树姿较开张,1年生枝绿褐色,叶片大而厚,卵圆形或长圆形。叶缘锯齿锐而密,嫩梢叶片黄绿色,这是区别其他品种的重要标志。当年生枝条和叶片无白色茸毛,这是与20世纪的明显区别。幼树生长势强,萌芽率低,成枝力较弱,有腋花芽结果特性,易形成短果枝，结果早，丰产性好。甩放1年生枝的叶芽，大部分可转化为花芽。连年甩放长、中梢，树势易衰弱。幼树定植后第3年开始结果；大树高接后，经2年结果株率80%以上，第3年亩产可达1 000千克以上。该品种花器官发育不完全，雌蕊发达，雄蕊退化，花粉量极少，需异花授粉。一般自然授粉条件下，花序坐果率70%，花朵坐果率20%左右，需严格疏果。

3. 果实性状

黄金梨果实近圆形，果形端正，果肩平，果形指数0.9，不套袋果果皮黄绿色，贮藏后变为金黄色；套袋果，果皮黄白，果点小，均匀，外观极其漂亮；果肉乳白色，果核小，可食率95%以上，肉质脆嫩，果汁多而甜，有清香气味，无石细胞。含可溶性固形物12%~15%，平均单果重350克左右，最大果500克以上。0~5℃条件下，可贮藏6个月左右，但贮藏期须包保鲜纸，以防失水皱皮。

4. 物候期

3月中旬花芽萌动，4月10日初花期，4月16—20日盛花期，花期持续10天左右。叶芽4月上旬萌动，中旬开始萌发。果实9月中旬成熟，生长期145天左右。

5. 抗性

该品种适应性较强。在丘陵、平原地均能正常生长结果，对肥水条件要求较高，尤喜沙壤土，沙地、黏土地不宜栽培。果实、叶片抗梨黑斑病、黑星病能力较强。

6. 栽培技术要点

（1）建园要求。建园地片要求土层深厚，透气良好，有机质含量较高，并要有水浇条件。土壤黏重、土层薄的地片不宜栽黄金梨。株行距以2.5米×4米或2米×4米，亩栽67~85株为宜，南北行。由于黄金梨花粉很少，建园时必须配置2个以上品种作授粉树，授粉树比例5∶1为宜。授粉品种最好选经济效益高的水晶、新高、20世纪等。

（2）肥水管理。重施基肥，千方百计提高土壤有机质含量。行间种植豆科作物，或三叶草之类的绿肥草。每年秋季或开春，每亩施腐熟的鸡、猪圈肥5 000千克左右，复合肥100千克左右。施肥宜开深20~30厘米放射状沟，切忌全面翻刨树盘，破坏浅层根系。追肥时间宜在开花前、春梢旺长期、果实膨大期进行。以施三元复合肥、磷酸二氨为主。谢花后至套袋前，可结合喷药，喷2~3次氨基酸复合微肥，或尿素加磷酸二氢钾300倍液。肥后灌水使灌水时间与施肥时间吻合。果园土壤湿度保持在60%~80%、低于60%应灌水。喷灌、滴灌最好。

（3）花果管理。黄金梨自花授粉可以坐果，但果实小，品质差，最好进行人工授粉或蜜蜂授粉。授粉树配备适当时，一般自然授粉坐果率较高。人工授粉可用新高、20世纪等砂梨系品种的花粉。人工授粉要抓早字，应在第一批边花开放时抢时间进行。疏果应在坐果后半月内完成。每花序只留1果，叶果比40∶1，果间距25~30厘米，亩产量控制在2 500千克以内。腋花芽果应全部疏除。

（4）果实套袋。黄金梨必须进行套袋栽培，否则果皮粗糙难看。要将经过疏果后留定的果实，一个不漏地全部套上标准较高的双层纸袋。目前应用较成功的是日本小林袋，无把握的袋千万不要用。也不必采用两次套袋技术。套袋时间越早越好，尽可能减少外界对果实的刺激。采收前10天左右，将袋的底部撕开，果面可变成金黄金，还可减轻果实贮藏期失水皱皮。

（5）病虫害防治。发芽前一定要喷一遍5°Be石硫合剂或高强索利巴尔；套袋前不要喷任何含铜离子、乳油类药剂；防病可以多抗霉素、农抗120、菌立灭福星、甲基托布津等为主；套袋后保护叶片可以波尔多液或其他铜制剂为主；防治害虫，可以生物药剂齐螨素、Bt和昆虫生长调节剂灭幼脲3号、杀铃脲、蛾螨灵、蛾蚜灵等结合使用达到目的。

（6）整形修剪。幼树生长慢，树冠矮小。修剪越重，生长量越小，会影响树体生长，影响幼树的早期产量，以至延迟盛果期的到来。顶端优势强，两极分化明显。黄金梨在幼树期间，枝条直立性强，很易出现"上强下弱""外强内弱"以及"背上强、背下弱"的"三强"现象。萌芽率高，成枝力较低。黄金梨长枝甩放，除基部盲节以外，绝大部分芽子都能萌发。萌发后，多形成短枝和短果枝，中枝或中、长果枝较少。黄金梨枝条短截后，多发生两个长枝，少数抽生3个长枝。黄金梨成枝力低，且结果后不易发出新枝，修剪时要注意更新，做好轮替结果，过密枝从基部留木橛重剪，刺激发新枝。幼树角度直立，树冠不开张。黄金梨幼树枝条直立，树冠不开张。修剪越重，角度越直立。三年生以前的幼树修剪时，宜采用多轻短截或甩放延长枝的方法，促进树冠开张。黄金梨枝条较软，结果易下垂，所以拉枝角度不宜过大，一般拉至45°即可，最大不越过60°。

梨树干性强，有直立生长特性。修剪时，要本着"抑强扶弱，以扶弱为主"的原则，注意解决好"干强主弱"和"主强侧弱"的问题。应培养牢靠的中心骨架和弹性较强的结果部位于一体的三主枝改良纺锤形，或一般纺锤形为好。单株主枝（大型结果枝群）数量12~15个，主枝全部单轴延伸，保持60°~70°角。中小型结果部位全部拉成水平。生长季随时疏除徒长枝、竞争枝，夏秋季及时调整背上枝角度。冬季修剪仍以疏枝、调角度为主。

黄金梨成花容易，连年结果后树势易衰弱，一般枝组结果2年后果实品质下降的特点，应注意充分利用背上枝拉平后培养成结果枝，并注意在适当部位培养预备枝。这是进入盛果期树产量的主要来源。弱枝花芽和腋花芽长不出好果，应尽早疏除。

（六）圆黄

1. 品种来源

圆黄梨是韩国园艺研究所用早生赤晚三占杂交而成。

2. 特征特性

树势强，枝条半开张、粗壮，一年生枝浅黄色，皮孔大而密集。新梢浅绿色，叶片长椭圆形，浅绿色且有明亮的光泽，叶缘锯齿中等大，叶下卷，叶芽尖而细，紧贴枝条，此为该品种凸出特点，花芽饱满而大，开白花，花粉量大。花芽形成能力强，甩放1年易形成短果枝和花束状果枝，自然坐果率高，高接第2年即可开花结果。易成花，结果早、丰产、稳产。三年生株产量高达25千克以上，亩产2 000千克以上，大小年程度轻，套袋后果面净洁金黄，无水锈，无黑斑，好果率97%以上，既是优良的主栽品种又是很好的授粉品种。自然授粉坐果率较高，结果早、丰产性好。

3. 果实性状

果实圆形，果个大，平均单果重500克，最大果重1 000克，花萼完全脱落，果面光滑平整，果点小而稀，果梗中长，无水锈，无黑斑，表面光洁，外观漂亮，黄褐色，不套袋果呈暗红色，果肉白色，果皮中等厚，石细胞极小，肉质细脆，含糖量12.5%~14.8%。成熟后有香气，品质极上。自然条件下可贮藏30天左右，低温下可贮至春节以后。

4. 抗性

抗黑星病能力强，抗黑斑病能力中等，抗旱、抗寒、较耐盐碱，栽培管理容易。

5. 物候期

3月20日左右芽开始萌动，4月15日为初花期，4月20日为盛花期，4月25日为谢花期，8月上旬为果实膨大期，9月下旬为果实成熟期，但可延长采收至9月下旬，风味不变。果实发育期185天，11月下旬落叶。

6. 栽培技术要点

（1）建园要求。建园地片要求土层深厚，透气良好，有机质含量较高，并要有水浇条件。栽植时挖1米见方的定植穴，每亩施腐熟的有机肥3 000千克，钙镁磷肥40千克，4月上旬和10月中下旬均可栽植，株行距为（1.5～2）米×4米，每亩栽植80～100株，南北行，授粉树以新世纪、丰水为好。栽后灌足定植水，沿树行覆盖1米宽的地膜，以利保湿增温，促进根系的恢复生长。

（2）整形修剪。树形以自由纺锤形为宜，也可在东西两个方向培养两大主枝，成v形大骨枝，并留2～3个侧枝。夏季对新梢留30厘米摘心，增加结果枝。

（3）人工授粉。圆黄梨是一个丰产易管理的品种，不必套高档果袋即可生产出95%以上的高档果。套袋时间为6月上旬，套袋应撑开通气孔，袋口要扎紧，以免漏光果面发绿而达不到出口标准，降低商品价值。

二、梨园春季管理

春季是病虫害防治的关键时期，各项管理措施是梨树丰产、高产、优质的基础。这一项任务是果园管理的重点，对预防病虫害发生起至关重要的作用。春季管理的主要工作是刮树皮、石硫合剂熬制、清园、花前肥水、防霜冻、疏花、人工授粉、疏果、花后喷药。

1. 刮树皮

主要工作步骤：刀具消毒→铺布袋片→刮树皮→涂药消毒→清理。

（1）刀具消毒。凡用来刮梨树皮的刀具要干净卫生、不锈、不腐。每次使用前和刮过带病斑的树皮之后，刮皮刀具要用50倍液菌毒清药液进行消毒杀菌之后再使用。避免病菌孢子再次传播、侵染、为害其他果树。

（2）铺布袋片。在树体根部周围铺一些布袋片，使刮下来的树皮，落在上面。便于树皮清理出园。

（3）刮树皮。以土壤封冻后到来春萌芽前为宜，早春刮树皮能保证树势良好和树体安全越冬，效果明显好于冬季刮皮。许多天敌与害虫同在枝干翘皮内越冬，而且天敌开始活动时间早于害虫，为保护天敌应在萌芽前适当推迟，最为适宜。刮树皮可以有效地铲除残存在梨树老翘皮内外的梨黑星病、轮纹病、炭疽病、梨锈病等病菌孢子和梨木虱、蚜虫、食心虫、介壳虫等多种梨树害虫的虫卵。刮去过厚的老树皮对树体的生长发育也有一定的好处，可以使树表皮层恢复生机增强抗性。确保梨树健壮生产，优质高产、高效益。

具体方法：将主干及主枝中部以下的粗皮、翘皮、发病部位，用刮刀轻轻地刮下来。刮皮时要从上往下运刀。刮掉的树皮不要再磨蹭刮过的地方，以防红蜘蛛的虫卵沾上去。凡是干裂翘起的老树皮都有可能是红蜘蛛越冬卵的巢穴，必须统统刮掉。

注意事项：不要刮掉潜伏芽；要掌握露红不露白的原则。

病斑处理：患有腐烂病的梨树应将病疤处的树皮刮净，并刮至木质部。病斑边缘要锋利的刀具割成直立的斜茬。锋利刀具使用之前要进行杀菌处理，使用后再杀一次菌，防止病菌在果树间传播，造成不必要的为害。刮病斑时坚持"先外后里"的原则，即先刮病斑的边缘，再逐步向里刮。彻底围剿病菌，清除病斑。直到边缘处刮出新鲜树皮，沁出新鲜汁液为止。

涂药消毒：对刮过皮的梨树过10～15天，用50倍菌毒清或腐必清药液涂抹树干，消毒灭菌。不可随刮树皮随抹药，以免引起药物中毒，造成死枝、死树的现象发生。

清理：将刮下的病树皮、病树枝清理得干干净净，集中起来、带出远离梨园的空旷处烧毁或深埋。

2. 石硫合剂熬制

石硫合剂是使用较广的一种清园药剂。它是一种广谱杀虫、杀螨、杀菌剂，对防治锈病、腐烂病、黑星病、轮纹病、炭疽病以及红蜘蛛、介壳虫等都有很好的效果。石硫合剂是无机农药，具有药效长、成本低，其中所含的硫和钙还是作物所需营养元素，对环境无污染等优点，所以以往清园多用石硫合剂。主要工作步骤：建锅灶→选料→熬制→贮存。

（1）建锅灶。建造时要两锅相连，炉膛要大而广。

（2）选料。石灰应选择白色、质轻、无杂质、含钙高的优质石灰。水应用清洁的河水、井水等。硫黄要用色黄质细的优质硫黄粉，最好达到350目以上。洗衣粉以中性为好。石块以拳头大小、质轻的为好。硫黄、石灰、水、石块的比例为2∶1∶15∶5，再加入总用水量0.4%的洗衣粉。

（3）熬制。前锅根据配置比例在锅中加好水，后锅的水要多于前锅（烧开水备前锅用，使前锅的水量保持在一定的比例），盖上锅盖开始烧火，当水温达60℃时把化好的洗衣粉倒进锅里进行搅拌，接着用箩把硫黄粉均匀撒在锅里，边撒边搅拌，由于洗衣粉的作用，硫黄粉很快溶于水。当水温达到80℃时立即把石灰块顺锅边放到锅里，接着把石头块也放到锅里，搅拌几下，盖上锅盖进行熬制，并开始计时。熬制时，由于石灰放出大量的热量，水马上沸腾，石灰和硫黄开始进行反应，这时炉膛里的火应大而均匀，使整个锅沸腾，以促进反应速度。有时锅里气泡很大会溢出药液来，掀一下锅盖，气泡就会马上破裂。因锅里放了石块，会自动搅拌，只要火候掌握得好，基本不会跑锅。计时到15分钟时火应匀而稳，20分钟后火要弱而匀。烧火应掌握前大、后小、中间稳，始终保持整个锅沸腾。熬制25分钟时，应及时观察火候，当药液熬到酱油色、锅底渣子变为深绿色时马上停火出锅。如果渣子呈墨绿色，则说明火候已过，有效成分开始分解；若渣子呈黄绿色，表明火候不到，应继续加火。

（4）贮存。把熬制好的"石硫合剂原液"从锅里舀出来放入塑料容器里面。

熬制石硫合剂熬制口诀：慢烧火，加锅盖，加调料，放石块；先撒硫黄粉，后放石灰块，不用人搅锅，时间只一半，工序配方改，成本降一块。

3. 清园

春季清园这项工作看似简单，但是预防病虫害的效果不可估量。通过春季清园，可以有效地除掉病虫源，达到预防病害和虫害的目的。这些散落的树叶、落果和修剪落地的树枝最容易附着和滋生各种病菌以及虫害，如果不将其清理，待到春暖花开时，有了适宜的环境条件，它们就会为害果树和果实。清园药可以减轻锈病、腐烂病、黑星病、轮纹病、炭疽病以及红蜘蛛、介壳虫等病虫害的发生。主要工作步骤：物理清园→化学清园。

（1）物理清园。具体做法：清园时用多齿耙将树叶、树枝耧到一块。猫下腰，远伸耙，不能把树枝碰断，也不能把树皮碰伤。把杂物集中到一块之后再运到果园外边进行烧毁或深埋。将果园里散落的树叶、落果和修剪落地的树枝，要彻底清理掉。

（2）化学清园。化学清园的时期应掌握在花芽萌芽时，即梨、芽鳞松开露白时较好。进行。施药过早病虫害没有出蛰，达不到应有的效果；施药过晚，嫩芽、花蕾可能受病虫为害，而且容易产生药害。大多适用石硫合剂进行化学清园。具体步骤是测原液度数→计算加水量→稀释→验证度数→喷洒。

把"石硫合剂"原液倒入量杯，然后把波美计插入量杯中，例如量杯中"石硫合剂"的原液是23度。再计算出将原液稀释成5度稀释液的对水量，计算方法是这样的，原液浓度除以5，减去1，就等于对水量。还以我们刚才测试的结果为例：23除以5减去1等于3.6，也就是说，将一份"石硫合剂"原液对上3.6份水，就成为5度的石硫合剂稀释液。稀释完成以后，还要再检测验证一下是否正确。检查验证的方法同稀释原液的方法是一样的。将稀释的"石硫合剂"稀释液倒入量杯，把波美计插入量杯。通过检查证明，刚才调制的石硫合剂稀释液正好是5度，可以向树上喷洒了。如果通过检查不是5度，则不能向树上喷洒，还要继续进行调制，直到稀释成符合要求的度数。因为5度的石硫合剂稀释液完全可以杀死各种病菌，又不会烧伤果树。喷洒石硫合剂时要从上到下，从里到外彻底喷洒。把每个树枝和树体各个部位都喷上石硫合剂，全树喷湿，以全树所有树枝都滴水珠为宜。3~5波美度石硫合剂药液只能在休眠期喷施，严禁发芽后喷施，否则产生药害。

4. 花前土肥水

主要工作步骤；施肥→浇水→中耕。

这个时期一般追尿素肥。幼树施肥量为300克/株，初结果树施肥量为1千克/株，盛果期树施肥量为2千克/株。在树冠外围挖若干个深20厘米的施肥穴，每穴施入50克尿素，然后覆土。施肥后应马上浇水，以促进根系对肥料的吸收。

使用微耕机对果园进行中耕松土，深度为5~10厘米，以树干为基准内浅外深。防止机器伤根，大的主根还会破坏机器。

5. 防霜冻

防霜冻的方法有果园熏烟法、药剂防冻两种方法。

果园熏烟法：在梨树开花期，要留意天气预报，当温度降至0℃以下时，当晚要在果园进行熏烟。熏烟时间一般从夜间24时或凌晨3时开始，气温降至0℃时。点燃熏烟堆闷火熏烧，散发出大量烟雾，在果园就会形成一层烟雾带。至早晨太阳升起后为止。

霜冻前一天黄昏，在果园内每隔一定距离，堆放由麦秸、杂草、锯屑或枝条等分层交互堆起的草堆，草堆外覆盖一层薄土，中间用木棒插孔，以利点火出烟。一般每亩果园应燃放4~6个熏烟堆，每个熏烟堆不高于1米，重量不低于20千克。

药剂防冻：在果树开花前2~3天，向树体喷施低浓度的乙烯利或萘乙酸、青鲜素水溶剂，抑制花芽萌动，提高抗寒能力。

6. 疏花序

花蕾露出时，用手指将花蕾自上向下压，花梗即折断。

黄冠梨初花期为4月上中旬，花期7~10天，疏花为梨树疏花要求越早越好。采用距离定果法，每隔15~20厘米留一个花序。壮树壮枝距离近些，弱树弱枝距离远些。疏除弱花序、长果枝顶花序、萌动过迟花序、枝杈间花序。

花序整体布局：树冠内膛和下层多留，外围和上层少留；辅养枝多留，骨干枝少留；骨干枝中部多留，下部少留；背上枝多留，背后枝少留；花多弱树少留。

注意事项：疏花进注意要留下叶子，不要连花带叶全部摘除。这部分叶展叶早，可早期形成叶面积。梨树开花期不能喷施任何农药,以避免出现药害。花期遇雨或有风害时应不疏。四周空旷的小型果园可以不疏花,以保证有足够的坐果量。

7. 人工授粉

(1) 采花。在大蕾期采集适宜授粉品种花瓣已松散而尚未开放的大铃铛花,也可以采集多个适宜授粉品种的花蕾组成多个品种的混合花粉。

(2) 制粉。在室内,及时将花蕾倒入细铁丝筛中,用手轻轻揉搓掉花药。用簸箕簸一遍搓下的花药,去掉杂质。将花药均匀摊在光滑的纸上,温度保持在22~25℃。1~2天后花药即裂开散粉,然后收集起来,将花粉过细筛,去除杂物。按花粉与填充剂(干燥淀粉或滑石粉)比例为1∶9混合均匀,装入暗色瓶内,最后放于0℃以下的冰箱里贮藏备用。切忌在阳光下暴晒花粉。

(3) 授粉。在全树25%的花开放时开始授粉,选天气晴朗、无风或微风的时候进行。授粉适宜气温为15~20℃。梨树花的柱头接受花粉最适期为开花的当天至第3天,以后渐次减弱,开花5天以后授粉能力大大降低。就一株树而言,盛花期人工授粉最合适。

①抹授法:将花粉瓶用细绳系在颈部,用香烟过滤嘴制成的授粉器蘸花粉直接抹涂到柱头上。每蘸一次可点5朵花。花量大的树,间隔15厘米点授1个花序,每花序点授第三、第四序位花较好。也可用喷蚊蝇的小喷壶喷授。此法节省花粉,授粉效果好,但费工。

②掸授法:盛花期,竹竿上绑一个长鸡毛掸在授粉品种和主栽品种之间交替滚动,也能达到授粉目的,最好在盛花期用此法授粉2次。此法简单易行,速度快,适于品种搭配合理的梨园。

③抖授法:将花粉和填充剂按1∶20混合,装入尼龙纱袋,绑在长竹竿顶端,于盛花期在主栽品种树上抖动,散出的花粉用于授粉。此法授粉速度快,省工。

④机械喷授法:1份花粉加入100倍填充剂(如淀粉、滑石粉等),充分混合,可用喷粉器授粉。此法授粉速度快,省工。

⑤花期放蜂:花期放蜂有利于授粉受精,可明显提高坐果率。

8. 花后喷药

落花后是梨木虱第一代若虫集中孵化期,抓住这一关键时期进行防治。

常用药剂吡虫啉可湿性粉剂+阿维菌素+高效氯氰菊酯混合液全园喷洒一遍,间隔15天后,用同样的药剂再全园喷洒一遍。同时可以兼防梨大食心虫、螨类、蚜虫、梨瘿蛾、椿象等。还可加入0.3%~0.5%磷酸二氢钾或0.3%的尿素进行叶面追肥。花期不可用药,花后连续用药2次,间隔15天。

对黑星病抗性小的品种或黑星病发生严重的梨园可以在这两次喷药中可加入多菌灵800倍液、70%甲基托布津800倍液、80%代森锰锌1 000倍液等进行防治。

9. 疏果

花后20天用疏果剪从果柄外剪除。留果柄长而粗,萼端紧闭而突出,果形长的幼果。定果距离为15~20厘米/果,留边果,边果易长成大果。副梢粗而壮的果台易长成大果,幼果不足时可以留双果。

疏果的原则是留优去劣。先疏去那些病虫果、歪果、小果、锈果、叶磨果,进而调节果实在全树的分布。壮树多留,以果压冠。壮枝多留,弱枝少留。忌用手拉拽,以免弄伤果台。

三、梨园夏季管理

夏季是病虫害的高发季节，还是提高果实品质的关键时期。应加强病虫害防治和土肥水管理工作。梨园要进行果实套袋，病虫害防治和土肥水管理，为梨树的优质、丰产打下基础。夏季管理包括果实套袋、波尔多液配制、常规喷药、夏季修剪、中耕除草、壮果肥水几方面的工作。

1. 果实套袋

具体步骤：套前喷药→套袋→打封口药。

（1）套前喷药。套袋前喷腐殖酸钙或氨基酸钙一次，谢花后15~20天。喷钙于套袋前喷药间隔2~3天。面积大的梨园可喷一片套一片。最好用粉剂或水剂，乳油易加重果锈。套袋期间是虫害、螨害的高发季节，要留心蚜虫、红蜘蛛的为害。杀虫剂：10%吡虫啉可湿性粉剂2 500~5 000倍液。杀菌剂：80%代森锰锌可湿性粉剂800倍液。杀螨剂：1.8%阿维菌素3 000~5 000倍液。

（2）套袋。在幼果长到拇指大小时，套袋过早，易折伤果柄，引起落果，套袋过晚，降低果实外观品质。选择在晴天进行，以9—11时，14—18时为宜。选用外黄内黑或外黄内黑加红纸的双层纸袋。

梨果选定后先撑开袋口，托起袋底，让袋底通气排水口张开，使果袋膨起，将幼果套入袋内，从中间向两侧依次按折扇的方式折叠袋口，将捆扎丝沿袋口旋转一周捆紧袋口。套完后，用手往上托一下袋底中部，使全袋膨起来，两底角的出水气孔张开，让幼果悬空，不与袋壁贴附。

注意事项：捆绑丝上袋口勿呈喇叭状，避免病虫及雨水药液进入袋内污染果实。绑口时不要过分用力，以防损伤果柄，影响幼果生长。套袋顺序为先上后下、先内后外。不能半套半留，这样不便管理。

（3）封口药，套袋完成后要及时喷施封口药。

2. 喷洒波尔多液

波尔多液是一种保护性杀菌剂，天蓝色悬浮液，微碱性，有效成分主要是碱式硫酸铜。具有杀菌谱广、持效期长、病菌不会产生抗性、对人和畜低毒等特点，广泛应用于防治蔬菜、果树、棉、麻等的多种病害，是农业生产上优良的保护剂和杀菌剂。主要防治果树叶、果实病害。在果树发病前喷洒，起预防保护作用。具体步骤：原料准备→配制→喷洒。

（1）原料准备。块状石灰、硫酸铜结晶。

（2）配制。用10%的水将石灰块化成浓石灰乳溶液，过滤后倒入药罐中。用热水溶解硫酸铜并过滤，在加水的同时稀释硫酸铜并注入药罐中，边注入边搅拌，直到变为天蓝色波尔多液为止。

注意事项：防止硫酸铜颗粒直接进入药罐。不可将石灰乳倒入硫酸铜溶液中，稳定性差，影响药效。

（3）喷洒。喷药应选择在晴天无风的10时以前或16时以后。注意波尔多液需随配随用，不可放置时间太长，24小时后不宜使用。不能用金属容器盛放波尔多液，铁制药罐使用后，要及时清洗，以免腐蚀而损坏。与石硫合剂间隔20天以上。阴天、有露水时不宜喷药，遇雨后要补喷石灰水，以防产生药害。在喷药过程中，要不断搅动药罐。

3. 常规喷药

交替使用杀虫剂、杀菌剂、杀螨剂以免产生抗药性。

杀虫剂：10%吡虫啉可湿性粉剂2 500～5 000倍液、25%灭幼脲3号1 500倍液、1.8%阿维菌素3 000～5 000倍液、30%桃小灵乳油1 500～2 000倍液、20%戊菊酯乳油3 000倍液。

杀菌剂：1∶2∶200波尔多液、80%代森锰锌可湿性粉剂800倍液、50%退菌特可湿性粉剂600～800倍液、异菌脲可湿性粉剂1 000～1 500倍液、1.2%烟碱乳油1 000～2 000倍液、苏云金芽孢杆菌、浏阳霉素。

杀螨剂：1.8%阿维菌素3 000～5 000倍液、10%达螨灵乳油2 000倍液、10%浏阳霉素乳油1 000倍液、20%螨死净悬浮剂2 000倍液、5%尼索朗乳油1 000倍液、20%三唑锡悬浮剂1 000～2 000倍液。

4. 夏季修剪

疏除徒长枝、直立旺枝、对生长过旺枝进行摘心，有生长空间的进行拉枝和主干、中心干上的萌蘖。

5. 中耕除草

使用微耕机对果园进行中耕松土，深度为5～10厘米，以树干为基准内浅外深。防止机器伤根，大的主根还会破坏机器。

6. 壮果肥水

在6月中下旬，施入磷含量多的硫酸钾型果树专用复合肥。初果期树40千克/亩，盛果期树80千克/亩。在树冠外围挖若干个深20厘米的施肥穴，每穴施入50克化肥，然后覆土。施肥后应马上浇水，以促进根系对肥料的吸收。施肥后，长时间不浇水或一个施肥穴中施入化肥量过大，会造成"烧根"现象。

四、梨园秋季管理

秋季管理的主要工作是果实采收，是一个体力活。另外还要完成重施基肥，果园深翻、浇越冬水等工作。在劳累的同时，享受丰收的喜悦。

1. 撑枝吊枝

盛果期树因结果量大，梨树的枝条软，易引起下垂，所以要利用带杈的木棍、绳索进行撑枝吊枝。

2. 果实采收

具体步骤：采前准备→果实采摘→果实分级→果箱入库。

（1）采前准备。确定采摘期，搭建贮存棚。梨果采收期的确定要根据品种、天气、市场需求、劳动力等因素。最好采用分期分批采收。不同株和同株的不同部位的果实在成熟度上存有很大差异，分期分批采收可以使晚熟小果有一段生长时间，提高了果品的质量和产量。工作人员在采摘前准备果篮、高凳、果筐、果箱、运输工具等。

（2）果实采摘。采用人工采摘的方法。在天气清朗晨露干后到11时和16时以后进行。手握梨果，食指和大拇指捏住果柄，轻轻向上一抬，梨果即摘下。轻拿轻放，避免磕伤、碰伤。一棵梨树的采摘顺序是先下后上，先内后外。

注意事项：在果篮上缝制软布或麻袋片。采果人员剪指甲或戴手套。摘果时，不宜生拉硬拽。果筐不宜装果太满。雨天、雾天不宜采摘。

(3) 果实分级。梨果分级主要采用人工的方式,以重量、果色为主要标准,按果实大小进行分级。剔出病虫果、伤果,分别包装放入不同的果箱内。

(4) 果箱入库。将果箱放置一段时间进行预冷,散去部分田间热,然后入库贮藏。

3. 秋季修剪

主要针对未能停长的徒长枝进行摘心,疏除过密枝,改善通风透光条件,有利于养分的制造和积累。

4. 常规预防喷药

交替使用杀虫剂、杀菌剂、杀螨剂以免产生抗药性。

杀虫剂:10%吡虫啉可湿性粉剂2 500～5 000倍液、25%灭幼脲3号1 500倍液、1.8%阿维菌素3 000～5 000倍液、30%桃小灵乳油1 500～2 000倍液、20%戊菊酯乳油3 000倍液。

杀菌剂:1:2:200波尔多液、80%代森锰锌可湿性粉剂800倍液、50%退菌特可湿性粉剂600～800倍液、异菌脲可湿性粉剂1 000～1 500倍液、1.2%烟碱乳油1 000～2 000倍液、苏云金芽孢杆菌、浏阳霉素。

杀螨剂:1.8%阿维菌素3 000～5 000倍液、10%达螨灵乳油2 000倍液、10%浏阳霉素乳油1 000倍液、20%螨死净悬浮剂2 000倍液、5%尼索朗乳油1 000倍液、20%三唑锡悬浮剂1 000～2 000倍液。

5. 重施基肥、浇越冬水、果园深翻

准备有机肥(堆肥、厩肥、堆肥)和化肥若干,幼龄果园挖环状沟,成年果园挖带状,放射状沟,密植园挖带状沟。在果冠外围挖深60厘米,宽50厘米的施肥沟,表土和心土分开放。将有机肥和化肥混合均匀后,填入施肥沟内,边填肥,边填表土。有机肥按斤果超斤肥的标准施入。先将表土填入沟中,再将心土填入沟中,最后踏实。立即浇越冬水,使根系和土壤密切接触。

五、梨树冬季修剪

进入冬季,为保证明年梨树产量和质量,梨树要进行冬季修剪。通过对梨树树形的观察,了解高产树形,进行实地修剪,熟练运用多种修剪技术,完成梨树修剪任务。

1. 树形认识

树形的发展方向:高、大、圆→矮、小、扁。

(1) 小冠疏层形。干高60厘米,树冠高3米,骨干枝5～6个。第一层骨干枝3～4个,错落着生,开张角度80°～85°,其上直接着生结果枝组;第二层骨干枝2个,上下错开,插空选留,开张角度85°～90°,着生中小枝组。层间距80～100厘米。株行距3米×4米,树高不超过株行距的平均数。

(2) 纺锤形。干高60厘米,树冠高3米,中心干上直接着生10～15个长放枝组,围绕中心干螺旋上升,间距20厘米。开张角度80度。株行距3米×3米。

(3) 单层开心形。干高60厘米,树冠高2.5米。下层骨干枝3～4个,开张角度80度,层间距1米,上层着生两个结果枝组,插空先留。株行距2米×3米。

2. 基本修剪方法

(1) 短截。剪去一年生枝的一部分。作用:对枝条局部有刺激作用,对母枝的加粗生长有抑制作用。可以促进剪口下芽子的萌发,起到分枝、延长、矮壮、更新的作用。用途:

骨干枝的培养、小型枝组培养。

根据剪除枝条的长短可分为以下几种。

①轻短截：剪除一年生枝不超过1/4，剪口下是半饱满芽。作用：萌发侧芽较多，多形成中、短枝条，使母枝充实中庸，长势缓和，有利于花芽形成。修剪量小，对树体的损伤小，对分枝的刺激小。

②中短截：剪去一年生枝的1/3~1/2，剪口下是饱满芽。作用：萌发后形成大量的长枝，刺激母枝生长。用途：骨干枝的延长枝、培养大型枝组、弱枝复壮。

③重短截：剪去一年生枝的1/2以上，剪口下是半饱满芽。作用：萌发后形成1~2个旺枝或长枝。剪口大，修剪量大，对母枝的削弱作用明显。用途：枝组培养、枝条更新。

④极重短截：剪去一年生枝的绝大部分，基部留一两个瘪芽剪截。作用：萌发后可以抽生1~2个细弱枝条，起到降低枝位、削弱长势的作用。用途：徒长枝，直立旺枝，竞争枝的处理，培养紧凑型枝组。

（2）回缩。将多年生枝在分枝处短截。

根据分枝处所留分枝的壮弱可以分为两种情况。

①在壮旺分枝处回缩作用：缩短了多年生枝的长度，抬高了角度，利于养分集中，增强枝势，起到更新复壮的作用。用途：结果枝组复壮、骨干枝复壮、全树复壮。

②在细弱分枝处回缩。作用：抑制生长势的作用。用途：控制强壮辅养枝，控制过强骨干枝。

（3）疏除。将枝条从基部剪除。作用：改善通风透光条件，提高光合能力，降低病虫发生概率。削弱剪口以上枝条生长势，增强剪口以下枝条生长势。剪锯口越大，削弱和增强作用越明显。对全树来讲有削弱作用。用途：疏除病虫枝、干枯枝、无用的徒长枝、过密的交叉枝和重叠枝，以及外围搭接的发育枝和过密的辅养枝等。

注意事项：疏除对全树影响大的大枝时，可以采用逐年回缩，最后疏除。疏除大枝量多时，可以分年分批进行。锯口要平，大锯口要涂抹保护剂。防止对口伤和连口伤。

（4）长放。对枝条不剪。作用：保留侧芽多，发枝多，多为中短枝。利于缓和枝势，养分积累，促进花芽分化，实现提早结果。枝量多，总生长量大，比短截加粗生长快。用途：多用于中庸枝长放。辅养枝长放，加粗生长快，枝势会超过骨干枝，可以采用拉平的方式控制其枝势。长旺枝长放应结合拿枝软化、拉枝、环刻等方式来控制其枝势，长放后第二年枝势仍过旺，可以疏除缓放枝上的旺枝和强壮枝来控制枝势。

注意事项：幼树的骨干延长枝附近的竞争枝，长枝、背上旺枝不宜进行长放。

3. 树体观察

（1）看树势。

①弱树：一年生枝较少且短，果台副梢少、细、短，有的很难抽出；花芽形成较多，但质量差；剪、锯口愈合不理想；树皮也发红；枝条硬度小，剪上去发绵；易感染腐烂病等病害；叶片薄，叶色浅；果个小，外观不佳。

②壮树：枝条粗壮，节间短，花芽饱满，新梢适量，果台副梢易形成花芽，剪、锯口愈合好。

③虚旺树：枝条纤细而不充实，节间较长，芽不饱满，较难形成花芽；新梢较多而细，枝条贪长而积累差，秋季落叶晚，叶色较浅。

（2）看树形。修剪树树形结合果树丰产树形，做到有形不死，无形不乱。

（3）大枝布局。修剪前，要先分析大枝有没有疏除或回缩的必要，判断大枝修剪后对果树的影响。修剪时按先大枝后小枝的顺序。

（4）修剪反应。采用某一修剪方法后，剪口附近的枝的萌芽率、成枝力、短枝率、枝条的发育状况、成花量、光照和通风的改善情况，对剪口附近枝条的促进或抑制程度。修剪后果树整体抽生枝条、结果量、树势的变化。可以看去年果树的短截、回缩、长放、疏除后的修剪反应，从而推断出今年剪后的效果，来决定今年的修剪程度。

4. 合理修剪

（1）幼树修剪。

任务：培养骨架、平衡树势、促花早果。

定干促使剪口下萌发出更多的枝条，从中选留、培养骨干枝。对骨干枝延长枝进行轻短截，既有一定的营养生长，又能促发中短枝。调整骨干枝方向时可以用侧芽，角度过小，可以采用里芽外蹬的方法。注意事项：短截不宜过重，不利于早果丰产。剪口下留外芽，有利于开张角度。

理清主从关系，防止出现弹弓叉和三叉枝采用疏、放、截的方式保证骨干延长枝的生长势。竞争枝处理：疏除、别枝、做骨干枝延长枝。注意事项：竞争枝不可重或极重短截，不可长放。中心干过强：疏除原中心干延长枝，用弱枝当头；疏除上部旺枝，开张角度；下部多留枝条。主枝间不平衡：抬高弱枝，旺枝开张角度。注意事项：不可以只通过短截，来调节生长势。

促花早果，一般枝条尽量保留，做辅养枝，培养结果枝组。注意事项：背上枝可以通过拉枝培养成结果枝组。

（2）初结果树修剪。

任务：调整树形、枝组培养、辅养枝处理。

采用换头的方法来调整骨干枝长势和角度。过高，背下枝当头；过低，背上枝当头；过弱，壮枝当头；过旺，弱枝当头。

培养结果枝组：以布置侧生枝组为主，背上枝组少留，背下枝组辅助。用中庸枝先放后缩、弱枝先截后缩、结果枝培养小型结果枝组。中长枝甩放、大型枝组回缩、小型枝组培养中型结果枝组。中型枝组培养、辅养枝回缩培养大型结果枝组。

（3）盛果期修剪。

任务：控制树高、大枝选留、调节枝量、枝组修剪、背上枝及枝组处理。

落头去顶就是树长到一定高度后，要进行落头去顶。将果树最上面的徒长枝去掉，用上面的主枝代替树头，目的是为了控制树高，防止果树疯长。落头后就解决了光照和长势的矛盾，使结果枝得到更多的营养。只有在树势中庸时，落头才能起到控制树高的作用。落头过早，往往会引起树势返旺。落头要看树势稳，旺树的头不要急于落，落早了冒条子。过高的旺树可以采用逐年落头，在弱枝处落头的方法。注意事项：不要留南面的跟枝，防止新头返旺。

大枝选留：按照果树修剪的顺序首先是大枝的选留。盛果期果树的主枝和侧枝还在不停的生长，影响果树的通风透光，所以要对妨碍主枝和侧枝生长的辅养枝或在型枝组进行回缩，过密的可以疏除。

调节枝量：首先要疏除枯死枝、病虫枝，这一类枝条要拿到果园外烧毁或深埋。其次并列枝要根据周围枝量的多少而决定去留。周围枝量多可以剪掉一个，周围枝量少可以任其发展。对于生长直立的枝条可以使用回缩的手法，最终剪去防止它扰乱树形。再次交叉枝根据周围枝量的多少决定，周围枝量多时可以疏除一个，周围枝量少时可以缩剪交叉枝的枝头。使两枝一上一下、一左一右的发展。最后疏除外围枝，盛果期树冠发展的速度逐渐减慢，并停止。这段时间的工作是疏除外围枝。结果部位外移，生长和结果之间的矛盾表现的更加突出。内膛光照不良，应适当疏除或回缩。

枝组修剪：枝组修剪的主要任务是结果枝组生长势的调整和更新复壮。连续结果能力强的品种枝组修剪的主要任务是复壮。长势强的枝组修剪时疏除发育枝，多留花芽。长势弱的枝组可以采用回缩到壮枝处，疏除部分花芽，疏除前端发育枝的方法来复壮。背上枝组标准：枝轴长度小于20厘米，高度小于40厘米。

背上枝及枝组处理：背上结果枝组高度不超过40厘米，枝轴不超过20厘米。

郁闭园修剪：采用圆冠变扁冠的手法。通过重回缩和疏除的方法修成树篱状。主要工作是对行内大枝的修剪，去长留短、去粗留细、去低留高、去密留稀、去大留小。要从大年开始，第一年去掉60%的大枝，第二年去掉30%，第三年去掉10%就完成了。

（4）衰老树修剪。回缩到壮枝处，抬高角度。利用徒长枝培养新的结果枝组。多利用背上枝，结果枝组精细修剪。

5. 清园

将梨树修剪下来的枝干打理好，运出果园。

六、病虫害防治

病虫害严重影响梨果的产量与品质，能正确识别梨树病虫害及被害状，掌握防治关键时期和使用药剂，急救药剂使用是十分必要的。

1. 梨黑星病

（1）识别，果实。病部稍凹陷，木栓化，坚硬并龟裂，长黑霉。幼果受害为畸形果，叶片：沿叶脉扩展形成黑霉斑，严重时，整个叶片布满黑色霉层。

（2）关键期。清园药：花芽萌动前、5度石硫合剂。麦收前：6月上旬、1∶2∶200倍波尔多液。采收前30～45天：1∶2∶200倍式波尔多液。

（3）急救防治。30%的绿得保胶悬剂500倍液、50%的凯克星500～600倍液、25%的氧环宁乳油1 000倍液、12.5%速保利3 000倍液。

2. 梨轮纹病

（1）识别，枝干。皮孔为中心形成灰褐色突起病瘤，后期病健交界处龟裂。果实：以皮孔为中心形成深浅相间的褐色同心轮纹斑，果肉变褐腐烂。叶片：在叶缘产生褐色轮纹状斑。

（2）关键期。清园药：花芽萌动前、5度石硫合剂。花后药：甲基托布津。

（3）急救防治。50%多菌灵可湿性粉剂800倍、50%克菌灵可湿性粉剂500倍、70%甲基托布津可湿性粉剂1 000倍、50%退菌特可湿性粉剂600倍、70%代森锰锌可湿性粉剂900～1 300倍。

3. 梨黑斑病

（1）识别，叶片。初期叶片上产生圆形或近圆形褐色斑点，后期中部呈灰白色，密生小黑点，周缘褐色。果实：果实萼洼处出现黑斑并在附近有黄色晕圈，容易导致贮藏期果实腐烂。

（2）防治关键期。清园药：花芽萌动前、5度石硫合剂。

(3) 急救防治。50%扑海因可湿性粉剂1 000～1 500倍液，10%宅丽安可湿性粉剂1 000～1 500倍液，80%大生M-45可湿性粉剂600～800倍液。

4. 梨褐腐病

(1) 识别，果实。初期在梨表面产生褐色圆形水渍状小斑点，随后扩大，病斑中央长出灰白色至褐色绒状霉层，同心轮纹状排列。后期病果失水干缩，形成黑色僵果。

(2) 防治关键期。消园药：花芽萌动前、5度石硫合剂。花后药：1∶2∶200波尔多液。

(3) 急救防治。50%多菌灵可湿性粉剂600倍液、50%甲基硫菌灵悬浮剂800倍液。

5. 梨腐烂病

(1) 识别，枝枯型。病部边缘不明显，病部无明显水渍状，扩展迅速，重者使枝条树皮烂一圈，上部树枝枯死。溃疡型：发病初期树皮呈红褐色，逐渐呈水渍状，用手按压稍感松软，略有酒糟气味，逐渐失水凹陷，几周后表面出现疣状小黑点，空气潮湿时，从其上涌出淡黄色的孢子角。

(2) 防治关键期。结合刮树皮，刮除病斑涂50倍菌毒清或腐必清药。清园药：花芽萌动前、5度石硫合剂。

6. 梨锈病

(1) 识别，叶片。叶正面形成橙黄色圆形病斑，并密生橙黄色针头大的小点。潮湿时，溢出淡黄色黏液，后期小粒点变为黑色。叶背面组织增厚，并长出一从灰黄色毛状物。

(2) 防治关键期。梨树展叶后：20%粉锈宁乳油1 500～2 000倍液，隔10～15天再喷1次。

(3) 急救防治。20%粉锈宁600倍液，12.5%烯唑醇3 000倍液，10%氟硅唑1 200～1 500倍液。

7. 梨木虱

(1) 防治关键期。清园药：3～5波美度石硫合剂。花后：落花达到95%时，10%吡虫啉4 000～6 000倍液、1.8%齐螨素2 000～3 000倍液、1 500～2 000倍菊酯类农药。

(2) 急救防治。10%吡虫啉4 000～6 000倍液、1.8%齐螨素2 000～3 000倍液、1 500～2 000倍菊酯类农药。

8. 梨大食心虫

(1) 识别，为害状。从芽的基部蛀入，虫孔外有丝缀连的细小虫粪，被害芽干瘪。幼果为害状，蛀孔处有虫粪堆积，果柄基部有缠丝，被害幼果不脱落。

(2) 防治关键期。开园药：转芽期、50%对硫磷乳油1 000倍掖混加20%甲氰菊酯2 500倍液。转果期：50%对硫磷乳油1 000倍液混加50%敌敌畏乳油1 000倍液。

(3) 综合防治。结合冬剪，剪除虫芽；摘除虫果；保护释放天敌。

9. 梨茎蜂

(1) 识别。为害嫩梢和2年生枝条，产卵高峰在中午前后，先用产卵器将嫩梢锯断成一断桩，而留一边皮层，使断梢留在上面，再将产卵器插入断口下方1～2厘米处产卵一粒，在产卵处的嫩茎表皮上不久即出现一黑色小条状产卵痕，卵所在处表皮隆起，锯口上嫩梢产卵后1～3天凋萎下垂，变黑枯死，遇风吹落，成为光秃枝。也有嫩梢切断而不产卵的，一般以枝顶梢以及顺风向处最易受害。

(2) 防治关键期。4月下旬在成虫为害新梢末期剪除被害梢，并集中烧毁；一般在锯口下2~3厘米处剪除。3月下旬梨茎蜂成虫羽化期喷第1次药，4月上旬梨茎蜂为害高峰期前喷第2次药，用20%灭扫利乳油2 000倍液，防效达85%~95%。

10. 茶翅蝽

（1）识别。刺吸梨果后，使被害部木栓化，俗称"梨钉"。果面凹凸不平，畸形，形成疙瘩梨，不堪食用。

（2）防治。果实套袋，盛发期：90%敌百虫乳油1 000倍液、20%灭扫利乳油2 000倍液。在树上挂装有敌敌畏乳油的小瓶。

11. 山楂叶螨

（1）识别。叶片受害后正面呈黄色小斑点，很多斑点相连则出现大片黄斑，进而全叶焦枯变褐，叶背面出现拉丝结网现象。

（2）防治关键期。刮树皮：消灭越冬成螨。清园药：花芽萌芽前、5度石硫合剂。麦收前：天王星、功夫菊酯、灭扫利等2 000倍液。产卵盛期：螨死净或尼索朗等2 000倍液。

（3）急救防治。阿维菌素2 000倍液。

12. 梨星毛虫

（1）识别。幼虫啃食叶片呈网状，卷成饺子形。

（2）防治关键期。清园药：花芽萌芽前、50%敌敌畏1 000倍液、2.5%溴氰菊酯乳油2 000倍液、20%杀灭菊酯乳油3 000倍液。结合刮树皮，消灭越冬幼虫。摘除虫苞。

第二节　苹果生产技术

一、苹果品种介绍

1. 早熟品种

（1）华硕。果实大，平均单果重242克，果实可达到90~100毫米。鲜红色、着色好。果肉淡黄色，酥脆，口感中等，酸甜，可溶性固形物含量13.2%。7月底8月初成熟，贮性好，室温下可贮藏2个月。但有水心病。初挂果时果点较粗。

（2）贝拉。1982年从美国引进。果实较大，平均单果重160克左右，近圆形，底色绿黄，可全面着色。有薄薄一层灰白色果粉，肉质脆，稍疏松，汁多，甜酸味浓，品质中上等。在常温下可贮藏10天左右。树势中庸，枝条粗壮，一年生枝暗淡红色，叶片大，阔椭圆形，表面皱纹明显，呈浓绿色。在郑州地区果实6月下旬成熟，熟前落果较轻。成花容易，坐果率高，适当疏花疏果能增加果重。果实成熟不一致，应分期采收。在黄河故道地区部分果园的高接树上出现苹果锈果病，应注意种条来源，防止病情扩散。

（3）早捷。1984年从美国引入。果实扁圆形，单果重150克左右。底色绿黄，鲜红霞和宽条纹。果面光洁，无果锈，果点小，不明显，果皮薄。果肉乳白色，肉质细、汁稍多，有香气，风味酸甜，含可溶性固形物12%左右，品质中上。幼树长势旺，结果后树姿开张，趋向中庸，萌芽率高；成枝力中等。3年即结果，初以腋花芽结果较多，逐渐以短果枝结果为主。自花不孕，需栽植花期相近的品种授粉，较丰产，采前落果，需分期采收。在黄河故道地区于6月中旬成熟。果实不耐贮藏，在室温可存放1周左右。

（4）安娜。1984年从以色列引入我国。果实圆锥形，单果重约140克；底色黄绿，果面有红霞和条纹。果面光洁，果点小、稀，果皮薄。果肉乳黄色、细脆、多汁，酸甜，有香气，可溶性固形物约12.0%，品质中上。幼树生长旺，结果后树姿开张，萌芽率高，成枝力强。结果早，可形成腋花芽，以短果枝和腋花芽结果为主，坐果率较高，采前有轻微落果，产量中等。在河南于7月中旬成熟，成熟期不太一致，注意分期采收。果实不耐贮藏。

（5）泰山早霞。山东农业大学从早捷实生苗中选育而成。平均单果重138克，果实鲜红彩条，果面光洁，果肉白色，细嫩，有清香。在泰安6月25日前后成熟。具有成熟早、早果性强、管理周期短、病虫极少、果实不需套袋、果色艳、外观美、风味浓、和丰产性强的特点。

（6）秦阳。陕西省果树研究所选育的早熟新品种，果实个大高桩，早果丰产。果实近圆形，平均单果质量198克，最大果质量245克，果形端正。底色黄绿，着鲜红色条纹，光洁无锈，果粉薄，蜡质厚，有光泽，果点中大。果梗中粗，梗洼中广、中深，萼洼浅、广，萼片中大，直立，闭合。果肉黄白色，肉质细脆，汁中多，酸甜，有香气。可溶性固形物含量12.18%，品质上等。秦阳苹果在常温可存放15天。

（7）美国8号。美国品种，果实整齐端正，平均单果重220克，最大单果重350克。底色乳黄色，着鲜红色霞，具蜡质光泽。果肉黄白色，细脆多汁，风味香甜，品质上等。果实短圆锥形，果柄中长、略粗；果皮中厚，果面光洁细腻无锈斑，8月初成熟，常温下可贮藏20天。树势中庸，树姿较直立，萌芽力中等，成枝力强，结果早，无采前落果。适应性和抗逆性强，既适合高肥水土壤，又适合山旱地区栽培。抗斑点落叶病、果实轮纹病和蚜虫。唯其成熟期不太一致，需分批采摘。

（8）晨阳。陕西省果树研究所选育的早熟品种。果实长圆锥形，果个较大，平均单果重270克。果面光洁无锈，有蜡质，果点稀小。底色黄绿，阳面着鲜红色，果肉白色、细脆、多汁、酸甜，品质上。可溶性固形物13.2%。果实发育期90天左右，室温条件下可贮存10天左右。树势健壮，树姿较开张。萌芽率高，成枝力强。以中短果枝结果为主，腋花芽结果能力较强。早果性好，坐果率高，丰产性强，但果实在树上成熟不一致，易采前落果，应分批采收。贮藏性稍差，适应性、抗逆性强，较抗病。

（9）艳嘎。果个大小均匀，平均单果重200克，着色条红，果肉致密，酸甜、早熟。树势较强健，易成花，结果早。适应性广，抗逆性较强。早期落叶病、腐烂病、白粉病及虫害为害较轻。

（10）富红早嘎。嘎拉的最早熟芽变，成熟期极早，比嘎拉早熟15~20天。着色早，成熟期一致，常温下可存放1个月。果个大，平均单果质量195.4克。色艳丽，甜酸，香味浓、质地脆。丰产，短枝性状明显，抗病性强，耐贮运。极易结果，是一个综合性状优良的早熟品种。

（11）绿帅。金冠实生种，单果重255克，最大果重350克，可溶性固型物含量12.9%，可滴定酸含量0.34%。极易成花，早果，果实发育期90天，优良的早中熟苹果鲜食品种。

（12）夏绿。1986年从日本引入。果实近圆形，果较小，单果重约120克；底色黄绿，阳面稍有浅红晕和条纹；果面有光泽，无锈，蜡质中等，果梗细长，果皮薄，果肉乳白色，肉质松脆，稍致密，汁较多，酸甜或甜，含可溶性固形物11%左右，品质上。幼树生长势强，树姿直立，结果后转中庸，萌芽率高，成枝力强。栽后4年结果，短果枝多，腋花芽结果能力强；坐果率中等，连续结果能力强，采前落果少，丰产、较稳产。适应性强但不抗晚霜。要搞好疏果以增大果个，注意分期适时采收。在黄河故道地区于7月上旬成熟。在室温下可存放2周左右。

2. 中熟品种

(1) 新乔纳金。新乔纳金是乔纳金的浓红型芽变，三倍体中晚熟品种。果实圆形或圆锥形，果个大、整齐，平均单果重220克。果面光洁无锈，底色黄绿，浓红，果点小而稀疏。果皮中厚，果肉黄白，较致密，脆硬，果肉中粗。多汁，香气浓，酸甜适度，品质上等。可溶性固形物含量13.3%。在黄河故道地区，9月下旬果实成熟。较耐贮藏，冷藏条件下可贮至次年3—4月。极易形成腋花芽，结果极早。长、中、短果枝都可以结果，以短果枝结果为主。早果、丰产性强。采前落果轻。

(2) 黄明。日本黄色品种，阳面着淡红色，9月下旬成熟。平均单果重300克，扁圆锥形。果点小。味甜，酥脆多汁。

(3) 玉华早富。从日本引入的中熟富士品种，大型果，果实近圆形，单果重350～450克，果面呈条状浓红，高桩，整齐度、优果率好，果肉细脆、多汁，品质上等，可溶性固型物含量15°左右。

(4) 红将军。早生富士苹果的着色系芽变品种。果实近圆形，平均单果重307.2克，最大单果重426克。果面底色绿，表面鲜红，片红。可溶性固形物含量13.1%，果肉黄白色，汁多而甜。在威海地区采收期9月下旬，耐藏性略差。生长势强，萌芽力中等，成枝力高，幼树易抽生2次枝，腋花芽多，较易形成花芽，丰产性好。

(5) 凉香。从日本引进的早熟富士系品种。单果重300克，整齐，果肉淡黄色，肉脆多汁，品质极上。果实发育期130天，栽后3年结果，5年丰产。较易成花，抗寒性、抗病性较强。

(6) 秋映。果形圆形，单果重300～350克，果皮是呈暗红色。在高海拔地区充分着色后甚至呈黑红色。糖度大约14%。香味浓，多汁，酸甜适口，有锈。

(7) 秋阳。从日本引进的品种。9月下旬至10月上旬成熟。果面浓红色，酸甜适口，肉脆而多汁。大型果，单果重350克。

(8) 蜜脆。2001年从美国引进的新品种。果实圆锥形，果个特大，平均单果重330克，最大500克。果点小而密，果皮薄且有蜡质，底色黄色，果面着鲜红色，条纹红，成熟后全红。果肉乳白色，果心小，微酸，有蜂蜜味，质地极脆而不硬，汁液特多，香气浓郁。极耐贮藏，冷库可贮藏7～8个月。抗旱抗寒性强，但不耐瘠薄。抗病抗虫性强，但果实易缺钙，贮藏期易发生苦痘病。树势中庸，开张，叶肥厚，不平展。萌芽率高，成枝力中等。枝条粗短，中短枝比例高，秋梢很少，生长量小。以中短果枝结果为主，壮枝易成花芽，成花均匀，丰产，连续结果能力强。

(9) 天汪1号。红星短枝型芽变，1980年发现于天水。树势较强，树姿直立或半开张，树体矮小。长枝少而粗壮，短枝多而密生，萌芽率高，成枝力弱。果实圆锥形，端正，五棱突起明显。底色黄绿，鲜红至浓红色。中大果，平均单果质量210克，最大415克。果肉黄白，略带绿色，肉质细而致密，汁多味香甜，可溶性固形物含量14.1%，无明显大小年现象。

(10) 太平洋玫瑰。新西兰新品种，比富士早熟2周。果实较大，一般重200克左右。长圆形。底色淡黄白色，着粉红色至暗红彩色。果肉乳黄色，肉质细脆多汁，味甜浓。品质上等。耐贮藏。长势旺，结果较早，丰产，褐斑病较重。

（11）岳阳红。果实近圆形，单果重205克。果实鲜红，果面光洁，果点小，果粉中厚。果肉淡黄色，肉质松脆、中粗，多汁，甜酸，微香，品质上，可溶性固形物含量15.23%。树势中庸，树姿较开张，萌芽率高，成枝力弱，短枝率高。初结果以腋花芽和长果枝结果为主，盛果期以中短果枝结果为主，连续结果能力强。自花结实率较低，适宜授粉品种为寒富、藤牧1号、红王将等。抗寒性较强，较抗枝干轮纹病。

3. 晚熟品种

（1）大红荣。日本品种。大型果，平均单果重400~600克，浓红色，圆形。果柄短而牢固，糖度13%~14%，酸味少。10月下旬成熟。

（2）秋田红明。日本品种。果皮红色，斑点细小，甜度高，酸味少。10月下旬到11月上旬成熟。

（3）望山红。从长富2号中选出的芽变优系。果实圆形，单果重260克，底色黄绿，着鲜红色条纹，光滑无锈，果点中大。果肉淡黄色，肉质中粗、松脆，酸甜，多汁，微香，可溶性固形物含量15.3%，品质上等。果实10月上中旬成熟。果实上色早，全面着色。成熟期比长富2号提前15天，贮藏性与长富2号相近。树姿较开张，幼树生长势强，顶端优势明显。

（4）斗南。日本品种。果实圆锥形，大果，平均单果重275克。底色黄、果色鲜红、全红、果点小、果面洁净。果顶较平，有5条不明显的突起。果肉乳黄色，肉质细脆，多汁，味甜有香味。可溶性固形物含量15.1%。耐贮藏。不需要套袋。坐果率高，采前落果轻。适应能力强。

（5）富士系。果实为近圆形，有偏斜，单果重210~250克。底色黄绿，阳面有红霞和条纹，着色系全果鲜红。果面有光泽、蜡质中等，果点小，果皮薄韧；果肉乳黄色，肉质松脆，汁多，酸甜，稍有香气，含可溶性固形物13%~15%，品质上。幼树生长势强，树姿较直立，结果后树冠开张，萌芽率较高、成枝力强。初以中、长果枝结果，结果后以短果枝结果，有腋花芽，花序坐果率高，连续结果能力一般，采前落果少，丰产，河北、山东等地于10月中旬至11月上旬成熟。果实很耐贮藏，在冷藏条件下可贮到翌年6月。

二、苹果园春季管理

春季是病虫害防治的关键时期，各项管理措施是苹果树丰产、优质、高产的基础。工作流程：刮树皮→清园→起垄覆膜→挖集雨沟→春季修剪→花前肥水→防霜冻→疏花序→花序分离药→人工授粉→花后喷药→疏果→悬挂物理防治器械。刮树皮、清园、防霜冻、人工授粉可以参考梨园春季管理。

1. 起垄覆膜

选择黑色地膜，地膜厚度0.008毫米以上，质地均匀，膜面光亮，揉弹性强。

（1）起垄。垄面以树干为中线，中间高，两边低，形成梯形，垄面高差10~15厘米。具体做法：用绳子在树盘两侧拉两道直线，与树干的距离小于地膜宽度5厘米，然后用集雨沟内和行间的土壤起垄，树干周围不埋土。

（2）平整垄面。用铁锹拍碎土块、平整垄面、拍实土壤。

（3）覆膜。要求把地膜拉紧、拉直、无皱纹、紧贴垄面；中央地膜边缘最好衔接，用土压实；垄两侧地膜埋入土中约5厘米。

2. 挖集雨沟

沿行向挖深、宽 30 厘米的集雨沟，每隔 2～3 株树在集雨沟内修一横档。在集雨沟内覆盖麦草或玉米秆等作物秸秆，厚度高出地面 10 厘米。

3. 春季修剪

（1）虚旺枝分道环割。环割时，应每隔 5～6 个芽，在背上芽芽后，侧下芽芽前（大约 15 厘米）环割一道。把 5～6 个芽段的营养集中供应环割口后部 1～2 个芽，使之由弱变强。防止环割过重，造成死枝。

（2）特旺枝促发牵制枝。在特旺枝条、粗壮旺枝基部留 2～3 芽后进行环割，促使割口后面萌发出 1～2 个枝条，通过该枝条的生长，达到牵制本枝的旺长，达到平衡稳定成花结果的目的。虚旺枝上不能采用牵制的方法。

（3）细小虚旺枝破顶促萌后转枝。

（4）刻芽。刻芽可分为芽前刻和芽后刻。在萌芽前 7～10 天进行。多用于培养树形、偏冠缺枝、抑制冒条、均衡长势、促进成花、减少光腿。

①芽前刻：可以促进芽子萌发的作用。在芽子上方 0.2～0.5 厘米处，用刀横切皮层，深达木质部。如抽生长枝。应遵循早、近、长、深的原则：即萌芽前一个月早进行，刻处离芽要近，1～2 毫米，刻伤长度应是该处周长 1/2 以上且深达木质部。如抽生短枝应遵循晚、远、短、浅原则：即发芽前几天进行，刻处距芽在 3 毫米以上，长度占该处周长 1/3 以内且只刻伤其皮层。多用于幼树、骨干枝延长枝的定向发枝和光腿枝；长的发育枝可以运用连续刻和间隔刻诱发短枝。

②芽后刻：有抑制背上芽不萌发的作用。在背上芽的下方 0.2～0.5 厘米处，用刀横切皮层，深达木质部，这样可以背上不冒条。

③芽前刻＋芽后刻：可以控制芽子萌发后形成枝条的类型。在芽子萌发前进行芽前刻，待枝条长到理想长度后，进行芽后刻。多用于中短结果枝的培养。

④旺枝刻芽，虚旺枝分道环割，较长的可隔 4～5 芽转枝。

刻芽注意事项：弱树、弱枝不要刻，更不能连续刻。刻刀应专用，并经常消毒，以免刻伤时造成感染枝干病害。把握好刻芽的最佳时期，不宜过早或过晚，否则效果不佳或造成损失。春季多风、气候干燥地区，刻伤口背风向最好。刻芽要和枝组培养相结合。刻芽后伤口增多，应加强病虫害防治。注意品种特性，刻芽应在萌芽率低或成枝力低的品种上进行。主要在富士系、元帅系等生长强旺、萌芽率较低的品种，或某些品种的个别株、枝上进行。刻芽部位应在枝条中部芽上进行，一般基部 10～15 厘米以下和梢部 20～30 厘米以上不刻。刻芽应从一年生树抓起，在一年生枝上刻芽效果最佳。需刻芽的枝条，在上年秋季拉枝，效果最好。刻芽多用于萌芽前，刻芽早，出长枝，刻芽晚，出短枝。过早，易引起风干抽条。出长枝多在苹果萌芽前 30 天进行，出短枝多在苹果萌芽前 7 天进行。

（5）拉枝转枝。拉枝是人为地改变枝条的生长角度和分布方向的一种整形方法。多用于培养骨架结构、合理分布枝条、改善通风透光条件、改变枝条极性、调整枝条枝势、促进或抑制枝条生长、调整果树生长与结果等方面。

①拉枝时期：一年四季均可进行，以秋季最好。秋季正是养分回流期，及时开张角度后，养分容易积存在枝条中，使芽体更饱满，可促进提早成花；背上不会萌发强旺枝；秋季枝条柔软，也容易拉开；秋季拉枝后，为来年的环割促花做好了准备，若春季拉枝后随即环割，则枝条易折断。

②拉枝角度：一般以110°为宜。在顶端优势、垂直优势及芽的异质性共同作用下，随着拉枝角度的逐渐加大，枝条的营养生长慢慢变弱，结果能力逐渐加强，到110°时达到一个平衡点，就是结果性状最好。而营养生长还足以维持结果所需的养分，如果角度再加大，则营养生长进一步减弱，结果反而受影响。如果角度再小点，则结果性状未达到最佳。拉枝到110°，结果性状最好。在实际生产当中，拉枝到110°还要结合地理状况、肥水条件、枝条营养水平、上年结果情况等因素判断。枝势较强的枝条，拉枝角度就比110°稍大一点，如果较弱，拉枝角度就比110°稍小一点。

③软化枝条：目的防止折枝和拉劈。一推、二揉、三压、四定位的手法。较细的枝。对径粗3厘米以下的枝用左手握住枝杈处，右手握住枝基部，渐用力向左、右扭70°～90°角，向上、向下弯曲几次。较粗的枝，可用杈子顶住枝的基部（或坐在地上用脚蹬住枝的基部），用双手逐渐用力向下拉枝，反复拉3～5次即可，再拉到要开张的角度。

④拉枝注意事项：拉枝材料要抗风化能力强，能维持3个月以上。严防拉绳嵌入枝条之中。系绳时，最好系活套。用较细的铁丝或绳拉枝时，要加护垫。地下固定要牢固，防止因浇水或下雨使拉绳反弹。不要采取"下部抽楔子"等不良开角法，因造伤后不易愈合且易感染病菌。万一拉不够角度的不要强拉，以免折断。同时还要用净塑料纸包严锯口，促进伤口愈合。气温低于8℃以下不要拉枝，温度越高拉枝越易，既省工又利于果树生长。背上稳定的小枝不要拉，以免背上光秃，日灼成伤。

生产中拉枝存在的问题：拉枝时，缺乏整体树势的把握和调整，下部旺、上部弱，上部旺、下部弱，整树旺的情况下，都用一种角度。不分枝势，统统拉下垂。不能按以势定法的原则，抑强促弱，而是见枝就拉，统一下垂，弱小枝比强旺枝角度拉的大，至使结果壮枝变弱，弱枝更弱，旺枝势难缓和，树势极不平衡。拉枝的时间、力度把握不好，不是过度就是不到位。枝本来粗大势旺，应该拉重点，却拉得轻，枝细势弱角度应小或弱枝还要上吊恢复势力，却拉的很大。拉枝角度不对，枝拉的平平的，背上冒条严重。顶端竞争枝，没有将竞争枝势力大的枝条拉下，反而将已稳势成花或弱枝拉下了。拉枝部位不正确，不注意基部开角后，再拉下垂，造成弯弓射箭，在弯弓处冒出许多长枝。一绳多枝。不少果农，图省事用根绳子拉几个枝或把几个枝捆在一起拉，人为造成密闭。只拉不管，缢伤严重，是果园存在的普遍问题。春季拉枝，经过夏季加粗生长，绳子长进枝内，造成缢伤，不及时检查松绑，造成皮层受损，重则从缢伤处折断。

（6）花前复剪。过旺适龄不结果树，将冬剪延迟到发芽后，缓和树势。较旺树除骨干枝冬剪外，其他枝条推迟到发芽后再剪，缓和枝势。花量过多树，短截一部分中长花枝、缩剪串花枝、疏掉弱短花枝。抹芽除萌。对萌芽力高，成枝力低的品种进行短截，促发生枝。

4. 花前肥水

主要工作步骤：施肥→浇水→中耕。

（1）膜下追肥。在缺水地区或灌溉不方便地区，利用果园喷药的机械装置，将原喷枪换成追肥枪。再将要施入的化肥、水溶有机肥、微量元素等按一定的配方溶解于水中，用药泵加压后用追肥枪追入果树根系集中分布层，根据果树大小，每棵树打4～16个追肥孔，每棵树追施肥水4～15千克。追肥位置在树冠投影外延，深度20～30厘米。还可以在肥水中加入杀虫剂、杀菌剂，防治地下害虫和根腐病。弱树、挂果量大、腐烂病严重的树，可间隔15天追肥两次。

（2）施肥。在4月上中旬（萌芽前一周）一般追尿素加磷酸二铵肥，混合比例为1：1。

幼树施肥量为300克/株，初结果树施肥量为1千克/株，盛果期树施肥量为2千克/株。在树冠外围挖若干个深20厘米的施肥穴，每穴施入50克尿素，然后覆土。果树复合肥以氮磷钾比例为2∶1∶2为佳。

（3）浇水。施肥后应马上浇水，以促进根系对肥料的吸收。

（4）行间生草。果树行间开浅沟播种绿肥，以三叶草、美国黑麦草为主，与禾本科绿肥混种。树盘覆盖秸秆或黑色地膜。

5. 疏花序

花蕾露出时，用手指将花蕾自上向下压，花梗即折断。疏花序时间为苹果初花期为4月中下旬，花期7～10天，疏花要求越早越好。采用距离定果法，每隔15～20厘米留一个花序。壮树壮枝距离近些，弱树弱枝距离远些。疏除弱花序、长果枝顶花序、萌动过迟花序、枝杈间花序。

花序整体布局：树冠内膛和下层多留，外围和上层少留；辅养枝多留，骨干枝少留；骨干枝中部多留，下部少留；背上枝多留，背后枝少留；花多弱树少留。

注意事项：疏花进注意要留下叶子，不要连花带叶全部摘除。这部分叶展叶早，可早期形成叶面积。开花期不能喷施任何农药，以避免出现药害。花期遇雨或有风害时应不疏。四周空旷的小型果园可以不疏花，以保证有足够的坐果量。

6. 花序花离药

喷40%氟硅唑（稳歼菌、福星）4 000倍或40%晴菌唑（信生）乳油6 000倍+1.8%阿维菌素3 000倍+48%毒死蜱（默斩、好劳力、安民乐、乐斯本）1 000倍+柔水通4 000倍，防治霉心病、白粉病、锈病等，以及叶螨、蚜虫、卷叶蛾、潜叶蛾、金龟子等。

7. 花后喷药

（1）连续喷施3～4次促进幼果表皮细胞发育的硼肥+螯合钙1 000～1 500倍，或果蔬钙肥1 000～1 500倍，间隔10～15天。

（2）谢花后第1、3周，防治病虫害：霉心病、白粉病、锈病、褐斑病、炭疽病、轮纹病、斑点落叶病、卷叶蛾、潜叶蛾、蚜虫、叶螨、梨星毛虫等。

药剂：喷70%丙森锌600倍或43%戊唑醇（安万思、好力克）5 000倍+2.5%高效氯氟氰菊酯2 000倍或35%吡虫啉4 000倍+微补盖力1 000～1 500倍+柔水通4 000倍。

8. 疏果

落花后一周到四周，用疏果剪从果柄处剪除。留果柄长而粗，萼端紧闭而突出，果形长的幼果。定果距离为20厘米/果。疏果的原则是留优去劣。先疏去那些病虫果、歪果、小果、锈果、叶磨果，进而调节果实在全树的分布。也可分两次进行，先间果后定果。

注意事项：要留中心果，中心果易长成高桩果、大果。副梢粗而壮的果台易长成大果，幼果不足时可以留双果。壮树多留，以果压冠。壮枝多留，弱枝少留。忌用手拉拽，以免弄伤果台。多选留中果枝和较短的长果枝的果。留大果，疏小果。

三、苹果园夏季管理

夏季是病虫害的高发季节，还是提高果实品质的关键时期。应加强病虫害防治和土能水管理工作。工作流程：夏季修剪→果实套袋→波尔多液配制→常规喷药→夏季修剪→土壤管理→肥水管理。波尔多液的配制可参考梨园夏季管理。

1. 夏季修剪

开张角度、疏除徒长枝、直立旺枝、主干、中心干上的萌蘖、对生长过旺枝进行摘心、有生长空间的进行转枝拉枝、拿枝、环切、扭梢。减少养分浪费，促进花芽分化。

（1）开张角度。5月中下旬，对未拉枝的幼树、或拉枝不到位的初果期树骨干大枝按照不同树形的要求，拉至90°～110°。一年生枝也可以利用开角器来开张角度。

（2）摘心。5月中下旬，针对初结果树新梢摘取新梢顶端1厘米左右，有利于形成中短枝和促进成花。

（3）扭梢。当新梢长到20厘米左右时，在新梢红、绿交界处，将其扭转180°，削弱生长势，促使花芽的形成。

2. 果实套袋

具体步骤：套前喷药→套袋→打封口药。

（1）套前喷药。谢花后15～20天，套袋前喷腐殖酸钙或氨基酸钙一次。喷钙与套袋前喷药间隔2～3天以上。套袋期间是虫害、螨害的高发季节，要留心蚜虫、螨类的为害。重点防治食心虫、蚜虫、金纹细蛾、卷叶蛾、叶螨、早期落叶病（褐斑病、轮斑病、斑点落叶病等）、白粉病、炭疽病、轮纹病等。药液配方：杀虫（螨）剂 + 杀菌剂（保护性杀菌剂 + 治疗性杀菌剂）+ 优质钙肥 + 农用水质优化剂。注意事项：面积大的苹果园可喷一片套一片。最好用粉剂或水剂，乳油易加重果锈。

目前生产中反映较好的杀虫、杀菌剂，叶面肥及其水质优化剂的常用浓度如下。

杀菌剂：50%鸽哈悬浮剂1 500倍，70%纳米欣可湿性粉剂1 000倍，42%喷富露悬浮剂800倍，65%普德金可湿性粉剂600倍，80%保加新可湿性粉剂800倍，10%世高水分散粒剂2 000～2 500倍，80%大生M-45可湿性粉剂600～800倍，65%猛杀生干悬浮剂500～600倍，43%大生富悬浮剂600～800倍，68.75%易保可分散粒剂1 000～1 200倍，62.25%仙生可湿性粉剂600倍，70%安泰生可湿性粉剂600倍，70%甲基托布津可湿性粉剂800～1 000倍，10%宝丽安可湿性粉剂1 000～1 500倍等。

杀虫杀螨剂：40%果隆悬浮剂12 000倍，70%宝贵水分散粒剂10 000倍，25%灭幼脲三号悬浮剂1 500～2 000倍，20%楠宝水溶性粉剂8 000倍，2.5%功夫水乳剂2 000倍，1.8%阿维菌素微乳剂2 000～3 000倍，20%螨死净悬浮剂2 000～3 000倍等。

叶面肥主要以钙为主，如腐殖酸钙、美林钙的有效使用浓度为400～600倍，瑞培钙、翠康钙宝的有效使用浓度为800～1 000倍，微补钙力、果蔬钙肥1 000倍。硼肥如微补硼力、速乐硼、汽巴硼、翠康金朋液的有效使用浓度多为1 000～1 500倍，多种微肥如斯德考普的有效使用浓度为5 000～6 000倍，康补肥精的有效使用浓度为3 000倍等。

水质优化剂（渗透剂或增效剂）时，建议使用优质、高效、安全的多功能水质优化剂爱润（即柔水通）4 000倍等。

（2）套袋。谢花后30～45天，幼果长到拇指大小时，套袋过早，果实易萎缩；过晚，果面的气孔变大，易遭受灰尘虫菌侵扰而出现"麻脸"。选择在晴天进行，以9—11时，14—18时为宜。不要在中午高温（30℃以上）和早晨有露水、阴雨天进行。红色品种富士苹果套袋一般在生理落果（5月下旬）之后进行，即从落花后45天左右开始，2周内完成，大约为6月上旬开始，最迟于7月初套完。

红色品种选择双层果袋，外层袋的表面是灰黄色，里面是黑色，内袋为红色半透明纸袋。

苹果幼果选定后先撑开袋口，托起袋底，让袋底通气排水口张开，使果袋膨起，将幼果套入袋内，果柄置于纸袋的纵向开口下端，先重叠纵向开口两瓣，再捏住对面袋口。先折叠没有铁丝的半边袋口，再折叠有铁丝的半边袋口，最后把铁丝折成"V"字形。套完后，用手往上托一下袋底中部，使全袋膨起来，两底角的出水气孔张开，让幼果悬空，不与袋壁贴附。

苹果套袋的作用：一是可减少农药的使用，减轻污染；二是使果面干净，无枝磨，无鸟伤虫伤，果实外观品质得以大大改善；三是能降低病虫害发生率，提高果实内在质量；四是可促进疏果，提高优果率使树体合理负载。

3. 预防喷药

药液配方：保护性杀菌剂+治疗性杀菌剂+杀虫剂+杀螨剂+微肥+农用水质优化剂。喷药间隔15~20天，交替使用杀虫剂、杀菌剂、杀螨剂以免产生抗药性。

4. 土壤管理

降雨后立即按照株间清耕覆盖，行间种草的土壤管理制度及时抢墒种草，以三叶草为主，每亩播种量0.1~0.25千克，条播或撒播，播种深度1~2厘米。旱地选种绿豆、黑豆、黄豆等；水浇地选用毛苕子、豌豆等豆科绿肥。利用秸秆、麦草（糠）等覆盖树盘。

草高生长至20~30厘米时，应及时刈割，留草高度为10~15厘米。

5. 肥水管理

（1）花芽分化肥。在6月中下旬，施入硫酸钾型果树专用复合肥。初果期树40千克/亩，盛果期树80千克/亩。在树冠外围挖若干个深20厘米的施肥穴，每穴施入50克化肥，然后覆土。

（2）果实膨大肥。挂果量较大的果园，一般在7月下旬至8月下旬追施果实膨大肥，这个时期追肥能促发新根，提高叶片功能，增加单果重，提高等级果率和产量，充实花芽及树体营养积累，提高树体抗性，为来年打好基础。施磷钾肥可提高果实硬度及含糖量，促进果实着色。促进果实膨大时，一般每亩地追施高氮高钾型复合肥40~60千克。

（3）浇水。施肥后应马上浇水，以促进根系对肥料的吸收。施肥后，长时间不浇水或一个施肥穴中施入化肥量过大，会造成"烧根"现象。土壤水分控制在田间最大排水量的60%左右，以促进花芽形成。

（4）叶面喷肥。结合喷药对果树补充钙肥、钾肥和硼肥。

四、苹果园秋季管理

秋季管理的主要工作是果实采摘，包括解袋、摘叶转果、铺反光膜、果实采收、重施基肥、果园深翻、浇越冬水等环节来完成，享受丰收的喜悦。

1. 秋季修剪

（1）开角拉枝。幼树和初结果树的大枝进行开角和拉枝，拉枝角度为90°~110°。中心干、主枝上长到1米的萌生枝拉平缓势。

（2）疏除。竞争枝、萌生枝、直立枝、多头梢、病虫枝梢、过密辅养枝，创造良好的通风透光条件。清除根蘖、萌蘖、消亡牵制枝。

（3）初结果旺树可以"带活帽"修剪，促进成花，缓和树势。

（4）拿枝软化。在8月上旬到9月下旬，当新梢接近生长或已经木质化时，要对中干延长头下部萌发的3~5个当年生直立新梢或主枝背上枝，进行拿枝软化。切勿损伤叶片，一般经过捋枝软化后，枝条应达到下垂或水平状态，为了增强拿枝效果，最好每隔 7~10 天连续进行 2~3 次，为当年或翌年形成花芽奠定基础。

2. 刈割压青

草高生长至 20~30 厘米时，应及时刈割，留草高度为 10~15 厘米。

3. 适当控水

9 月是苹果的集中上色期，适当控制水分供应（适当的"干旱"），极有利于果实的着色而提高外观质量。

4. 解袋

解袋时间一般在采前一个月进行。双层袋先解外袋，双手抓住外袋两个下角，将外袋撕开，使铁丝拉直，去掉外袋。内袋保留 3~4 个晴天后，再撕开内袋呈伞状，保留 3~4 天后除掉。解袋后，喷一次杀菌剂，及时喷药防病补钙肥。杀菌剂不可以用波尔多液，影响着色。

脱袋后的苹果皮细嫩，极易感染红点病，气孔增大，导致裂口出现，加之缺钙，极易发生缺钙症等病害，并使果面出现小裂纹，降低果品的贮藏性和商品性能。因此，在除袋后应喷布 1~2 次杀菌剂和补钙肥，杀菌剂可选丙森锌 600~700 倍或 70% 甲基硫菌灵（黙翠、丽致、甲基托布津）1 000~1 500 倍，钙肥可选用微补盖力 1 000 倍或果蔬钙肥 1 000~1 500 倍，间隔 5~7 天，如能加喷微补硼力 1 000~1 500 倍或速乐硼 2 000 倍效果更佳。必要时喷有机钾肥，可促使红富士苹果提前上色、着色。

晚熟品种采前 20 天左右，喷布富万钾 500 倍液或磷酸二氢钾（硫酸钾）250 倍液，相隔 8~10 天再喷 1 次。

5. 摘叶转果

（1）摘叶。9 月 20 日或解袋以后的 9 时以后进行摘叶（保留叶柄）。对树冠上部及外围果实的贴果叶和果实周围 5 厘米以内的叶片进行摘除。果树内膛摘除贴果叶及果实周围 10 厘米以内的叶片。

（2）转果。除袋后 10 天，果实的阳面已全上色，此时应进行转果。用手轻托果实将阴面转到阳面。注意事项：要顺同一方向扭转，不要左右扭转。9 时以后进行，否则易产生日灼。不易固定的果可用透明胶带粘贴在枝条上。

6. 铺反光膜

9 月下旬，果实集中着色期，在树冠下铺设银色反光膜。铺时将树下杂草除净，整平土地，硬杂物捡净，膜要拉直扯平，边缘用石块或砖块压实。铺后经常清扫膜面，保持干净，增加反光效果。采前 1~2 天收膜，清洗晾干，以后备用。注意事项：禁止用土压边，经常打扫膜上树叶及灰尘。干旱时及时喷水有利于果实着色。

7. 果实贴字

果实的成熟期确定贴字的时间，过早贴因果实膨大，容易把字的笔画拉开，影响艺术效果；过晚果实已经着色成熟，达不到预期的目的。操作时，选用小刀将"即时贴"字样从当中剥开，把有色一面朝外贴在果实朝阳一面的胴部，尽量使其平整不出皱褶。一般 1 个果贴 1 个字，如"福、禄、寿、喜、吉、祥、如、意"等字迹或十二生肖、花鸟、虫、鱼等图案。操作过程要轻拿轻放，以防落果。贴字苹果采收后，除去果面的贴字或图案，擦净果面，用果蜡对苹果打蜡，以增加果面光泽，减少果实失水，延长果实寿命。相同的字样，分别果实大小装箱，做好标记，按字组（图案）摆放或分装在塑料袋（盒）内或提盒，以方便出售。

8. 撑枝吊枝

盛果期树因结果量大，苹果树的枝条软，易引起下垂，所以要利用带杈的木棍、绳索进行撑枝吊枝。

9. 果实采收

具体步骤：采前准备→果实采摘→果实分级→果箱入库。可参考梨果采收。

10. 秋季修剪

主要针对未能停长的徒长枝进行摘心，疏除过密枝，改善通风透光条件，有利于养分的制造和积累。对角度、分布不合理的枝条进行拉枝。

11. 采后喷药

主要是防治苹果腐烂病和金纹细蛾、苹果绵蚜等。

秋季是腐烂病的第二个高发期，在增强树势的同时，发现腐烂病疤彻底刮治，并用40%氟硅唑乳油200~300倍加柔水通300~400倍主干涂药处理。

随即于午后全树喷布硫酸钾型复合肥300~400倍液，或富万钾500倍液+0.5%尿素液，或原沼液，相隔8~10日再喷布1次，延缓叶片衰老，增强光合作用，增加贮藏养分，有利于花芽分化和树体安全越冬。

12. 重施基肥

准备有机肥（堆肥、厩肥、堆肥）和复合肥若干。幼龄果园挖环状沟，成年果园挖带状、放射状沟，密植园挖带状沟。在果冠外围挖深60厘米，宽50厘米的施肥沟，表土和心土分开放。将有机肥和化肥混合均匀后，填入施肥沟内，边填肥，边填表土。有机肥按斤果超斤肥的标准施入，化肥用量按每100千克产量，施入尿素1.0~1.5千克，15%含量过磷酸钙1~1.5千克，硫酸钾0.2~0.4千克。可根据土壤肥力和树势适当增减。土壤pH值低于5.5的果园，每亩施入硅钙镁肥100~200千克。先将表土填入沟中，再将心土填入沟中，最后踏实。立即浇越冬水，使根系和土壤密切接触。

五、苹果园冬季管理

1. 树干涂白

树干涂白可增强反光，减少树干对热量的吸收，缩小温差，使树体免受冻害。它的作用主要是防止"日灼"和"抽条"，可有效的防治轮纹病，其次是消灭病虫害，兼防野兽啃咬。用于幼树涂白和大树主干（特别是颈部）。生石灰10份、食盐1~2份、水35~40份，用水将生石灰化开，去渣，倒入食盐水中，搅拌均匀即可使用。

2. 树形分类

（1）垂柳形。干高100厘米，树冠高3米，呈圆筒状，主枝6个。第一层主枝3个，错落着生，开张角度70°。其上着生下垂枝组。第二层主枝3个，与第一层主枝上下错开，其上着生下垂枝组。

（2）一边倒垂柳形。干高100厘米，树冠高3米，呈圆筒状，主枝6个。第一层主枝3个，错落着生，开张角度70°。其上着生下垂枝组。第二层主枝3个，与第一层主枝上下错开，其上着生下垂枝组。

（3）小冠疏层形。干高60厘米，树冠高3米，骨干枝5~6个。第一层骨干枝3~4个，错落着生，开张角度80°~85°，其上直接着生结果枝组；第二层骨干枝2个，上下错开，插空选留，开张角度85°~90°，着生中小枝组。层间距80~100厘米。株行距3米×4米，树高不超过株行距的平均数。

(4) 纺锤形。干高60厘米，树冠高3米，中心干上直接着生10~15个长放枝组，围绕中心干螺旋上升，间距20厘米。开张角度80°。株行距3米×3米。

(5) 主干形。全树只有1个骨干枝，在骨干枝上，均匀着生30~50个各类枝组，枝组长度因种植密度而定，一般为15~120厘米，30~40厘米的为数较多。冠径为1~2米，下部枝组长于上部枝组。枝组开张角度为90°~120°，全树上下枝组分布丰满而不繁密。

3. 苹果树冬季修剪技术

苹果树冬季修剪技术可以参考梨树冬季修剪技术。

六、苹果病虫害防治

1. 腐烂病

(1) 识别。溃疡型。初期表面红褐色、水浸状、略隆起，后皮层腐烂，溢出黄褐色汁液。病组织松软，有酒糟味。后期失水干缩下陷，呈黑褐色，边缘开裂，表面产生许多小黑点。在潮湿情况下，小黑点可溢出橘黄色卷须状孢子角（冒黄丝）。枝枯型：多发于2~4年生的弱枝及剪口、果台等部位。病斑红褐色或暗褐色，形状不规则，边缘不明显，病部扩展迅速全枝很快失水干枯死亡。后期病部表面也产生许多小黑点，遇湿溢出橘黄色孢子角。

(2) 防治关键期。刮树皮。

(3) 急救防治。生长季拿一小喷壶，见到病斑后就喷一喷。

2. 金龟子

(1) 关键期花芽萌动期前，在雨后或灌溉后地表湿润条件，喷洒48%毒死蜱乳油200~300倍液处理地面。悬挂诱虫灯或糖醋液诱杀金龟子等害虫。重点喷洒农家肥堆或水渠附近。

(2) 关键期。清园，一代若虫孵化盛期

(3) 急救防治。50%马拉硫磷乳油或40%乐果乳油1 000~1 500倍液、50%敌敌畏乳油或90%敌百虫800~1 000倍液、2.5%敌杀死（溴氰菊酯）乳油或2.5%功夫乳油或20%灭扫利乳油3 000倍液。

3. 桃小食心虫

(1) 关键期。6月中下旬悬挂桃小食心虫的性诱剂。地膜覆盖杀虫。6月完成套袋。6月上旬地面施药。

(2) 急救防治。果隆12 000~15 000倍，安民乐1 000~1 200倍，溴氰菊酯2 500倍，功夫2 500倍等。

4. 舟形毛虫

(1) 关键期。春季，刨树盘将蛹挖出。7月中下旬至8月上旬幼虫群居未扩散前喷药。

(2) 急救防治。20%灭多威乳油1 000倍液；50%杀螟硫磷乳剂1 000倍液；80%敌敌畏乳油1 000倍液；40%氧乐果乳油1 500~2 000倍液；25%喹硫磷乳油1 000倍液；20%甲氰菊酯乳油1 000倍液；20%氰戊菊酯乳油2 000~2 500倍液；10%联苯菊酯乳油2 000~3 000倍液。

5. 轮纹病

(1) 关键期。萌芽前刮树皮。清园药。麦收前。7月上旬。

(2) 急救防治。1∶2∶240倍波尔多液、50%多菌灵可湿性粉剂500倍液、70%代森锰锌可湿性粉剂400~600倍液+70%甲基硫菌灵可湿性粉剂800倍液、70%甲·福可湿性粉剂800~1 000倍液、40%氟硅唑乳油。

6. 白粉病

（1）关键期。化学清园、花后。

（2）急救防治。40%氟硅唑乳油6 000~8 000倍，15%三唑酮可湿性粉剂1 000倍，剑力通可湿性粉剂3 000倍，12.5%腈菌唑可湿性粉剂1 500倍液。

7. 霉心病

（1）关键期。初花期，落花70%~80%时，各喷施1次43%喷富露悬浮剂600~800倍或68.75%易保水分散粒剂1 000倍或普德金可湿性粉剂600倍或1.5%多抗霉素可湿性粉剂200~300倍。

（2）急救防治。43%喷富露悬浮剂600~800倍或68.75%易保水分散粒剂1 000倍或普德金可湿性粉剂600倍或1.5%多抗霉素可湿性粉剂200~300倍。

8. 苹果锈病

（1）关键期展叶至开花前、落花后及落花后半月。

（2）急救防治。25%金力士乳油5 000倍，40%福星乳油6 000~8 000倍，25%剑力通可湿性粉剂3 000倍，12.5%腈菌唑可湿性粉1 500~2 000倍。

9. 小叶病

防治关键期。春季萌芽前，喷施欣鲜（锌肥）6 000~8 000倍或禾丰锌3 000倍或微补苗力1 500~2 000倍，或0.3%~0.5%硫酸锌+0.3%~0.5%尿素。盛花后3周，0.2%硫酸锌+0.3%~0.5%尿素混合液。

第三节　葡萄生产技术

一、葡萄品种介绍

1. 早熟品种

（1）潘诺尼亚。欧亚种，树势中等，丰产性好，副梢结实力强。两性花，果穗大，平均穗重736克，最大穗重1 220克，果穗圆锥形，果粒着生中等紧到紧密。果粒大，最大粒重10克，平均粒重5.7克，圆形或椭圆形，果皮乳黄色。肉质中等，脆甜，果粉薄，可溶性固形物含量15%。从萌芽到果实完全成熟生长期为120天左右。潘诺尼亚为大穗、大粒、外观美丽的早中熟鲜食品种，果粒着生牢固，不易脱落，较耐贮运，适于城市近郊及设施栽培中发展。但该品种抗病性稍差，易感染黑痘病，果实成熟后果肉易变软，栽培上要注意早期病害的防治。

（2）乍娜。欧亚种，嫩梢绿色，带紫红条纹。成龄叶片心脏形，上裂刻深，下裂刻浅，叶背有稀疏绒毛，叶柄洼拱形，叶柄长，粉红色。果穗长，圆锥形，平均穗重850克，最大1 100克。果粒近圆形，平均粒重9克，最大17克，粉红色至紫红色。果肉厚，较脆，味酸甜，可溶性固形物含量15%，品质上等。生长势强，果枝率36%，每果枝结果1.4穗，较丰产。乍娜萌芽比其他品种晚，华北地区4月中旬萌芽，5月下旬开花，7月下旬果实成熟，北京地区露地栽培7月下旬即可采收。乍娜早丰产性好，但该品种易染黑痘病，果实成熟期雨水较多时，架下部靠近地面的果粒易裂果；在北方严寒、生长期不足150天的地区栽培，新梢成熟度较差，容易发生枝条受冻现象。乍娜在设施栽培中表现十分突出，不仅早熟性好（日光温室中6月上旬即可成熟采收），而且穗大、粒大，早丰产性十分突出。

（3）凤凰51号。欧亚种，大连市农业科学研究所用亚历山大和绯红杂交培育而成。该品种树势健壮，易形成花芽，坐果率高，成熟早，果实从萌芽至完全成熟约120天。果穗大，平均重约410克，最大穗重可达1000克果粒大，圆形，果粒上有明显的肋纹，平均粒重7.1克，最大粒重14.3克，含糖量15%~18%，品质极优，是一优良的早熟品种。果实呈鲜红色，具有浓厚的玫瑰香味。果穗紧、坐果率高，果穗整齐，抗病性强，早期丰产性较好，对霜霉病、白腐病、日烧病等的抗性均优于其他欧亚种。采前不易裂果，采后不落粒，果肉脆而肥厚，适应性较强。在设施栽培中果穗大而秀丽，是适于华北、西北露地和设施中栽培的优良品种。坐果率较高，应适当的疏花疏果。该品种成熟时易遭鸟害，生产上要注意。

（4）郑州早红。又名早红，属欧亚种。中国农业科学院郑州果树所用玫瑰香与沙巴珍珠杂交育成。嫩梢绿带紫红色，有绒毛。幼叶黄绿带紫红色，有绒毛。成龄叶较大，近圆形，呈扭曲状，叶缘略向上弯曲，3~5裂，以5裂为多，裂刻浅，锯齿较尖锐，叶表面有网状皱纹，叶背面略有绒毛或丝毛。两性花。果枝率达80%以上，果枝多着生两穗以上果穗。果穗大，平均穗重400克，双歧肩圆锥形。果粒着生紧密，果粒中等大，平均粒重3克，近圆形，紫红色，果皮厚，果粉少。果肉软而多汁，易与种子分离，可溶性固形物含量可达16%，总酸量为0.76%，酸甜适度，品质上等。7月底或8月上旬成熟。丰产，喜肥水，是一个优良的红色早熟鲜食品种。

（5）京早晶。欧亚种。北京植物园以葡萄园皇后和无核白为亲本杂交培育的新品种。树势较强。叶片较大。心脏形，5裂，上裂刻深，下裂刻中深，叶柄洼拱形，上表面光滑有光泽，下表面光滑或微有茸毛。锯齿大、尖锐。两性花。果穗大，平均重420克，圆锥形，偶有副穗，紧密度中等。果粒平均重3克，纵径19.7毫米，横径16毫米，用赤霉素处理后可增大至7~8克，果粒卵圆形至椭圆形，果皮薄。果肉脆，汁少，无核，酸甜适口，可溶性固形物含量20%，品质上等。始花期在6月初，浆果成熟期在8月上旬。该品种成熟早，果穗秀丽，含糖量高，树势强，但抗病性稍弱，而且成熟后易落粒，生产上应予注意。适于我国西北、华北城镇近郊区干旱地区发展。

（6）京秀。欧亚种。北京植物园以潘诺尼亚为母本，杂种60~33为父本杂交育成。嫩梢绿色，具稀疏绒毛。成叶中大，近圆形，5裂，上裂刻深，下裂刻浅，光滑无毛。果穗圆锥形，平均穗重513.6克，最大1000克。果粒椭圆形，平均粒重6.3克，最大9克，玫瑰红或紫红色。肉厚特脆，味甜，酸低，具东方品种风味，可溶性固形物含量14%~17.5%，含酸量0.39%~0.47%，品质上等。果枝率60%，每果枝挂果1.21穗，较丰产。京秀抗病力中等，较易染白粉病和炭疽病。华北地区4月中旬萌芽，5月下旬开花，6月底7月初开始着色，7月中旬果实即可食用，8月初充分成熟，从萌芽至成熟112天，为极早熟品种。京秀不仅果实上色早，而且成熟后在树上可挂到9月中旬亦不裂果，不掉粒，延迟采救品质更佳。在北京日光温室中栽培，果实5月下旬至6月即可上市。是一个值得在华北、西北露地和设施栽培中推广的优良早熟品种。

（7）京亚。欧美杂交种，四倍体。是北京植物园从黑奥林葡萄实生苗中选育出的新品种，植株形态（枝、叶等）与黑奥林极相似。果穗圆柱形，平均穗重400克，大的可达1000克。果粒短椭圆形，平均粒重11.5克，大的可达18克，果皮紫黑色，果粉厚。果肉软,稍有草莓味,可溶性固形物含量15%~17%,含酸量稍高。京亚是巨峰品种中一个早熟品种,浙江7月初、北京7月下旬、沈阳8月中旬果实成熟。抗病性强,丰产性好,较耐运输,是目前我国巨峰系品种栽培区中可以推广的早熟品种。但该品种果实含酸量较高,应注意采用降酸栽培法改善果实品质。

(8) 早生高墨(紫玉)。欧美杂交种。是日本植原葡萄研究所在高墨品种上发现的特早熟芽变。树势健壮,枝条成熟早,花芽易分化,结实性能好,几乎每个新梢都可以形成2个花序。两性花。果穗大,均匀紧凑,平均穗重400~500克,大者800克;有光泽,外观美丽。果实含糖量16%~17%,肉质较硬,品质风味均优于巨峰。果实上色快,成熟一致,成熟时不脱粒,不裂果。抗病性强,较耐贮运,商品率高,丰产,华北地区8月初即可上市,浆果生育期仅70天左右。栽培上要注意保持架面通风透光,留梢不宜过密,坐果后应适时施用氮肥,早施磷、钾肥,以促进果实迅速膨大和上色。同时要严格控制负载量,一般每亩产量以1 500千克左右为宜。以利于早熟和稳产。若负载量过重,品质降低成熟推迟,将失去早熟品种的意义。

(9) 紫珍香。欧美杂交种,四倍体。辽宁省园艺研究所以沈阳玫瑰(玫瑰香四倍体芽变)与紫香水杂交育成。幼叶具紫红色,并密生白色绒毛,成龄叶3~5裂。果穗圆锥形,平均穗重318克。果粒长圆形,平均粒重9克,果皮紫黑色。肉质软,多汁,甜,可溶性固形物含量14%,具有玫瑰香味,品质上等。产量中等,抗病性强。在沈阳地区8月下旬果实成熟,是我国培育的巨峰系品种中一个优良的早熟品种。

(10) 早熟红无核。又名火焰无核,欧亚种,由美国加州引进,嫩梢紫红色,幼叶绿色,绒毛少。叶片心脏形,较大,叶裂刻极深,5裂,叶柄洼开张。果穗圆锥形,带副穗,大而整齐,平均穗重565克,最大穗重920克。果粒红色,近圆形,着生较紧密,平均粒重3.01克,最大粒重5.36克。用赤霉素处理后果粒可增重至6~8克,果皮薄而脆,无涩味。果汁中多,风味甘甜爽口,略有香味,可溶性固形物含量17%,品质优。

植株生长势强,发枝率、结果枝率高,定植后2年开始结果,3年生树平均每亩产量达1 758.2千克。果实7月中旬成熟,属特早熟无核葡萄品种。果实硬度大,耐贮运,果实过熟也不易脱落,在设施栽培中较易形成花芽,丰产、早熟,有利于调节市场供应,适宜在华北、西北地区推广栽植。

(11) 红双味。山东酿造葡萄研究所以葡萄园皇后和红香蕉杂交育成。嫩梢绿色,绒毛稀。幼叶绿色,带红褐色,有光泽。一年生成熟枝条棕黄色。成龄叶绿色,中等大,心脏形,浅5裂,叶缘反卷。两性花。果穗中大,圆锥形,有歧肩,副穗,果穗长15.2~16.2厘米,宽10.8~13.5厘米,重506克,最大穗重608克。果粒中等大,纵径21.6毫米,横径19毫米,重5克,最大粒重7.5克,椭圆形,紫红或紫黑色。果肉软,多汁,香味浓郁,同时具有香蕉味和玫瑰香味,故称"双味"葡萄,含糖量高达17.5%~21%,酸度低,是品质优良的早熟鲜食品种。在济南7月上中旬成熟。生长势中等,结果能力强,每果枝多为两穗果,产量较高,每亩产量可达2 022~3 885千克。近年来在温室中栽培早熟和丰产性均很显著。

该品种适应性强,抗病性较强,早熟,适宜在华北南部、华中和西北东部栽培。

(12) 申秀。欧美杂交种。上海农业科学院由巨峰实生变异中选育的早中熟新品种。嫩梢绿色,绒毛稀。幼叶背面密被白色茸毛,叶片绿,叶背及叶缘有紫红附加色。成龄叶绿色,中大,近圆形,3~5裂,裂刻闭合。叶柄洼开张,圆形,基部呈"V"形。叶背绒毛中密，白色，叶脉绿色，叶柄长，带红色。花穗中等大。两性花。

在上海地区3月底萌芽，5月中下旬始花，5月底浆果开始生长，7月上中旬着色，7月下旬至8月初果实成熟，从萌芽至浆果成熟平均需要120天，属早熟品种。

申秀果穗圆锥形，带歧肩，中等大小，平均穗长13～14厘米，重242克，最大果穗重500克。果粒短椭圆形至卵圆形，平均粒重6.7克。果皮紫红至紫黑色，着色整齐，果粉中厚，皮肉易分离，肉致密，肉囊不明显，汁多，可溶性固形物含量13.6%，甜酸适中，品质上等，较耐贮运，是一个品质较好的早熟品种。

申秀植株长势中等，比巨峰稍弱，萌芽率平均为60.4%，结果枝率58%，结果系数0.8，落花落果轻，坐果良好，抗花期不良气候能力强，丰产，每亩产量平均2 146.6千克。对灰霉病抗性较强，由于成熟早，可以避开炭疽病侵染申秀是适合我国南方地区发展的一个新的优良巨峰系早熟品种。

(13) 京优。欧美杂交种。中国科学院北京植物园用黑奥林实生苗育成，同京亚为姊妹系。四倍体。

嫩梢绿色，附加紫红色，有稀疏茸毛。幼叶绿色，附加紫红色。成叶中大，近圆形，绿色，叶缘上翘，5裂，上下裂均深，中厚，叶缘锯齿锐，叶柄洼开张矢形。两性花。

果穗圆锥形，平均穗重566克，最大重850克。果粒着生中密，近圆形或卵圆形，平均粒重10.79克，最大16克，果皮紫红色，中厚，肉厚而脆，微有玫瑰香味。含可溶性固形物14%～19%，含酸0.55%～0.7%。品质中上等。

植株生长势强，结果枝占53.54%，副梢结实力强。丰产。抗病性较强。无脱粒、裂果现象。果实耐贮运。注意疏粒，保持穗粒整齐美观。在北京地区4月中旬萌芽，5月下旬开花，8月上中旬果实成熟，从萌芽到果实成熟110～125天。比巨峰早熟7～10天。是巨峰群中较好的品种之一。

(14) 京玉。欧亚种。中国科学院北京植物园用意大利与葡萄园皇后杂交育成。1992年通过专家鉴定。

嫩梢黄绿色，有暗红附加色，有稀疏茸毛。叶片中等，心脏形，上翘，有5裂，上裂刻深，下裂刻浅，上表面光滑，下表面有茸毛。叶片较薄，绿色，叶柄洼开张，拱形或矢形，叶缘锯齿大而锐。两性花。

果穗圆锥形，平均穗重684.7克，最大1 400克。果粒着生中密，椭圆形，绿黄色，皮中厚，肉质硬而脆，汁多味浓，酸甜适口。种子少而小。含可溶性固形物13%～16%，含酸量0.48%～0.55%，品质上等。在北京地区4月中旬萌芽，5月下旬开花，8月上旬果实成熟。从萌芽到果实成熟为110天左右。花序小，着果率高，无裂果，不脱粒。较抗寒，丰产。副梢结果力强，一年可两熟。较耐干旱。对霜露病、白腐病抗性较强，易染炭疽病。果实较耐运输。是当前早熟、大粒、黄绿色、较抗病的优良品种之一。

(15) 康太。欧美杂交种。辽宁省园艺研究所从康拜尔早生中选出的四倍体自然芽变品种。已在南北方14个省市试栽，表现良好，是制汁、鲜食兼用品种之一。

树势较强，丰产。果穗圆锥形，平均穗重700克。果粒着生较紧密，近圆形，平均粒重6.7克，最大15克，整齐，蓝黑色。果皮厚，果粉多，果皮与果肉不易分离。果肉软，有肉囊，多汁偏酸，果汁无色，有美洲种的香味。含可溶性固形物12.8%，含酸0.6%，品质中等。

结果枝占82.5%，平均每个新梢结1.5个果穗。早果性强，栽后第二年平均株产5千克。3年生平均每公顷产32 380千克。易丰产稳产。

辽宁省沈阳地区5月上旬萌芽，6月上旬开花，8月中旬成熟，在兴城地区8月上旬成熟。从萌芽到果实成熟需110天左右，有效积温2 500℃。是早熟品种，比巨峰早熟20多天。采前不脱粒，耐运输。

抗逆性较强，无论是抗寒、抗病、抗湿、抗高温，都超过巨峰。在寒冷的吉林、黑龙江地区栽培或在多雨潮湿的广东、上海、云南、贵州、四川等地区栽培都表现出高度的适应性，尤其对霜霉病、黑痘病有较强抗性。但抗旱性差。

适于小棚架或高立架栽培。冬剪以短梢或超短梢修剪较好。夏季要早疏花穗，每个果枝留1个果穗，弱枝不留，花前摘心。容易获得高产。

2. 中熟品种

（1）玫瑰香。1860年英国育种学家斯诺以黑罕和白玫瑰香杂交育成，是目前世界葡萄主要产区种植比较普遍的鲜食和酿酒兼用品种，我国天津王朝干白葡萄酒即是用玫瑰香酿制而成。嫩梢绿色略带褐红色。幼叶黄绿色，带紫红色，有光泽，叶背密生白色绒毛。一年生成熟枝条黄褐色。成龄叶片中大，近远形，5裂，叶面起伏不平呈波浪状，叶缘锯齿大，叶柄带红褐色。两性花。果穗中大，穗长17～19厘米，宽10～14厘米，重292～428克，最大穗重1 200克，圆锥形，疏松或中等紧密，有歧肩。果粒中等大小，纵径19～20毫米，横径18～19毫米，粒重4～5克，椭圆形，红紫色或黑紫色，果皮中等厚，果粉较厚，有大小粒现象。果肉多汁，有浓郁的玫瑰香味，含糖量17%，含酸量5～7克/升，出汁率76%。每果枝有果穗1.75个，副梢结实力强，通过合理的夏季修剪较易形成二次结果。产量高，属果实品质优良的中熟品种。

玫瑰香适宜在丘陵山地、排水良好的肥沃土壤和海滩沙壤土栽培。但若管理不当，单株负载量过大时易患生理病害——转色病，即"水罐子病"，栽培上必须加强管理，通过花前摘心和增施磷、钾肥促成优质高产。

（2）里扎马特。又名玫瑰牛奶，欧亚种。原产前苏联，由可口甘与巴尔于斯基杂交育成。嫩梢微红，副梢生长势强，叶片3～5裂，上裂刻常呈闭合，下裂刻较深，叶背刺毛极疏。果穗圆锥形，平均穗重850克，大的可达2 500克。果粒长椭圆形，平均粒重10克，大的可达22克左右（其纵径4.5厘米，横径2.5厘米）成熟时果皮呈现蔷薇色到鲜红色，最后紫红色，外观艳丽，果皮薄。肉质脆，味甜，可溶性固形物15%，品质上。树势健旺，丰产，抗病性中等。在沈阳8月下旬果实成熟，北京地区8月中旬成熟。里扎马特抗病性较弱，成熟前遇雨易发生裂果，适于在华北和西北干旱、半干旱地区栽培。栽培上宜用棚架，长梢修剪。

（3）黑奥林。欧美杂交种。树势旺盛，结实力强，产量高。两性花。果穗大，圆锥形，长约21厘米，平均重400克，最大重785克。果粒着生较紧密，近圆形，单粒重12.1克，最大重16.2克。果皮厚，黑紫色，果粉中厚，果皮与果肉易分离，肉质稍脆，果汁多，有草荡香味，酸甜，可溶性固形物含量14.4%。

北京地区8月17—18日果实完全成熟。从萌芽至果实完全成熟生长日数为126天。

该品种丰产，结果早，果粒较大，风味较好，果刷长，不易落粒，耐压耐贮运，成熟期和巨峰相近。适于棚架、篱架栽培，生产上应注意疏剪花序，适当控制负载量。

（4）藤稔。欧美杂交种。树势强，枝梢粗，新梢绿色，幼叶淡紫色，叶面有光泽，叶背绒毛中等，成龄叶片大，5裂，上裂稍浅，下裂深，叶柄洼拱形。两性花。结实性好，落花落果少，每果穗平均重600克，平均粒重15克左右，是巨峰系品种中果粒最大的品种。果皮暗紫色。肉质较致密，果汁多含糖量为18%，酸度中等，稍有异味，品质一般。成熟期在8月中旬，但成熟后易落粒，耐贮运能力较差。开始结果早，坐果率高；树势强，不徒长，枝梢成熟好；抗病性强，容易管理，是当前城镇附近可以栽植的一个大粒型品种。

栽培藤稔时应注意：①控制树势，促进通风透光和利用副梢母枝结果。②多施有机肥，少施氮肥，尤其坐果后慎用氮否则易推迟成熟。③严格控制负载量，注意疏花疏果，每穗以留30个果粒为宜，不要超过30粒，以保证形成大穗大粒。④适时采收，防止过熟后落粒。

(5) 瑰香怡。辽宁省农业科学院园艺研究所杂交培育成的葡萄新品种，四倍体，欧美杂交种，是巨峰系中具有浓郁玫瑰香味的优良品种。

嫩梢绿色。幼叶绒毛多，表面有光泽。一年生成熟枝条褐色，节间长，粗壮。成龄叶大，心脏形，3~5裂，锯齿钝，叶面深绿色、粗糙，叶背绒毛多，叶柄洼开张、拱形。两性花，果穗大，短圆锥形、紧凑，穗长18.7厘米，宽13.8厘米，平均重804.3克，最大1 500克。果粒特大，圆形，纵径22.6毫米，横径22.2毫米，平均粒重9.43克，最大粒重15克，果粒大小整齐，黑紫色，果脐明显，果皮中厚，果皮与果肉易分离。果肉紧密，口感好，具有浓郁玫瑰香味，含糖量为14.7%，含酸量6.5克/升，果味香甜，品质优。每粒果有种子2~3粒。在东北沈阳地区9月上旬成熟，属中熟品种。生长势强，结果能力强，结果枝率49.8%，每果枝平均有果穗1.64个，坐果率高，丰产性状好，三年生树平均每亩产量1 300千克。果实成熟后不裂果、不落粒、耐运。

适宜在我国南方和北方的巨峰栽培区种植，宜采用棚架或篱架栽培，因其坐果率高，应加强肥水管理和采取疏花疏果措施。

(6) 巨峰。欧美杂交种。原产日本，是巨峰系品种中最早推广的一个品种。

植株生长势强，芽眼萌发率高，结实力强。两性花。果穗大，圆锥形，平均穗重365克，最大穗重730克。果粒大，近圆形，平均粒重9克，最大粒重13.5克。果粒着生松至紧。果皮厚，紫黑色，果粉多。肉质软，有肉囊，果汁多，味酸甜，有较明显的草莓香味，可溶性固形物含量14%。种子1~2粒，种子与果肉易分离。副芽、副梢结实力强。结果早，产量高，成熟期受负载量影响较大。在华北地区一般7月15日左右果实开始着色，8月10日左右果实完全成熟，从萌芽到果实成熟的生长日数为125天。

该品种果粒大，品质中上，抗病性较强。负载量过大、管理不良时，落花落果严重，成熟期推迟，因此必须注意提纯复壮和控制产量，并采用摘心、整花序等措施，减轻落花落果。棚架、篱架栽培均可。

(7) 葡萄园皇后。欧亚种。1951年从匈牙利引入，由莎巴珍珠×伊丽莎白杂交育成。在全国各葡萄产区栽培较多，是大粒、黄绿色的优良品种。

树势中强。嫩梢绿色带红褐色晕，有稀疏白色茸毛。幼叶绿色，叶缘红褐色，上下均有白色稀疏茸毛，叶面有光泽。1年生成熟枝条深褐色，节红紫色，节间中长。成叶小，5裂，上裂刻深，小叶片重合，下裂刻浅。叶上下均平滑，叶柄洼拱形或椭圆形。叶柄长与中脉相等，微红色。卷须间歇，两性花。

果穗大，圆锥形，果粒着生中等密度，平均穗重350克，最大达960克。果粒大，平均重10克，最大15克，椭圆形。果皮中等厚，金黄色，果粉中等。果肉黄色透明，肉细而脆，多汁味甜，稍有玫瑰香味。含糖14.5%，含酸0.52%，品质上等。成熟后不落粒。是品质优良、丰产的中早熟鲜食品种。

早果性强，定植后第二年开始结果。副梢结果力强，可利用其二次结果，品质仍然很好。

抗病、抗寒力中等，不耐旱，喜肥、水，适于我国西北、华北、东北等地区栽培。

辽宁省兴城地区5月上旬开始萌芽，6月中旬开花，7月下旬开始着色，8月下旬成熟。在哈尔滨地区9月下旬成熟。从萌芽到果实成熟约需117天，有效积温2 460℃左右。

3. 晚熟品种

(1) 晚红（大红球、红境球、红提子）。欧亚种。原产美国。是用（皇帝×L12-80）×S45-48杂交育成。1987年引入我国。

嫩梢较细，浅紫红色，有稀茸毛。幼叶浅紫色，叶面光滑，叶背有稀疏茸毛。1年生成熟枝条浅棕色，节上及阳面颜色较深，节间中等长。成叶中等大，心脏形；5裂，裂刻中等深，叶面平滑有光泽，叶背无茸毛，叶缘锯齿钝，叶柄洼拱形。两性花。

果穗圆锥形，平均重880克，最大穗重达2 000克左右。果粒着生紧密，圆形至卵圆形，平均粒重12.2克，最大达22克。果皮中厚，深紫红色，果肉硬而脆，甜酸适口，含可溶性固形物16.3%，品质极佳。果刷粗长，耐拉力强，不易脱粒，每粒果含种子3~4粒。极耐贮运。

树势生长旺盛，枝条粗壮。结果枝率为68.3%，每个果枝着生1~2个果穗，基芽结实力较高，果粒大小整齐，成熟一致。适宜中、小棚架和高篱架栽培和中短梢混合修剪。极丰产。一般3年生树单株产量17.2千克，5年生树每公顷产量高达37 000千克。但要控制在每公顷35 000千克左右，以保持优质、稳产。

在辽宁省兴城地区，5月初萌芽，6月中旬开花，8月中旬开始着色，9月下旬至10月上旬果实成熟；在沈阳地区10月上旬成熟。从萌芽到果实成熟需要130~150天。拟贮藏的果实，在不受霜冻的条件下，要晚采收7~10天，以利于果实贮藏。要注意防治病虫，加强肥水管理，适时摘心，促进枝条充实和提高抗寒力。该品种是当代大粒、优质、丰产、极耐贮运的红色鲜食品种。在我国华北、西北、辽宁省很有发展前途。

(2) 秋红。欧亚种。美国用（S44-35C×9-1170）杂交育成。1987年引入我国。

嫩梢紫红色，有稀疏茸毛。幼叶绿色，微有紫红色，光滑无茸毛。1年生枝条深褐色，节间中等大。成叶较大，心脏形，5裂，上裂极深，下裂中深，叶面及叶背均光滑无茸毛，叶缘锯齿较锐，叶柄中长，紫红色，叶柄洼窄拱形。

果穗大，长圆锥形，平均穗重775克，最重达2 100克，果粒着生中度紧密。果粒长椭圆形，平均粒重7.4克，果皮深紫红色，中等厚，不裂果。果肉硬脆，酸甜适度，含可溶性固形物17%，品质佳。果刷长，果粒附着牢固，极耐贮运。

树生长势强，枝条粗壮，结果枝率78%，双穗率40%左右，3年生株产17千克，5年生每公顷产37 500千克，极丰产。果实成熟一致，新梢成熟较好。注意加强土肥水管理，控制产量，防治病虫，促进枝条充分成熟，保持连年高产。适于棚架栽培和中短梢混合修剪。在辽西和沈阳地区，5月上旬萌芽，6月中旬开花，8月中旬着色，果实成熟分别为9月下旬和10月上旬。从萌芽到果实成熟需要130~150天。是当前晚熟、耐贮运的优良品种之一。

(3) 秋黑。欧亚种。原产美国。1988年引入我国。

树势强，嫩梢绿色，茸毛较稀；幼叶黄绿色，茸毛稀疏。1年生成熟枝条为浅黄褐色。成叶大，5裂，裂刻浅，叶正面背面均有光泽而无茸毛，叶缘锯齿较锐。

果穗长圆锥形，平均穗重720克，最重达1 500克，果粒着生紧密。果粒阔卵圆形，平均粒重10克，果皮厚，蓝黑色，果粉厚，外观极美。果肉硬而脆，味酸甜，含可溶性固形物17%，含酸1.26%，品质佳。果刷长，果粒着生牢固，极耐贮运。结果枝率70%，双穗率30%以上。极丰产。株产与单位面积产量与秋红、晚红品种相近。在辽西和沈阳地区，5月初萌芽，6月中旬开花，8月下旬着色，成熟期分别为9月下旬和10月上旬。从萌芽到果实成熟需要120～150天。基芽结实力弱，适于小棚架栽培和中短梢混合修剪。抗病性较强。是当前晚熟穗大、粒大、优质、色艳、耐贮运的优良品种之一。也适合庭院和盆中栽培，是观赏期最长的蓝黑色优良品种。

（4）夕阳红。欧美杂交种。辽宁省农业科学院园艺所用玫瑰香芽变（沈阳玫瑰）与巨峰杂交育成。1993通过鉴定。四倍体。

嫩梢绿色，有稀疏茸毛。幼叶绿色，有紫红色晕，背面有稀疏茸毛，叶表面光滑。成叶大，心脏形，厚而平展，叶缘有较锐的复锯齿，叶片3～5裂，上裂深，下裂浅。叶柄洼拱形、开张，成熟1年生树节间长7.5厘米，卷须双间隔，两性花。

果穗长圆锥形，平均穗重为800克，最重达2 300克，果粒着生较紧密。果粒长圆形，平均粒重12.5克，粒较整齐。果皮较厚，紫红或暗红色，果肉软硬适度，汁多，有较浓玫瑰香味，含可溶性固形物16%，品质极上。

在沈阳地区，5月初萌芽，6月初开花，9月下旬至10月上旬成熟。在辽西地区9月下旬成熟。从萌芽到果实成熟需要150天左右。需要有效积温为3 100～3 500℃。无落粒和裂果现象。果实耐贮运性强。

树生长势强，坐果率高，丰产。抗病虫力和适应性均强。在辽宁、华北、华东和华南等地区都表现良好。是当前晚熟、抗病、大粒、丰产、有浓玫瑰香味、耐贮运的优良品种之一。

（5）红意大利（奥山红宝石）。欧亚种。为意大利的红色芽变。1984年定名登记，1985年引入我国。1989年被辽宁省农牧厅评为优质水果。

嫩梢绿色，略带紫红色。幼叶黄绿色，正反面均有光泽，背面有茸毛。成叶中大，心脏形，正面浓绿，叶背茸毛稀少，有3～5裂，裂刻较深。1年生枝条为浅灰褐色，节处有较厚蜡质层是其特征。两性花。

果穗圆锥形，平均穗重650克，最重达2 500克，果粒着生较紧密。果粒圆形，平均粒重11.5克，最大18.5克，比黄意大利果粒重1倍多。果皮紫红色，皮薄肉脆，成熟后果粒晶莹透明，美如宝石。有浓玫瑰香味，含糖量17%，品质极佳。极耐贮运。

树势较旺，果枝平均有1.3个果穗，多着生在第4至第5节处。连续结果力强。丰产、稳产。抗白腐病能力强，无落粒裂果。

在山东省平度地区4月上旬萌芽，6月上旬开花，9月中旬成熟，在辽宁省熊岳地区9月下旬成熟。从萌芽到果实成熟需165天左右。适宜中长梢修剪和小棚架或高篱架栽培。该品种是大粒、红色、浓香、晚熟、鲜食的优良品种之一。

（6）龙眼。又名秋紫，原产中国。欧亚种。是我国葡萄栽培最广、株数最多的鲜食和酿酒兼用品种。

树势极强。嫩梢绿色。幼叶上下表面有稀疏白色茸毛，略带红褐色，叶面有光泽。1年生成熟枝条红褐色。成叶中大，肾形，近全缘或浅5裂。叶面平滑，叶背无茸毛，锯齿圆钝，叶柄微红色，叶柄洼开张，宽拱形。秋季叶多变红色。两性花。

果穗大，圆锥形，果粒着生较紧密，平均穗重 694 克，最大 1 800 克。果粒中等大，平均粒重 6.09 克，最大 8.2 克，近圆形。果皮中等厚，紫红色，果粉多。果肉柔软多汁，味甜酸，无香味，含糖 16%，含酸 0.6%，出汁率 71.58% 左右。品质中上。

结实率较低，结果枝占 25.4%。每个果枝多结 1 穗果，在营养较好的条件下结两穗。副梢结实力弱，果实成熟一致。成熟前不落粒，果实极耐运输和贮藏。

辽宁省兴城地区 5 月上旬萌芽，6 月中旬开花，9 月上旬开始着色，10 月上中旬成熟。从萌芽到浆果成熟需 155 天左右，有效积温约 3 300℃。是晚熟极丰产品种。

抗旱力强，抗寒力中等，抗病力弱。适于华北、西北、东北雨少地区棚架及庭院栽植，东北北部嫁接抗寒砧木，生长结果较好。用龙眼葡萄酿酒酒质优良，酒香浓郁，是酿造香槟酒、干白葡萄酒和半甜葡萄酒的优良品种。

(7) 新玫瑰。又名白浮士德，欧亚种。原产日本，用白玫瑰与甲州三尺杂交育成。1937 年引入我国。辽宁省的沈阳、兴城，河北省的昌黎及山东、山西、北京、上海等地都有栽培。

树势强，果穗大，圆锥形，果粒着生中密，平均穗重 533.3 克。果粒平均重 6.0 克，椭圆形。果皮厚，黄绿色，果粉中等。肉质脆而多汁，味酸甜，有玫瑰香味。含糖 21%，含酸 0.7%，品质上等。为鲜食、制罐、制酒的多用品种。辽宁省兴城地区 5 月上旬萌芽，6 月中旬开花，9 月下旬成熟。

结果枝占 46.1%，每个结果枝多结 2 穗果，副梢结实力较强，在大连地区二次结果可充分成熟。适合棚架栽培。对土壤适应性较广。对黑痘病、霜霉病等抗性强，抗寒力也较强，对灰霉病、炭疽病抗力较弱。是适应性较强、丰产、鲜食与酿造兼用的品种。果实耐储藏和运输。

4. 无核品种

(1) 无核白鸡心。欧亚种。是 Goid × Q25 - 6 杂交育成。1983 年从美国加州引入。在我国东北、华北、西北等地均有栽培，表现较好，很有发展前途。

嫩梢绿色，有稀疏茸毛。幼叶微红，有稀疏茸毛。1 年生枝条为黄褐色，粗壮，节间较长。成叶大，心脏形，5 裂，裂刻极深，上裂刻呈封闭状，叶片正反面均无茸毛，叶缘锯齿大而锐。叶柄洼开张呈拱状。

果穗圆锥形，平均穗重 829 克，最重 1 361 克，果粒着生紧密。果粒长卵圆形，平均粒重 5.2 克，最大 9 克。用赤霉素处理可达 10 克。果皮黄绿色，皮薄肉脆，浓甜，含可溶性固形物 16.0%，含酸 0.83%。微有玫瑰香味，品质极佳。

树势强，枝条粗壮。结果枝率 74.4%，每个结果枝着生 1~2 个果穗，双穗率达 30% 以上。3 年生株产 12.8 千克。丰产。果实成熟一致，抗霜霉病强，易染黑痘病。

在辽宁省朝阳地区 5 月上旬萌芽，6 月上旬开花，8 月中旬成熟。在沈阳地区 9 月上旬成熟。该品种果粒着生牢固，不落粒、不裂果。是适合华北、西北和东北地区发展的大粒无核、鲜食和制罐的优良品种。

(2) 金星无核。欧美杂交种。美国用 A1den × N.Y46000 杂交育成。1977 年发表，我国 1988 年引入。在东北、华北及华南等地均有少量栽培。

嫩梢绿色，茸毛较多，有珠状腺体。幼叶绿色，边缘浅红色，密布茸毛。成叶较大，浓绿色，心脏形，中等厚，3~5 裂，裂刻极浅，叶面粗糙，叶背密生茸毛，叶缘锯齿较钝，叶柄长，叶柄洼闭合或为窄拱形。两性花。

果穗圆锥形，平均穗重260克，最重达500克。果粒着生较紧，大小均匀。果粒近圆形，平均粒重为4.0克，最大4.5克。果皮蓝黑色，较厚，肉软多汁，有浓郁的欧亚种和美洲种混合的香味，含可溶性固形物15.2%～17%，含酸0.97%，果刷长，无裂果、脱粒现象。品质中上。

在沈阳地区，5月上旬萌芽，6月中旬开花，8月中旬成熟。从萌芽到果实成熟为110天左右。在辽宁省朝阳地区5月初萌芽，6月上旬开花，8月初果实成熟。在南京地区7月中旬成熟。果实较耐贮运。

树势强。结果枝率为90%，双穗率达74.7%，副梢结实能力强。适于短梢修剪和小棚架栽培。植株抗寒、抗病性均强。3年生株产15.1千克。丰产。是南北方早熟优良无核品种，很有发展前途。

(3) 森田尼无核。美国加州大学用C0Ld×D26-6杂交育成。1981年发表，1984年引入。在我国辽宁、江苏和北京等地栽培，生长结果表现良好。

果穗长椭圆形或柱形，果粒着生紧密，平均穗重423克。果粒长卵圆形，平均粒重4.2克，最大6.5克。果皮黄绿色，充分成熟时呈乳黄色，皮薄肉脆，果粒绝大多数无核，少数有较小的残核，食用时无明显感觉。果粒大小整齐，成熟较一致，外形美观。含可溶性固形物20%，风味浓甜，品质极佳。

树势强。结果系数高，丰产。抗病性中等。在葡萄干制品上，较新疆无核白产品优良，比无核白鸡心品种穗形、粒形和色泽美观，是有发展前途的鲜食、制罐和观赏用白色无核优良品种之一。

(4) 红脸无核。欧亚种。1983年从美国引入。在辽宁、山东省栽培生长结果较好。

嫩梢绿色，有稀疏茸毛。幼叶黄绿色，边缘橙色，密被白色茸毛。成叶大，心脏形，5裂，裂刻深，叶面光滑，锯齿深，叶柄长，深红色，叶柄洼闭合。1年生成熟枝条深褐色。

果穗圆锥形，平均穗重650克，最大重为1 500克，果粒着生紧密适度。果粒椭圆形，平均粒重3.9克。果皮鲜红色，皮薄肉脆，含可溶性固形物15.3%，味甜爽口，品质上等。果肉硬，果刷长，较耐贮运。

树势旺，枝条粗壮。结果枝率88.6%，每个结果枝着生1～2个果穗，双穗率达74.7%；果实成熟一致，枝蔓成熟良好。抗寒、抗病力中等。在辽宁省朝阳地区5月上旬萌芽，6月中旬开花，9月上中旬果实成熟。在沈阳地区9月中下旬成熟。丰产性能好，3年生平均株产15.4千克，4年生平均株产22.2千克。适宜中短梢混合修剪。适当控制负载量，并要加强肥水管理和病虫害防治，以达到连年丰产的目的。

(5) 火星无核。欧美杂交种。美国用Island Belle×Arkl339杂交育成。1984年发表，1988年引入我国。

嫩梢绿色，密生白色茸毛并有球状腺体。幼叶边缘和叶背面均呈粉红色，密生白色茸毛。1年生成熟枝条深褐色，有刺毛，节间中等长。成叶大，近圆形，浅3裂，叶面粗糙，叶背密生茸毛。叶缘锯齿钝。叶柄较长，浅红色，叶柄洼窄拱形。

果穗长圆锥形，平均穗重266克，最重达502克。果粒着生紧密，近圆形，平均粒重4.3克，果皮紫黑色，较厚，着色快，果粉中厚。果肉软而多汁，含可溶性固形物16.2%，含酸量0.62%。味甜酸，有浓厚的美洲品种香味，品质中上。

树势强，结果枝率为89.2%，双穗率达91.2%，基芽结实力强，适于中短梢修剪。植株抗寒、抗病力均强。丰产。5年生株产24.6千克，果穗成熟一致，不脱粒。

在辽宁省朝阳地区 5 月初萌芽,6 月初开花,8 月初果实成熟。在沈阳地区 8 月下旬成熟。

该品种适于较寒冷地区及多雨地区栽培,为无核早熟品种之一。

(6) 布朗无核。又名无核红。欧美杂交种。原产美国,1973 年引入我国。

嫩梢绿色,略带暗红色条纹,有稀疏茸毛,幼叶黄绿色,有光泽,叶背密生茸毛。成叶近圆形,浅 3 裂。叶背有稀疏刺毛,叶缘向下卷,锯齿大而钝,叶柄洼全闭合或有小缝。两性花。

果穗圆锥形,果粒着生紧密,平均穗重 450 克,最大达 1 200 克。果粒椭圆形,平均粒重 3.5 克,最大 4.0 克左右,果皮玫瑰红色或粉红色,较薄而韧,肉软多汁,含可溶性固形物 16%,含酸 0.45%,酸甜爽口,有草莓香味,品质上等。耐贮运性较差。

树势较强,结果枝占总芽数的 40%~55%,每个果枝有果穗 1.0~1.5 个,副梢结果能力弱。抗寒,抗黑痘病、炭疽病力强。丰产。

在辽宁省兴城和沈阳地区分别在 8 月上旬和 8 月中旬成熟。生长天数 110 天左右。有效积温 2 360~2 800℃。是无核鲜食、制汁兼用品种之一。

(7) 大粒红无核。原产美国加州。1982 年发表,1984 年引入我国。在辽宁、北京等地区生长结果表现较好。

亲本为皇帝与 Z4-87(多亲本实生苗)杂交育成。

果穗为圆柱形或圆锥形,平均穗重 646 克。果粒长卵圆形,平均粒重 3.8 克。果皮红紫色,皮薄肉脆,无核或残核极小而软,味甜爽口,含可溶性固形物为 15.5%,品质佳。

树势强,结果系数高,丰产。是一个外形美观,大粒、无核、中熟优良品种。但抗炭疽病力差。

(8) 京早晶。欧亚种。是中国科学院北京植物园用葡萄园皇后和无核白杂交育成。现已在北京、河北、吉林、辽宁等地栽培。

树势强。果穗圆锥形,果粒着生中密,平均穗重 420 克,最重达 625 克。果粒卵圆或长椭圆形,平均粒重 2.9 克,最大 3.3 克。果皮薄,绿黄色,透明美观。肉质脆、汁少,浓甜,含糖 20.5%,含酸 0.54%,品质上等。无核,两性花。

结实性较弱,产量中等,每个果枝结 1~2 个果穗。果刷短,易脱粒,要适时采收。北京地区 4 月中旬萌芽,5 月下旬开花,7 月下旬成熟。生长日数与莎巴珍珠相近,为 109 天左右。

抗病性中等。为果粒较大的无核新品种。除鲜食外,还适于制干和制罐。宜在东北、华北、西北地区发展。

(9) 无核白。又名无籽露。欧亚种。原产中亚细亚,主要分布于伊朗、土耳其、阿富汗和叙利亚等国家。为我国新疆地区的主要品种,东北、华北、西北地区有少量栽培。

果穗圆锥形,果粒着生紧密或中密,平均穗重 380 克,最大穗重 1 000 克。果粒椭圆形,平均粒重 1.95 克。果皮薄,绿黄色。肉脆,汁少无核,酸甜。含糖 22.4%,含酸 0.4%,成干率达 20%~30%,是我国制干主要品种。也适于制罐和鲜食。

树势强。结实率高,每个果枝着生两穗果,副梢结实力强。果实成熟一致,不脱粒。新疆吐鲁番地区 4 月上旬萌芽,5 月中旬开花,8 月下旬果实成熟。适于小棚架栽培。在高温、干燥地区,肥水良好条件下,4 年生株产达 6.5 千克。产量中等。抗病力较强,在多雨地区栽培要加强病害防治。

（10）无核红宝石。欧亚种。美国加州大学用皇帝×Pirorano75育成。1968年发表，我国1983年引入。在辽宁、河北、江苏、北京等省市表现较好。

植株生长势旺。果穗圆锥形，果粒着生适中，平均穗重650克，最大达1 500克以上。果粒短椭圆形，平均粒重3.7克，最大4.5克，果皮紫红色，皮薄肉脆，味浓甜爽口，含可溶性固形物17.5%，品质上等。在北京和沈阳地区，果实成熟期分别为9月上旬和9月中旬。产量中等。抗性居中。是中熟、鲜食、制罐的优良品种之一。

二、葡萄苗培育

1. 硬枝扦插

（1）插条准备。结合冬剪从品种特征纯正的优良植株上采集选长生充实、成熟度高、粗壮、芽体肥大饱满、粗度在0.7厘米以上枝蔓。枝蔓越粗成活率越高。

（2）沙藏。标明品种，50根一捆进行沙藏。在地势高、排水良好的背阴处。挖一条深0.6~0.8米的沟，长度、宽度据插条的数量而定。先在沟底铺一层10~15厘米厚的湿沙，然后把成捆的插条平放于沟内，捆与捆之间、插条与插条之间填充湿沙，最多三层。插条中间每隔2米左右竖一直立的草捆，以利上下通气。最上面覆一层草秸，最后再覆20~30厘米沙，寒冷地区随气温下降逐渐加厚覆土。

注意事项：插条在贮藏前用波美5度石硫合剂浸泡1~3分钟，晾干后沙藏。贮藏期间注意温、湿度变化。发生失水可以淋水。

（3）剪取插条。剪成2~3芽、长15~20厘米的插条。具体做法：根据物候，在扦插前从沟中取出插条。在芽眼上方1厘米处平剪，在芽眼下方5~7厘米处斜剪成马蹄形。每20根一捆，下端撅齐。插条上端为平口、下端为斜口。

（4）浸泡。放清水中浸24小时，使其充分吸水，插条浸泡后用ABT生根粉稀释液浸泡插条下端0.5~1小时。

（5）扦插。扦插于营养袋、大田，也可进行温床催根后进行扦插。土壤湿度低时，要浇水或喷水。插条芽眼向上，防止倒插。

（6）成活。

（7）简易扦插法。大田浇水后覆膜，按株距在薄膜上用前端较尖的小木棍在扦插穴上打3个插植孔，间距离10厘米，形成"八"字形。每个扦插孔内斜插1根插条，插条间距离10厘米，形成"八"字形，插条上部芽眼与地膜相平。扦插后插植穴内浇少量水。水渗后用细土在插条上方堆一个高10厘米的小土堆。堆土对插条成活十分重要。等成活后，扒开小土堆。注意事项：出现干旱后用细水沿扦插穴少量浇水，切勿大水蔓灌。

2. 嫩枝扦插

应用于夏秋高温季节，5—7月。用于小量苗木的繁育。

（1）插条选择。选择选无病、粗细适中的健壮枝条，剪下后，剪去叶片，按15厘米左右的长度截段，每段至少含1个饱满的芽。在芽眼上方1厘米处平剪，下端处斜剪成马蹄形，做成扦插段。

（2）扦插方法。用干净的细河沙铺20厘米厚作成苗床。将剪好的扦插段，以枝条与沙床面约45°，斜插入沙床中，并最上端的饱满芽浅埋于沙床面下1厘米左右，且枝条不能露出沙面。扦插后，需保持沙床的湿润，避免阳光直射。

注意事项：细河沙的湿度以手握成团，松手即散为宜。苗床下不积水。可用喷水的方法，提高湿度。

（3）插后观察。扦插后10天，萌动的芽露出沙床面转绿成长。扦插后20天，成长着的芽所在的节长出不定根。扦插后35天，成长着的芽已有2～3张叶子展开，它所在的节已长出大量的幼根，这样，扦插就成功了。

（4）移植。苗木长到10厘米后，移植到大田中。按正常苗期管理，注意保湿遮阴。

3. 嫁接育苗

（1）确定时间。砧木和接穗的枝蔓半木质化时的5月中旬到6月底进行。嫁接前2～3天苗圃浇一次水。

（2）砧木准备。选择生根力强，根系发达的品种，先将砧木离地面5～10厘米处截断。

（3）接穗准备。在通风向阳处，选无病、粗细适中的健壮枝条做接穗，嫁接前20～30天摘除准备做接穗枝条上的果串，促使接穗枝长好。接穗最好就近取材，随采随用。采集后，立即去掉叶片用湿布包好，遮阴备用。

（4）嫁接。在天晴的上午9时以后，18时以前嫁接为好。

①接穗处理：从接穗条上截．取一节接穗，节上留2～3厘米，节下留4厘米左右。用刮脸刀片将接穗下端制成楔形，削面长3厘米，要少削多留，不露或少露出髓部为宜。削面要平直。

②砧木处理：在砧木离地面5～10厘米光滑的处截断，下留2～3片叶子。然后竖切一刀。

③接合：把接穗插入砧木的"V"形开口中，砧木与接穗形成层一定要对齐，皮对皮、骨对骨。注意事项：防止泥土和其他脏物侵入切口。

④绑扎：用塑料条从下向上捆绑。

⑤套袋、剪口、去袋：用塑料袋把整个接穗套住，起到保湿遮雨确保成活作用。接穗有发芽迹象时将套袋剪口透气。当芽1厘米时去袋。

注意事项：天雨或露水太大不宜嫁接；刀具要锋利；下蹬空，上露白。

（5）接后管理。

①浇水：嫁接后，气温高，蒸发大，要注意浇水，保持土壤湿度。

②去副梢：随时检查，及时去掉砧木抽发的副梢。

③去叶：当接穗有2～3片小叶时，去掉砧木上的全部叶片。

④解缚：嫁接成功后，芽眼开始萌动。当接穗长10厘米后，把绑住的塑料带解开。

三、葡萄园四季管理

1. 紧线

把架杆两侧的斜接线做好，然后把横线分布好。采用电工用的紧线器先从最上面一条开始紧，从上到下一条一条的紧，松紧度要一致。线松紧不均，就会导致葡萄枝蔓弯曲。

2. 出土上架

（1）撤土。当地表平均温度在10℃左右（杏树开花）时，撤去2/3的覆土，留下一条宽度为20～30厘米的纵向土丘，不露出枝蔓即可。撤的土回填到秋季取土的地方，露出原土地表面。四五天后再撤掉所有的土。

注意事项：回填土壤和露出原土地表面，有利于提高地温，有利于根系活动，可有效地预防抽条。出现抽条后，将枝蔓顶端插入土壤，可有效的缓解。撤土时间可以避免晚春时节的冻害。枝蔓发芽的，不要碰掉主芽。出土时间选择温度15～20℃的晴天为宜，不要选择有雨的天气。

（2）出土。用带钩的工具把葡萄树从土中钩出来，平放3～5天。从上一年秋季放倒时的最后位置开始操作。

（3）上架。轻轻将葡萄的老蔓慢慢向上拉起至使其根部与地面垂直。注意事项：不要把主芽碰掉。

（4）绑扎。把铁线向下按1～2厘米，使铁线对树体产生一定的拉力，这样可以防止树体弯曲。

注意事项：枝蔓绑扎不能太紧，影响树体生长，也不能让其左右移动。引绑过晚，新梢生长得很长给引绑工作带来困难，枝蔓很难绑直，弯曲的树体给埋土防寒工作带来不良影响。

（5）调整。利于树木通风透光，保证树木间距离均匀，在观察后做小幅度调整。

（6）清土。用铁锹把葡萄池里的土清到池外原来取土的地方，然后把行间的地面平整好。

注意事项：清土时不要弄伤葡萄枝蔓。行内池面宽度1～1.3米。根部的土清除干净，防止嫁接口上部长出接穗的根，降低抗性。

3. 清园药

在葡萄冬芽将萌动时（冬芽呈棉絮状时），喷一遍3～5波美度石硫合剂加200倍五氯酚钠。此次喷药要全面、彻底。树上、地面、立柱、铁丝都要喷遍。

4. 催芽肥水

农家肥撒在葡萄池内深翻入土壤中，浇水前施入尿素15～25千克/亩，70～100克/株。浇水后中耕保墒。或12－8－24＋10Ca复合肥10千克/亩。

5. 抹芽

（1）第一次抹芽。在毛茸茸的芽长出1～2厘米时，每个芽眼会长两个芽，我们要用手轻轻抹去比较小的芽，留一个饱满大而扁的壮芽。

（2）第二次抹芽。待新芽长出4～5片叶子可以看到花序后，第一年挂果，在主蔓上每隔20～25厘米处留一个粗壮、有花序的新梢。第二年或三、四年生葡萄，在结果母枝处留两个粗壮、有花序的梢。其余弱枝、徒长枝以及无花序的枝全部抹去。

（3）第三次抹芽。定梢定枝必须根据品种、树势等决定。去掉过强、过弱枝，强结果母枝上多留新梢，弱结果母枝则少留，有空间处多留，过密处少留。一般中长母枝上留2～3个新梢，中短母枝上留1～2个新梢，要考虑到负载量和架面通风透光性以及品种生长习性，对巨峰等生长较好的品种或单株，在花前应尽量少抹芽梢，坐果后若影响通风透光，可去除一些过密枝。对长势特好的白香蕉品种，一般可大胆按规定抹芽梢。

注意事项：树势强者轻抹，树势弱者重抹。去弱留壮，抹去密、挤、瘦、弱和生长部位不宜及萌发晚的芽。对于3～5芽，应抹去其中的1～2个。抹芽宜早不宜迟。每个结果枝留一个结果，留一个辅养芽。棚架间距20厘米，V架18厘米。

6. 拉穗

2～5叶期用葡丰保拉穗，每30毫升对水15千克喷雾。注意事项：花穗少，气候不良慎用。

7. 催花枝肥水

在开花前10天左右灌水，以满足新梢和花序生长的需要，为开花坐果创造良好的肥水条件。

叶面喷正业钾钙硼锌2 000倍，或比奥齐姆（12－8－24＋10Ca＋TE）800～1 000倍，或翠康金朋液1 500～2 000倍，或翠康钙宝1 000～1 500倍。

根施坐果肥：每亩地追施比奥齐姆（12－8－24＋10Ca＋TE）5～10千克。

注意事项：开花前一定要灌足水，开花期一般不灌水，以防止大量落花果。花期出现严重的干旱可以在葡萄的侧面灌水。

8. 定枝

当新梢长至5～6片叶时，每米主蔓选留6个新梢定枝，选留靠近主蔓生长强壮的新梢，做为结果枝和营养枝（不包括隐芽萌发留做更新用的小枝）。留壮枝去掉弱枝顶端枝条中选出一个最粗最壮的枝条留作延长枝，最好是要最上面那个。

注意事项：按树势定留枝量。

9. 去卷须

卷须尽早剪去，如有人力，可随时发生随时剪除。

10. 绑蔓

（1）"8"字形绑扎方法。用扎绳在架上固定时多采用"8"字形绑扎，可为枝条生长留余地，不伤枝条嫩皮、不滑动、防风。

（2）"凹"字形绑扎方法。特别适合楼顶或高层风大的场合，主蔓固定一般采用。也是建筑工人搭架的标准绑扎方法，既牢固又防滑，日常生活中也能用到。

（3）"腰带"式绑扎方法。缺点多，不采用。

注意事项：绑蔓后，不能影响枝蔓的加粗生长。用弹性大的布条。

11. 摘心

开花前4～7天，结果枝在花穗以上留6～7片叶摘心；营养枝留10～12片叶摘心；延长枝可留21～23片叶摘心。副梢留1叶绝后摘心。第6～7片叶子达到指甲大时，即可摘心。无论叶片大小，无论枝条长短，都是留6～7片叶子。

注意事项：留叶过多导致果串松散，留叶过少导致果穗着色不好。

12. 副梢处理

对结果枝花序以下的副梢全抹去，花序以上的副梢及营养枝副梢可留1片叶绝后摘心也可抹除，新梢顶端1～2节的副梢可留2～3片叶摘心，以后反复按此法进行。

注意事项：对强势新梢的副梢处理同样不宜过重，尽量及时轻摘心，已展开多片叶时，也只掐梢尖，为了不造成郁闭，必须经常处理副梢。

13. 花前喷药

（1）防治时间。开花前2～3天。

（2）防治对象。灰霉病、穗轴褐枯病、炭疽病、白粉病和绿盲蝽、茶黄螨等。

（3）波尔多液＋中性杀虫剂。或50%嘧霉胺1 500倍＋50%异菌脲1 000倍＋4.5%红缟绿1 500倍＋1.8%阿维菌素3 000倍、或0%使百功2 000倍或20%苯醚咪鲜胺1 500倍＋50%卉友5 000倍＋1.8%阿维菌素2 000倍＋20%正业吡虫啉4 000倍。

14. 叶面追肥

（1）每隔4～5天进行一次叶面喷肥，用尿素0.3%的浓度。盛花期也要喷尿素水。

（2）作用。可以促进新梢的生长量增大，加厚叶片和提高叶片中叶绿素的含量。在花前喷施可提高坐果率。

15. 疏花序

疏除过密的穗，一般弱枝不留穗，中庸枝留一穗，壮枝留两穗。

注意事项：每棵树平均留 4~5 个果穗为宜，每棵树须留 15 个不带果穗的营养枝。小果粒品种可适当多留，绝对不能全部留二穗，可隔 1~2 个留二穗的办法。

16. 整果穗

时间：开花前一周。先将花序上的副梢掐去，再把主穗上的大分枝掐去 2~3 个，再将主穗的穗尖掐去整穗的 1/5 或 1/4，穗长 12~15 厘米长最好。然后对花序进行整形，即对留下的支梗中的长支梗掐尖，一般所留支梗数以 13~15 节为宜。

17. 顺穗、摇穗和拿穗

在谢花后的下午进行，结合绑枝梢，把搁置在铁丝或枝蔓上的果穗理顺有空间的位置。同时，将果穗轻轻摇晃几下，摇落干枯和受精不良的小粒。果粒发育到黄豆粒大小后进行拿穗，把果穗上交叉的分枝分开，使各分枝和各果粒之间都有一定的顺序和空隙，有利于果粒的发育和膨大，也便于剪除病粒和喷药均匀。拿穗对穗大而果粒着生紧密的品种作用明显。

18. 疏粒

时间：在盛花后 15~25 天，最迟不能迟于 35 天，在果粒长到黄豆大时。

具体操作：先把小果粒疏去，保留大小均匀一致的果粒再将影响穗形的、过密的果粒剪去，剪去个别突出的大粒和畸形的果粒以及穗轴上向内侧生长的果粒。

注意事项：疏粒越早越好，过迟起不到促进果粒膨大的作用。

19. 去副梢、叶面追肥

第三遍去副梢。叶面追肥要喷施在叶的背面，在温度低时浓度适当高些，温度高时要低些。

注意事项：最好在早晨露水干了以后或傍晚进行，多在要在 10 时前或 15 时后喷洒。中午温度高时，不利于植株对养分的吸收，易发生药害。

20. 催果肥水

亩施尿素 15 千克，20-20-20 含量的复合肥 15 千克。每棵树平均施入尿素 50 克、复合肥 50 千克，用铁锹在两棵树的中间挖一个半锹深（20~25 厘米）的小坑，把化肥撒入坑里，然后覆土填平。以畦灌的果园，浇后要进行中耕松土，以利葡萄呼吸促进生根。在坐果后到浆果着色前需多次灌水，使坐住的果迅速膨大，着色良好。

叶面追肥：每隔 7 天喷一次 0.3%~0.5% 磷酸二氢钾水溶液。

21. 去副梢、叶面追肥

第四遍去副梢，要去得彻底，做得细致，决不留一片新叶。叶面追肥要喷施在叶的背面，在温度低时浓度适当高些，温度高时要低些。

22. 套袋前喷杀菌剂

在套袋之前，应该给整个果园进行一次杀菌剂的全面喷施，重点喷布果穗。喷洒高效、低毒杀菌剂和杀虫剂，如 200 倍的半量式波尔多液 + 中性杀虫剂。也可以在套袋前用甲基托布津 800 倍、疫快净 1 000 倍、福星 700 倍，各自溶解后混在一起的溶液洗果穗。欧美品种可以用过氧乙酸 400 倍液洗果穗。注意事项：不可漏沾和漏喷，不能随意改变药剂浓度。

23. 套袋

时间：座果稳定后，完成了整果穗和疏果粒后，雨季来临前进行。避开雨后高温天气，温差大的天气。沾过杀菌剂的果穗要干燥后进行。

操作步骤：

（1）将袋口端 6~7 厘米浸入水中，使之湿润柔软，便于收缩袋口。

（2）套袋时用手将整个果穗全部套入袋中。

（3）将袋口收缩到穗柄上，用一侧的封口丝扎紧。封口丝上方要有 1~1.5 厘米高的纸袋。

注意事项：一定要在晴天进行。严禁用手揉搓果穗。待果面药液风干后套袋。套后 10~15 天全园摘心，控制新梢，通风透光，促进木质化。

24. 喷波尔多液（同上）

25. 去副梢、叶面追肥

第四遍去副梢。叶面追肥要喷施在叶的背面，在温度低时浓度适当高些，温度高时要低些。

26. 预防烂果和霜霉病

在发病前，结合防治其他病害喷洒波尔多液。发现病叶后喷洒 50% 烯酰吗啉 1 000~1 500 倍均匀喷雾，每隔 7 天喷 1 次，和其他杀菌剂交替使用，64% 杀毒霜净可湿性粉剂 1 000 倍液、69% 霉洁可湿性粉剂 1 500~2 000 倍液。

27. 去副梢、叶面追肥

第五遍去副梢和叶面追肥。

28. 杀菌保护

喷洒 1：0.7：200 倍式波尔多液、70% 代森锰锌可湿性粉剂 500~600 倍液、70% 纯托可湿性粉剂 600~700 倍液、30% 苯醚甲环唑悬浮剂 2 000~2 500 倍液、50% 多菌灵可湿性粉剂 700 倍液。交替使用。注意事项：注重植株下部的叶片，正面和反面都要喷到。

29. 去副梢、叶面追肥

第六遍去副梢和叶面追肥。此时果穗快速着色，需大量的营养来维持果实膨大和后期着色。要去副梢，改善通风透光，节约养分，集中营养供给果粒。注意事项：要去得彻底，做得细致，决不留一片新叶。

30. 着色肥水

每亩追施 8—16—40 复合肥 5 千克。注意事项：在着色前后，控制水量，增加浆果含糖量，提高品质。

31. 除袋

在采收前 8~15 天要除袋，以改善光照条件，利于果实着色和成熟。

32. 喷施葡萄着色剂

在葡萄果实达到软化后，部分果粒转紫色时用该剂稀释 150 倍，对准果穗均匀喷洒。施药后数小时内若发生下雨，可在 7 天后再喷洒一次。果实转色时间不同，也可分批用药。

注意事项：随配随用，配制好的药液不宜久放，不要与碱性农药在一起使用。当葡萄发生严重病害而产生落果时，请不要使用本产品。室内存放，避免暴晒爆冷。

33. 果实采摘

34. 采后肥水

追肥：每亩施肥聚离子生态钾 25 千克 + 多酶金复合肥（16—8—16）40~60 千克 + 花

果多 50~75 千克 + 诺邦地龙生物有机 80~120 千克 + 持力硼 1 千克。采后灌水。

35. 秋施基肥

在距葡萄树的根部 40 厘米处，向外挖一条宽 30 厘米、深 40 厘米的直沟，靠近葡萄树的一面沟壁要铲平，填入腐熟的农家肥，距地面留 10 厘米，充分混合均匀。准备向小沟内灌水。

36. 冬季修剪

（1）副梢全剪，新梢截短。

（2）剪枝时一看、二算、三剪、四复查。首先在骨干蔓上按一定距离选好更新枝留 1~2 个芽长的短截修剪，延长枝上留 4~7 个芽，然后再根据树势，架面大小，留芽量来选择结果枝（即母枝），更新枝选完后，则逐年培养成结果枝组，并对结果枝组实行或单枝更新，以防结果部位外移。

注意事项：剪口在距离芽眼 2~3 厘米处剪截，如果节间比较短，可以在剪口的上一节节部剪断，因为节部有膜封闭髓部，可以防止剪口干枯。在疏去徒长枝，竞争枝，衰弱枝时，剪口上要留 1~2 厘米长短桩，以防剪口紧贴老枝，造成伤口侵入老枝内部，影响老枝生长。剪去老蔓上的枝梢时，不要使伤口过密，以免产生输导障碍，影响植株生长。

37. 防冻水

于土壤结冻后在防寒沟内灌水，有利于葡萄根系的安全越冬。注意事项：土地蓄水不足，造成了冻伤。

38. 清园

（1）物理清园。将果园里散落的树叶、果穗、果粒、修剪落地的树枝集中到一块之后再运到果园外边进行烧毁或深埋。

（2）化学清园。全园喷洒 5 度石硫合剂（石硫合剂的熬制同苹果）。

39. 下架埋土

（1）下架。葡萄枝蔓下架后，要向一个方向顺直，摁倒在畦内，用草绳捆成一束。要先在每株树根部挖个土坑，方便摁倒树蔓，弯曲大的枝蔓也要尽可能地顺直压缩在畦内。

（2）埋土。埋土时要先将枝蔓的两侧用土挤紧，然后再其上方覆盖土，防止枝蔓间有漏空。挖土沟应距离防寒土堆外沿大于 50 厘米，防止侧冻，保证树桩四周根系安全越冬。

注意事项：把埋在葡萄树上面的土块打碎。以葡萄树为中心进行埋土，埋在葡萄树上面的土在 40 厘米厚即可。埋土的时候要轻放，以免砸伤葡萄树。

四、葡萄病虫害防治

1. 葡萄霜霉病

（1）识别。叶片：正面为淡黄色斑点，叶背有白色霜霉状物。逐渐干枯成褐色枯斑，联合成多角形大斑，病叶易脱落。

（2）关键期。阴雨天气极易发生。葡萄开花前后喷保护剂 1：0.5：200 式波尔多液为主。农业防治：降低果园湿度，改善通风透光。

（3）急救防治。喷杀菌剂霜霉净 800 倍加 1% 洗衣粉，烯酰吗啉、甲霜灵、乙磷铝、霜脲氰、霉多克等交替使用连喷 2~3 次，然后喷保护剂波尔多液。

2. 葡萄炭疽病

（1）识别。以危害果穗为最重。果粒表面产生针头大小的褐色圆形小斑点，进而长出轮纹状排列的小黑点，潮湿时涌出粉红色黏液。

（2）关键期。初夏和葡萄着色后是药剂防治的关键时期，6月中旬至7月下旬，每隔15天喷一次药，首次药和第二次药以保护剂1∶0.5∶200倍式波尔多液为主。农业防治：改善通风透光，增施钾肥。人工防治：摘除病穗。

（3）急救防治。杀菌剂炭疽福美1 000倍或50%多菌灵800倍。于翠喜、敌力康、疽击、咪鲜胺、炭疽立克、戴挫霉、腙酰胺等交替使用。

3. 葡萄白粉病

主要为害叶片、新梢及果实等幼嫩器官，老叶及着色果实较少受害芽前芽后是防治最关键期；花前花后至大幼果期为发病高峰期，是干旱病害；目前优秀的杀菌剂有等均有较好的防治效果。

（1）识别。主要为害叶片、新梢及果实等幼嫩器官。果粒：表面产生一层灰白色粉状霉，擦去白粉，表皮呈现褐色花纹。叶片：表面产生一层灰白色粉状霉，严重时病叶卷缩枯萎。枝蔓：初呈现灰白色小斑，后扩展蔓到全蔓发病，由灰白变成暗灰，最后黑色。

（2）关键期。芽后是防治最关键期；花前花后至大幼果期为发病高峰期，是干旱病害。发芽前喷1次3~5波美度石硫合剂，发芽后喷0.2~0.5波美度石硫合剂。

（3）急救防治。戴挫霉、氟硅唑、烯唑醇、十三吗啉、美胺、品劲、敌力康、翠贝等交替使用。

4. 葡萄黑痘病

（1）识别。主要危害葡萄的幼嫩部分。叶片：产生针头大黑褐色斑点，周围有黄色晕圈。幼果：初为圆形深褐色小斑点，后扩大，直径可达2~3毫米，中央凹陷似"鸟眼"状。

（2）关键期萌发后、花序展露、花前、落花后的四次药剂是防治黑豆病的关键。萌发后：3~5波美度石硫合剂，花序展露：科博、必备。花前花后：保护剂1∶0.5∶200式波尔多液。

（3）急救防治。戴挫霉、烯唑醇、霉能灵、苯醚。

5. 葡萄白腐病

（1）识别。从叶尖、叶缘开始出现黄褐色病斑，边缘水渍状，逐渐向叶片中部扩大。新蔓的病斑初呈水渍状，淡红褐色，边缘深褐色。病斑扩大，叶片萎黄逐渐枯死。

（2）关键期。阻止白腐病孢子传播是最好的措施；此外注意落花后到封穗期的规范化保护。

（3）急救防治。保护剂：科博、福美双、炭疽福美、喷克、富露。治疗剂：氟硅唑、苯醚甲环唑、烯唑醇、戴挫霉。

6. 葡萄轴穗褐枯病

（1）识别。分枝穗轴：初期水渍状褐色小斑点，迅速扩展，失水干枯，变为黑褐色，果穗随之萎缩脱落。病部表面有时产生黑色霉状物。幼果粒：初期形成深褐色至黑色圆形小斑点，仅限于果粒表皮，随后变成疮痂状，当果粒长到中等大小时，病痂脱落。

（2）关键期。芽萌动后喷清园剂波美3度石硫合剂，重点喷结果母枝，消灭越冬菌源。花期喷50%托布津500~600倍液或50%多菌灵800~1 000倍液。

（3）急救防治。戴挫霉、氟硅唑、烯唑醇、十三吗啉、美胺、品劲、敌力康、翠贝等交替使用。

7. 葡萄灰霉病

（1）识别。花前在花蕾梗、花冠上发生，呈淡褐色。花后发病于穗轴。发病严重时，整花穗腐烂，称为"烂花穗"。成熟期侵害果粒，变褐腐烂，并在果皮上产生灰色霉状物。

（2）关键期。花前、封穗前、转色期交替使用50%速克灵2 000倍液、50%扑海因1 500~2 500倍液、50%农利灵500~600倍液都有很好的防治作用。

（3）急救防治。戴挫霉、嘧霉胺、腐霉利、多氧霉素、灰清、扑海因、25%的敌力脱等。

8. 绿盲蝽

（1）识别。成虫和若虫刺吸为害嫩叶，嫩芽等幼嫩组织。卵产于嫩茎、叶柄、叶脉或芽内。

（2）关键期。清园、刮老皮消灭越冬虫。萌芽期喷菊酯类杀虫剂。

（3）急救防治。严重时候搭配吡虫啉等使用。

第三章 食用菌栽培技术

第一节 平菇

一、概述

（一）平菇栽培发展的历史

平菇是著名中外的食用菌之一，它的栽培史很短，21世纪初先从意大利开始进行木屑栽培的研究，1936年前后，日本森本老三郎和我国的黄范希着手瓶栽，以后种植日益增加。特别是近几年来我国、德国、日本、南朝鲜利用稻草。1972年河南刘纯业首先用棉皮生料栽培平菇成功，同年江苏人发明人防工程栽培平菇，1978年河北晋县用棉籽壳栽培又获得大面积高产，从而引发了食用菌的产业革命，我国现今在生产上使用的凤尾菇菌种系从国外引进。1980年3月香港中文大学张树庭回国讲学时把凤尾菇菌种送给中国科学院微生物研究所。1980年12月福建省农业科学院副院长刘中柱，中国农业科学院费孝通出访澳大利亚悉尼回国后把该校的凤尾菇菌种引到福州及江苏用稻草进行栽培试验，因稻草栽培凤尾菇效率极高很快引起了人们的兴趣。

平菇发展之所以如此迅速，是因为它具有好多优点。

（1）营养价值高。平菇肉质肥厚，蛋白质含量高，含有18种氨基酸、多种维生素和微量元素，其中8种氨基酸是人体生理活动所必需的。如经常食用平菇，可以减少人体胆固醇含量，降低血压。有些资料介绍，还有防癌、抗癌的功效。

（2）适应性很强。平菇生命力旺盛，平菇生态平菇的适应性极强，在我国分布极为广泛，自秋末至冬初甚至夏季初均有生长，在杨树、柳树、榆树、枸树、栎树、橡树、法国梧桐等枯枝朽树桩或活树的枯部分常有簇状生长。不论是欧洲、美洲、澳大利亚，还是日本、印度都有分布。我国1975年以前沈阳农学院就推广平菇栽培，到1978年全国才初具规模栽培。从上海、云南、福建、四川、湖南、湖北、江西、浙江、山西、河北直到东北地区从秋末至冬春，甚至初夏都可生产，目前以陕西、河北、山东、江苏、河南、贵州利用防空洞栽培非常盛行。阳畦栽培，部分省已具相当规模。

（3）原料来源广泛，生长周期较短，生物效率高。目前除了用长段木、短段木或树枝进行人工栽培外，也可以利用工业、农业、林业产品的下角料、麦秆、稻草、玉米芯、棉籽壳、甘蔗渣、木屑等生料或熟料进行大规模工厂式生产。不但原料来源非常广泛，而且经济效益很高。如50千克棉籽壳能产鲜菇60千克，0.5千克麦草粉可收0.5千克鲜菇。生物效率一般都在40%~120%。

（4）栽培方式多样。林区利用段木栽培。城乡主要在室内外、地道，利用木箱、床架、阳畦等进行生产。

(5) 销路广。平菇味道鲜美、价廉，能大量内销，还可出口，很有发展前途。

(二) 平菇的利用价值

1. 平菇的营养

食用的新鲜平菇含水量在 85.7%~92.85%，游离氨基酸种类有天门冬氨基酸、苏氨酸、丝氨酸等 23 种之多。特别是谷氨酸含量最高。总氮含量在 2.8%~6.05%，总糖含量在 26.8%~44.4%，水溶性糖含量在 14.5%~21.2%。其他磷、钾、镁、钼、锌、铜、钴和维生素 C 等含有一定数量，据天淑贞、沈国华资料，平菇（鲜样品测定）含蛋白质 30.4% 脂肪 2.2% 碳水化合物含量 57.6，其无氮物 48.9%，纤维 8.7%，灰分 9.8%。据日本 1983 年菇类年鉴，平菇（阔叶树枯木生长）矿质元素含量 K_2O 64.26%，Na_2O 2.92%，Fe_2O_3 2.56%，Al_2O_3 0.07%，MgO 3.83%，MnO_4 0.05%，CuO 0.42%，ZnO 0.07%，CaO 0.42%，SO_2 1.97%，Cl 0.00，P_2O_5 22.91%，SiO_2 0.63%，二氧化碳及其他 0.25。汪麟等分析测定平菇（糙皮侧耳）含氨酸量为（单位为毫克/100 毫克）：异亮氨酸 0.60，亮氨酸 1.02，赖氨酸 0.98，蛋氨酸 0.42，苯丙氨酸 0.98，苏氨酸 0.78，缬氨酸 1.30；非必需氨酸：酪氨酸 0.55，丙氨酸 0.93，精氨酸 1.01，天门冬氨酸 1.86，谷氨酸 2.40，甘氨酸 0.76，组氨酸 0.39，脯氨酸 0.57，丝氨酸 0.48，氨基酸总量 15.39；必需氨基酸 6.08，必需氨基酸占按基酸总量的 39.50%。其维生素含量平菇为：硫胺素（维生素 B_1）0.40 毫克/100 克鲜样品，核黄素 0.14 毫克/100 克鲜样品烟酸 10.7 毫克/100 克鲜样，抗坏血酸 9.30 毫克/100 克鲜样品，麦角固醇（D 原）120 毫克/100 克鲜样品。平菇共含有 23 种氨基酸。有人报道每 100 克鲜菇中含热量达 328 千卡。

2. 药用价值

平菇性温微寒，可健胃、降血压，抗肿瘤。平菇具有追风散寒疏筋活络、降血脂、降血压、性甘平、裨益气，可预防动脉硬化、祛风湿之作用，经常食用具有良好的保健作用。

3. 保健作用

平菇不含淀粉，脂肪含量少，是糖尿病人和肥胖者的理想食品。

4. 开发利用价值

侧耳属真菌易于栽培，产量大，是重要的食用和药用经济真菌。据了解，侧耳属食用菌的产量占世界蘑菇总产量的 1/4 左右。主要的栽培种类有：糙皮侧耳 *Plurotus ostreatuse*；漏斗状侧耳 *P. pulmonarius*；金顶侧耳 *P. citrinopileatus*；囊状侧耳 *P. cystididus*；扇形侧耳 *P. flabellatus*；美味侧耳 *P. sapidus* 和阿魏侧耳 *P. eryngii var. ferulae* 等。近年来，又有一些新的栽培种类从国外引进，如红平菇 *P. djamor*、杏鲍菇 *P. eryngii*、佛州侧耳 *P. florida* 等。

侧耳属真菌由于它是属于木腐菌而易于栽培，在我国及东南亚各国均有悠久的栽培历史。侧耳属真菌含有丰富的营养成分，如蛋白质，人体必需氨基酸，K、P、Mg、Ca、Fe、Mn、Cu、Zn 等多种微量元素，有机酸，脂肪及脂肪酸，糖和复杂多样的香气成分。研究证明，侧耳属真菌的药用价值也是很高的。如漏斗状侧耳的水提物通过静脉输入后使大鼠的血压明显下降；糙皮侧耳不仅其子实体能够降低血脂和胆固醇，其多糖也有抗肿瘤活性；金顶侧耳的多糖 PC-4 对小鼠移植肿瘤抑制率为 67%；糙皮侧耳和金顶侧耳也有清除 OH-自由基的活性。

二、平菇的生物学特性

（一）平菇的分类学地位

商业上所称的平菇与生物学上的平菇是两个概念，一般商业所指的平菇是担子菌纲伞菌目侧耳科侧耳属中几个种的统称。它主要包括糙皮侧耳、美味侧耳、佛罗里达侧耳。生物学分类上的平菇是指糙皮侧耳。

平菇（*Pluribus*）又名侧耳，国外有娃菌、人造口蘑之称。在我国根据形态、特征、习性等差别又有不同的名称。如天花蕈、鲍鱼菇、北风菌、冻菌、元蘑、蛤蜊菌、杨树菇等。

平菇在分类学上属担子菌纲、伞菌目、白蘑（侧耳）科、侧耳属。

目前栽培的主要种类有糙皮侧耳、美味侧耳、白黄侧耳、凤尾菇等。

（二）我国常见侧耳属的种类

我国目前包括野生和引种栽培的已知种类达 36 种，是侧耳属真菌种类资源较为丰富的国家之一。

侧耳属真菌的一般特征：子实体比较大，呈典型的扇形或半圆形。有柄或无柄，如有柄则为侧生或偏生，实心，多无菌环。菌肉白色，肉厚。单型菌丝系统，具锁状联合。与香菇属比较缺乏菌丝柱。孢子印白色，孢子椭圆形。圆柱形或柱形，无色，非淀粉质。多数生于阔叶树干、枯立木或倒木上。分布于世界各地。

国内平菇最多的是褐色的糙皮侧耳，如 89、33；其次是黑褐色的美味侧耳，白色的佛罗里达。平菇因其菌盖似贝壳故又名耗菇。

国内已知侧耳种类。

（1）鲍鱼侧耳。鲍鱼菇、台湾平菇、高温平菇、平菇 *Pleurotus abalonus* Han K. M. Chen et S. Cheng 夏季生于榕树等阔叶树干上，分布四川、中国台湾、福建、广东，食用。

（2）白侧耳。淡白侧耳 *Pleurotus albellus*（Pat）Pegler 夏秋季节生于腐木，分布于广东、海南食用。

（3）鹅色侧耳。短柄侧耳 *Pleurotus anserinus*（Berk）Sacc 夏秋季节生于桦、栎等阔叶树上，分布于四川、西藏自治区（以下简称西藏）、云南食用。

（4）薄皮侧耳。*Pleurotus chionus*（Pers）Fr 生于阔叶树上的枝上或蕨类的杆上，分布于广东。

（5）金顶侧耳。金顶蘑、榆黄蘑、核桃菌、黄冻菌 *Pleurotus citrinopileatus.* Sing 夏秋季生于榆栎等阔叶树倒木或枯立木上，分布于黑龙江、吉林、辽宁、河北、山西、湖南、四川、广东、西藏食用与药用。

（6）黄白侧耳。美味侧耳、小平菇、姬菇、紫孢侧耳、白黄侧耳 *Pleurotus cornucopiec*（Paul.：Pers）Rool Rolland 春秋生于阔叶树枯木上，分布于黑龙江、吉林、河北、河南、陕西、山西、山东、湖南、江苏、浙江、安徽、江西、广西壮族自治区（以下简称广西）、海南、云南、四川、新疆维吾尔自治区（以下简称新疆）、西藏食药用。

（7）裂皮侧耳。*Pleurotus corticatus*（Fr）Quel 秋季生于阔叶树腐木上，分布于黑龙江、吉林、河北、甘肃、广西、新疆、香港食用与药用。

（8）杯状侧耳。小白轮 *Pleurotus craterellus*（Dur. et Lev）Sacc 生于阔叶树枯枝上，分布于湖南、湖南、广西。

（9）盖囊侧耳。盖囊菇、鲍鱼菇、台湾平菇、高温平菇、泡囊侧耳 *Pleurotus cystidiosus*

O. K. Miller 夏秋季生于阔叶树枯木上，分布于福建、中国台湾、广东食用。

（10）淡红侧耳。红平菇、泰国红平菇、*Pleurotus djamor*（Fr）Boedjin 夏秋生于泛热带地区的阔叶树木的枯杆上，分布于华南地区食用。

（11）栎生侧耳。*Pleurotus dryinus* Pers：Fr 秋季生于多种阔叶树上，分布于黑龙江、吉林、河北、四川、贵州、新疆、福建食用。

（12）刺芹侧耳、杏鲍菇、杏仁鲍鱼菇。*Pleurotus eryngii*（DC.Fr）Quel 春季生于伞形花科植物刺芹的根部，福建、中国台湾引进种食用。

（13）阿魏侧耳、阿魏蘑菇、白灵菇、白灵侧耳、阿魏蘑。*Pleurotus eryngii*（DG.Fr）Quel. var. *ferulae* Lanzi 春季生于伞形花科植物阿魏的根部分布于新疆食用与药用。

（14）白阿魏侧耳、白阿魏蘑。*Pleurotus eryngii*（DG.Fr）Quel. var. *nebrodensis* Inzengae 春未生于阿魏根上，分布于四川、新疆食用与药用。

（15）阿魏侧耳托里变种。*Pleurotus eryngii*（DG.Fr）Quel. var. *tuoliensis* Mou 春季生于阿魏根上，分布于新疆食用与药用。

（16）真线侧耳、扇形侧耳、扇形平菇。*Pleurotus eugrammeus*（Mont）Dennis 春至秋季生于阔叶树腐木上，分布于海南、云南、四川、西藏、广东食用。

（17）扇形侧耳。*Pleurotus flabellatus*（Berk. Ex Br）Sacc 夏秋季生于树桩上，分布于四川、云南、广东、西藏食用。

（18）柔膜侧耳、小亚侧耳。*Pleurotus flexilis* Fr 生于混交林内枯枝及倒木上，分布于中国香港食用。

（19）佛罗里达侧耳、佛罗里达侠、佛州侧耳、华丽侧耳。*Pleurotus florida* Bger 夏秋季生于杨、栎等阔叶树干上引进栽培种。

（20）腐木生侧耳、腐木侧耳、木生侧耳。*Pleurotus lignatilis*（Pers.：Fr）Sing 秋季生于等阔叶树腐木上，分布于吉林、四川、广东、西藏、中国香港。

（21）小白侧耳、*Pleurotus limpidus*（Fr）Gill 夏季生于阔叶树倒木上，分布于黑龙江、吉林、广东、广西、云南、西藏、甘肃、青海、新疆、中国台湾食用。

（22）温和侧耳 *Pleurotus* Pers *mitis*（Pers.：Fr）Quel 生于腐木上，分布于广东、海南。

（23）蒙古侧耳。*Pleurotus mongolicus* Kalchbr Bull. 生于阔叶树干上，分布于内蒙古自治区。

（24）黄毛侧耳 *Pleurotus* Pers *nidulans*（Pear.：Fr）生于阔叶树倒木腐木上，分布于黑龙江、吉林、甘肃、新疆、青海、广东、广西、四川。

（25）薄盖侧耳。*Pleurotus ninguidus*（Berk）Secc 夏秋季生于阔叶树腐木上，分布于西藏、云南。

（26）侧耳、平菇、北风菌、粗皮侧耳、糙皮侧耳、青蘑、冻蘑、天花菌、鲍鱼菇、灰蘑、黄蘑、元蘑、白香菇、杨树菇、傍脚菇、边脚菇、青树窝、哈蜊菌。*Pleurotus ostreatus*（Jacq.：Fr）Quel Kummer 春秋季生于各种阔叶树干上，分面布于河北、山西、内蒙古自治区、黑龙江、吉林、江苏、山东、河南、湖南、江西、陕西、甘肃、四川、新疆、西藏、广东、广西、云南、贵州、浙江、安徽、福建、中国香港、中国台湾食用与药用。生产中的糙皮侧耳又称灰平菇。

（27）宽柄侧耳。*Pleurotus platypodus*（Gke.：etMass）生于阔叶树腐木上，分布于海南。

（28）贝形侧耳。*Pleurotus poorigens*（Pars.：Fr）Gill 生于针树腐木上，分布于吉林、山西、安徽、福建、河南、湖北、广东、云南、贵州、四川、西藏。

（29）漏斗状侧耳、凤尾菇、印度鲍鱼菇、喜马拉雅山平菇、环柄平菇、肺形侧耳。*Pleurotus pulmonarius*（Fr）Quel P. Sajor-caju 春夏秋生于阔叶树干上，分布于黑龙江、陕西、河南、湖南、福建、云南、广东、广西、海南、西藏、中国台湾食用。

（30）粉褶侧耳、粉红褶侧耳。*Pleurotus rhodophyllus* Bres 夏秋季生于阔叶倒木枯木上，分布于吉林、海南、湖南、福建、广东食用。

（31）桃红侧耳、草红平菇、桃红平菇、红平菇。*Pleurotus salmoneostramieus* L. Vass 夏秋生于阔叶树倒木枯木树桩上，分布于东北、福建、江西食用。

（32）紫孢侧耳、美味侧耳、青菇。*Pleurotus sapidus*（Schulz）Sacc 夏秋季生于杨树等阔叶树枯立木倒木枝条上，分布于黑龙江、吉林、辽宁、河北、甘肃、陕西、河南、湖南、山东、江苏、安徽、浙江、江西、四川、云南、贵州、广东、广西、海南、新疆食用。

（33）小白扇侧耳、小白扇。*Pleurotus septicus*（Fr）Quel 生于阔叶树倒木腐木上，分布于河北、山西、福建、广东、云南、海南、中国香港食用与药用。

（34）长柄侧耳、灰白侧耳、匙形侧耳、灰冻菌。*Pleurotus spodoleuscus* Fr 秋季生于阔叶树干上，分布于吉林、云南、贵州、西藏、海南、中国香港食用与药用。

（35）具核侧耳、菌核侧耳、核平菇、虎奶菇、茯苓侧耳。*Pleurotus. tuber-regius*（Fr）Sing 夏秋生生于柳叶桉等阔叶树的根或埋木上，分布于云南食用与药用。

（36）榆侧耳。*Pleurotus ulmarius*（Bull.：ex Fr）Quel 秋季生于榆树或其他阔叶树干枯上，分布于吉林、青海食用。

（三）平菇的形态特征

平菇与其他食用菌基本相同，也是由菌丝体和子实体两大部分构成。

1. 菌丝体

菌丝体为白色多细胞的丝状物，具分枝和横隔，呈绒毛状；菌丝有明显的锁状联合。菌丝体为白色绒毛状，在 PDA 培养基上，有的高低起伏向前延伸，形似环轮；有的匍匐生长。单根的菌丝很细，只有一根头发的五百分之一，肉眼观察需要放大 600 倍才能看到。成千上万的菌丝集在一起成为菌丝体。菌丝体是平菇的营养器官，主要吸收利用培养料中的纤维素、氮素、磷、钾、镁等养分。

2. 子实体

子实体由子实体由菌盖、菌柄、菌褶和担孢子组成。菌盖或扇状、或贝壳状，子实体常呈复瓦状丛生，菌柄基部互相连结，有些叠生，有的单生（如凤尾菇），一般 4~16 厘米。也有人认为菌盖是 5~21 厘米直径，肉质肥厚，中央常下陷，边缘且上翘，中上央入处有棉絮状绒毛堆积物，老熟后菌盖边缘炸裂，表面裂。菌盖在不同时期颜色不同，幼时多为深灰色，以后逐渐变浅。菌柄侧生或偏心生，人称侧耳，就根据这一形状而起名。在段木上生长时近乎无柄。瓶栽或床栽，菌柄均伸长。一般长 3~5 厘米或 8 厘米以上，长短与品种、温度和空气质量相关。菌柄粗 1~4 厘米，色白、中实、上粗下细，平菇菌柄基部常有白色绒毛覆盖。白平菇自幼至大均为白色。菌盖的颜色与光照强度密切相关。光强色重，光弱则色浅。菌盖下生有数百条长短不等的菌褶，菌褶形如伞骨，长短不一，菌褶本身为一薄片，白色质脆易断。长褶由菌盖到菌柄，为延生，短褶仅在菌盖边缘有一小段，形如扇骨。菌褶两侧生有子实层、担子和担孢子。孢子的数量受菌盖大小影响，一般每个平菇子实体可产孢子

633亿~855亿个孢子，形似圆柱，光滑无色。

平菇按其菌盖颜色可分为以下几种。

（1）深灰色种。菌盖深灰色至灰色，低温时呈铅黑色，多为低温品种。

（2）浅灰色或灰白色种。菌盖浅灰至灰白色，多为中温或中温低温品种，子实体组织较疏松，柔韧性较差，多数的美味侧耳种内的品种都属于此类。

（3）乳白色种。暗光条件或室内栽培条件下，菌盖乳白色，但在光照较强或低于最适出菇温度的条件下，菌盖呈不同程度的棕色或棕褐色，多为中高温的佛罗里达侧耳种的品种或有该种作亲本的杂交种。

（4）白色种。无论光照强度多大，子实体色泽均呈纯白色，这多数为糙皮侧耳的突变种。

（5）变温变色种。这类品种多出菇温度范围较广的广温型品种，在较低温度下，呈深灰色或深褐色，在其适宜生长发育的温度下呈灰色或浅灰色，在较高温度下呈污白色。

（四）平菇的生育阶段

1. 菌丝体

（1）单核菌丝。食用菌的担孢子萌发形成管状有分枝的单核菌丝，此过程时间短，单核菌丝无结菇能力，即在生产上除非我们用单个孢子进行繁殖形成的菌丝体，形成的菌丝体才会出现不结菇的单核菌丝体。如采用大剂量的孢子繁殖，无结菇的单核菌丝是不存在的。

（2）双核菌丝的形成。单核菌丝存在时间较短，遗传上异质可亲和的两条单核菌丝进行质配，即菌丝接触融合，细胞质进行交配，形成双核菌丝。

（3）三次菌丝阶段。双核菌丝达到生理成熟，在适宜条件下便高度分化，菌丝变得更粗壮，更组织化，互相扭结，形成子实体原基后，部分原基形成菌蕾，再经桑椹期、珊瑚期、发育成有菌柄的子实体。

2. 子实体

平菇子实体的形成，依次经过3个时期。

桑椹期：在培养基上，菌丝发育到一定阶段，形成一小堆凸起，即菌蕾堆，形似"桑椹"，是子实体形成初期的特征。

珊瑚期：珊瑚期3~5天后，就逐渐发育成珊瑚状的菌蕾群，小菌蕾逐渐伸长，中间膨大成为原始菌蕾。在条件适宜时桑葚期仅在12小时就转入珊瑚期。

形成期：在珊瑚期所形成的原始菌柄逐渐加粗，顶端发生一枚灰黑色的小扁球，这就是原始菌盖，经几天后，就可发育成子实体。子实体成熟后，弹射出孢子。

（五）平菇的种性

（1）温型性。20℃左右为最适出菇温度，20℃以上也能出菇的品种为高温型。10℃为左右最适出菇温度，5℃左右也能出菇的品种为低温型。10~20℃为最适出菇温度，低于5℃高于25℃不出菇为中温型。平菇温型之间没有明显的界限，并且随技术的提高，温型越来越模糊。即是广温型，也有其生产的最适温度，其他温度下生产则不经济。温型是人们对品种的一个人为的划分。

（2）抗逆性。抗逆性即平菇菌丝抵抗杂菌的能力，抗杂力强的品种在发菌及出菇阶段不易污染，抗杂菌性与菌丝生长速度健壮状况及菌龄有密切的关系。

（3）形态。一般单生和丛生属中高温型，叠生属于低温型。

（4）菇质。低温型平菇不论营养成分还是味道都较好，高温型品质较差，营养成分及味也较差，颜色较淡，一般有白色、红色、黄色等。中温型平菇品种乳白色较多，易于栽培，低温型平菇颜色较深，大多是灰色或深灰色。

三、平菇生长发育对环境条件的要求

平菇在生育的全过程中，有自己特有的规律。在一定的环境条件下生存，因此生长发育，同环境条件有密切关系。了解平菇的生长规律，对获得最佳经济效益是很重要的。在平菇的生育中，最重要的环境因素有温度、湿度、水分、光线、空气、营养以及酸碱度等条件。

（一）对营养的要求

平菇属异养型木质腐生菌类，分解木质素和纤维素的能力很强，对营养的要求不严格。在自然情况下，能在许多阔叶树和倒木或树桩上生长。目前栽培中除利用适生树种榆、柳、胡桃等段木外，还可利用农副产品下脚料中的棉籽壳、玉米芯、麦草粉、甘蔗渣、豆秸、树叶和玉米秆等。平菇在松木屑、柳木屑、柏木屑上生长也好。

现在全国各地农村栽培平菇利用最多的是棉籽壳。据有关资料介绍，全国每年产棉籽壳200万~300万吨，其中含有大量有益的物质。如多缩戊糖22%~25%、纤维素37%~48%、木质素29%~32%、脂肪6%、蛋白质50%、纤维5%、棉毒酚1.2%、游离脂肪酸1.8%、有效赖氨酸3.6（克/磅氮）。用它作培养料比木屑、玉米芯等效果要好。棉籽壳栽平菇一般每千克可产鲜菇0.6~1.2千克。

氮源主要是蛋白胨、尿素、丙氨酸、亮氨酸等。蛋白胨是侧耳的最好氮源，另外天门冬酰胺也很好，谷氨酸很差，有机氮肥源用于提高菌丝的蛋白质产量。杉森等人证明，有机氮中酵母膏、肉膏有利于子实体的形成，天门冬酰胺是原基分化必须的氮素营养，高浓度的乙醇和酵母膏有助于菌丝生长，但对子实体的形成不利。无机氮源以硝酸钾最好，尿素也是平菇很好的氮源。

在培养料中，适当加些米糠、麦麸、玉米面等营养物质，可促进菌丝生长发育，提高产菇量。硫酸铵、硝酸铵、磷酸铵、尿素等无机氮平菇亦可利用。

平菇菌丝生长阶段对培养料的 C/N = 20：1，出菇阶段为（30~40）：1。配料时应当注意。

食用菌栽培中其微量元素的使用非常重要，另外还需要矿物质的盐和微量元素，如磷、钙、镁、钾、铁、钼等，这些物质一般原料中均有，不需另加。

可在废棉中加入5%~10%的谷壳改善通报气条件，废棉加10%~20%谷壳。稻草中加入20%~40%棉皮增加营养水平。

（二）对温度的要求

平菇为低温菌类，平菇在不同的发育阶段对温度的要求是不同的。

平菇孢子形成的温度范围0~30℃，以12~20℃为宜。孢子萌发对温度要求较严格，在13~28℃的范围内都能萌发，但以24~28℃时萌发最好。孢子在水和培养液中容易萌发，经3~4天就可见菌丝。孢子在2~4℃冰箱中生活力可保持1年以上，若在常温下生活力只能保持3~4个月。

平菇的菌丝在4~35℃都可生长，最适生长温度22℃左右，24~27℃为适宜温度；低于4℃生长缓慢，15℃以下菌丝生长缓慢。30℃以上逐渐减慢慢生活力下降，高于35℃几乎停止生长，40℃以上很快死亡。菌丝的耐寒能力很强，在-30℃也能存活。料温32℃（超过）

菌丝生长时候受抑制，料温40℃时，菌丝2小时内几乎全部死亡。

子实体的生长温度因品种不同而有较大的差异，但大多数在8～20℃范围内生长良好，最适15～16℃。温度高子实体生长快。7℃以下子实体生长极为缓慢，高于25℃子实体难以形成。高温品质往往较差，适宜偏低的温度下形成的菇体厚而韧，色深，品质优。在生产中；一般深色的品种其出菇适温较低，浅色的品种其出菇适温偏高。台湾白平菇属例外，出菇温度在4～24℃，为低温品种，无论出菇时温度高与低其菇体均为洁白色，但温度高时略带黄色。10℃以下子实体生长缓慢20℃以上品质较差或形成畸形菇，甚至不能形成子实体。

平菇是变温结实性菇类。生殖生长时期，温差变化有利于出菇。变温（昼夜温差大）对子实体分化有促进作用，春秋两季变温适宜平菇的生长。

按照平菇生长发育对温度的要求，恰当地选择播种期，是栽培成败的关键。我国幅员辽阔，以季节来划分栽培时间，南北差距很大，无法统一。因此，应以平菇生长的温度要求来安排栽培时间。由于菌丝生长与子实体生长温度相差较大，即前高后低，因此在安排栽培时间时，必须选择既有利于菌丝生长所需的温度，又利于子实体生长所需温度。大部分省份可安排在春秋两季。春季栽培，在时间安排上宁早勿迟。如陕西和临近几个省，栽培迟于4月就会完全处于被动局面。秋季栽培气温由高到低逐渐下降，符合平菇栽培前高后低的要求。总之，栽培时间的选择，应考虑多方面因素，如室内栽培和露地栽培在时间的选择上，也因室内外温度的差异而有所不同；秋季栽培符合平菇发育对温度的要求，可获得高产。仅春季低温发菌虽时间长一些，但不易污染杂菌，只要加强管理，同样可获得比秋季还要理想的产量。应坚持首先必须满足子实体生长所需要的温度，然后再照顾菌丝生长所需的温度。

（三）对水分的要求

平菇喜湿，且耐湿性较强。在人工栽培平菇过程中，不同生育阶段对湿度要求不同。菌丝体发育阶段，要求栽培料的含水量在60%～65%较宜，空气相对湿度不得高于65%，若低于30%则菌丝生长受到抑制，甚至死亡。

子实体发育阶段要求空气相对湿度为80%～90%。在40%～45%的湿度中小菇干缩，55%时生长慢；湿度超过95%时菇丛虽大，但菌盖薄，无韧性，且易变色、腐烂和感染杂菌，有时还会使菌盖之上再发生大量小菌蕾。即"再生现象"。

而子实体生长发育阶段则要求培养料含水量需达到65%～70%为宜。

培养基含水量65%～70%。当空气湿度降到40%～50%时，子实体不再分化，即使分化的幼蕾也会干枯死亡。低于60%（空气）侧耳子实体的生长就会停止，平菇在较干燥的环境下，也可造成菌盖龟裂，形成花菇。

（四）对光照条件的要求

平菇的菌丝生长阶段无需光线，菌丝在黑暗中能正常生住，有光反而使菌丝生长速度下降，但强光照射反而不利于菌丝生长。

在菇体生长阶段光线强则色深；光线弱则菇体色浅。一般情况下，菇棚内的光线以能看清报纸正文即可。

（五）对空气环境的要求

平菇为好气性真菌类，其菌丝生长和子实体生长发育均需要大量的氧气。平菇在进行呼吸过程中，吸收氧气排出二氧化碳，通常在菌丝生长阶段，对空气中氧的要求比较低，所以能在塑料袋内或薄膜覆盖下健壮生长；而在子实体形成阶段，对氧气的需求迅速增加。在栽培时，空气中的二氧化碳含量不宜高于1%，缺氧时不能形成子实体。即使形成，菌柄也长，菌盖薄而小，常不发育，有时菌盖上产生许多瘤状突起。所以在栽培时注意菌丝可以在半嫌气条件下生长，而子实体则直在通风的条件下培育。熟料栽培时对二氧化碳反应较迟纯；生料栽培则反应敏感。在菌丝生长阶段一旦缺氧菌丝生长就会变缓慢甚至停止生长。严重时会诱发杂菌的发生。

在原基发生时期，如果二氧化碳含量高，则原基发生困难；或原基发生后不能形成菌蕾，而进一步继续分化原基，形成原基球即菜花状；菇体生长过程中如二氧化碳含量高；则导致菌柄基部粗大。上部细长，菌盖小并有瘤状物，形成畸形；严重缺氧时会造成窒息死亡。

菌丝生长阶段，要适当的通风换气，否则菌丝生长缓慢或停止生长。子实体形成阶段须有良好的通风条件，在缺氧的条件下不能形成子实体。二氧化碳过多会造成子实体根粗、柄长、盖小。出现各种各样的畸形菇，严重的会死亡。但出菇要防止强风直接吹菌床期（袋）。糙皮侧耳的菌丝体在二氧化碳浓度达20%~30%（V/V）时的生长量比在一般条件下培养增加30%~40%，(但必须是熟料) 双孢菇在20%（V/V）其菌丝生长量只有正常空气下的10%，蘑菇、草菇的菌丝体在10%（V/V）二氧化碳环境中生长只有正常条件下的40%。子实体在0.03%~0.1%二氧化碳环境中才能形成。当空气中二氧化碳浓度达到0.06%时菌柄变长、菌盖发育受阻产生畸形。平菇从营养生长转到生殖生长，氧气的需要量低一些，二氧化碳浓度可控制在0.16%左右，子实体一旦形成，呼吸作用加强，对氧的需求增加，此时，二氧化碳浓度必须降到0.1%以下，通气不良时，平菇子实体柄长薄盖而少，严重时平菇原基不断分化，菌柄丛生并分叉，菌盖发育不良，形成菜花状的畸形菇。二氧化碳0.06%时菌柄延长，超过1%时出菇就会受影响，难以形成菇蕾。

（六）对环境酸碱度的要求

平菇喜欢在偏酸性环境中生长；菌丝生长阶段的最适 pH 值为 5~5.5，当其大于7时，菌丝生长受阻碍，达到8时停止生长。

配制培养料时，可将其调整在 pH 值6.2~7.0，经高压灭菌后可达最适 pH 值。生料栽培时，平菇生长中因其新陈代谢而产生的有机酸，也会使 pH 值下降，所以在培养料调制时应适当调高一些，才能使平菇在最适条件下生长。一般棉籽壳培养基及其他培养基，在干料中加入1%消石灰，可使其出值提高到6.5~7。

平菇菌丝 pH 值范围适应很广菌丝，3~10 都能生长。在 pH 值3.5~9.0 范围内均可正常生长，最适为5.5~6.8（8）。在生料栽培中常将基质的酸碱度调至7.5~8.5 以抑制霉菌的滋生。现在生料栽培中以 pH 值8~10 为宜。

平菇在生长过程中由于代谢作用，使 pH 值逐渐下降，下降的多少依不同的菌株而且异，在用稻草作培养料的偏碱的条件下，到出子实体时，pH 值绝大部分已下降到4.8~5.5，下降最多的 pH 值为4.5。所以，为了使平菇在整个生长过程中，都能很好地生长发育，获得高产，在配制培养料时，应使培养料的 pH 值偏碱。在生料栽培中以 pH 值8~10 为宜。

侧耳类人工栽培真菌在出菇时菌棒会变软变松，极具有弹性，这样才为正常。

四、菌种制作

(一) 平菇母种制作

1. 平菇母种培养基配方

(1) PDA 培养基。

(2) 小麦培养基。小麦 250 克，葡萄糖 20 克，麦麸 5 克，磷酸二氢钾 1.5 克，硫酸镁 0.5 克，琼脂 18 克，水 1 000 毫升。

(3) 小米培养基。小米 200 克，葡萄糖 20 克，磷酸二氢钾 3 克，硫酸镁 1.5 克，蛋白胨 5 克，琼脂 20 克，水 1 000 毫升。

2. 培养管理

环境温度 (24±1)℃，通气良好，空气湿度 75% 以下培养。

3. 平菇母种质量检验（表 3-1）

表 3-1 平菇母种质量检验

容器	完整无损
棉塞或无棉塑料盖	干燥、洁净、松紧度，能满足透气和滤菌要求
培养基灌入量	试管总容积的 1/5～1/4
斜面长度	顶端距棉塞 40～50 毫米
接种块大小	(3～5) 毫米×(3～5) 毫米
菌丝体特征	洁白、浓密、旺健、棉毛状
菌丝体表面	均匀、舒展、平整、无角变
菌丝分泌物	无
菌种外观	菌丝生长量
菌落边缘	整齐
杂菌菌落	无
斜面背面外观	培养基不干缩、颜色均匀、无暗斑、无色素
气味	有平菇菌种特有的清香味，无酸、臭、霉等异味
菌丝生长状态	粗壮、丰满、均匀
锁状联合	有
杂菌	无

(二) 原种制作

1. 培养基配方（%）

(1) 棉籽壳 92.5、麸皮 6、复合肥 1、石灰 0.5。

(2) 棉籽壳 30、木屑 55、麸皮 14、复合肥 1。

(3) 棉籽壳 90、麸皮 8、石灰 2。

(4) 玉米芯 45、棉籽壳 45、麸皮 8、石灰 2。

以上各配方含水量均为 60%～65%。

2. 培养管理

环境温度 20～22℃，通气良好，空气湿度 75% 以下培养，遮光培养。

3. 质量检验

原种质量检验（表3-2）。

表3-2 原种质量检验

容器	完整，无损
棉塞或无棉塑料盖	干燥、洁净、松紧度，能满足透气和滤菌要求
培养基上表面距离瓶（袋）口的距离	(50±5) 毫米
接种量（每支母种接原种数，接种物大小）	(4~6) 瓶（袋），≥12毫米×15毫米
菌种外观	菌丝生长量
菌丝体特征	洁白浓密、生长旺健
培养物表面菌丝体	生长均匀，无角变，无高温抑制线
培养基及菌丝体	紧贴瓶壁，无干缩
培养物表面分泌物	无，允许有少量无色或浅黄色水珠
杂菌菌落	无
拮抗现象	无
子实体原基	无
气味	有平菇菌种特有的清香味，无酸、臭、霉等异味

（三）栽培种制作

1. 栽培种培养基（%）

（1）木屑44、棉籽壳44、麸皮10、复合肥1、石灰1。

（2）棉籽壳94、麸皮4.5、复合肥1、石灰0.5。

（3）玉米芯80、麸皮10、玉米面8、复合肥1、石灰1。

以上各配方含水量均为60%~65%。

2. 栽培种质量检验（表3-3）

表3-3 栽培种质量检验

容器	完整，无损
棉塞或无棉塑料盖	干燥、洁净、松紧度，能满足透气和滤菌要求
培养基上表面距离瓶（袋）口的距离	(50±5) 毫米
接种量［每瓶（袋）原种栽培种接数］	(30~50) 瓶（袋）
菌种外观	菌丝生长量
菌丝体特征	洁白浓密、生长旺健，饱满
不同位置菌丝体	生长均匀，颜色一致，无角变，无高温抑制线
培养基及菌丝体	紧贴瓶（袋）壁，无干缩
培养物表面分泌物	无，允许有少量无色或浅黄色水珠
杂菌菌落	无
颉颃现象	无
子实体原基	允许有少量，出现原基总量≤55
气味	有平菇菌种特有的清香味，无酸、臭、霉等异味

（四）品种选择

1. 平菇 SD-1

（1）育种者。山东省农业科学院土壤肥料研究所。

（2）特征特性。属中低温型品种。菌丝体浓密、洁白、粗壮、生长整齐，气生菌丝较多。子实体丛生，菌盖扇形、平展，直径10~15厘米，较大，厚度1~1.4厘米，肉质厚、有韧性，不易破碎。菌盖在4~15℃时黑色，15℃以上时灰黑色，菌柄原白色，实心，长1.0~2.5厘米，直径1.1~1.8厘米，菌褶白色；孢子印灰白色。

（3）产量表现。在2009年春季生产试验中，生物转化率130.36%。

（4）栽培技术要点。适宜秋、冬季栽培，选用棉籽壳、玉米芯等原料生料或发酵料栽培。菌丝适宜生长温度22~25℃，子实体生长温度范围3~25℃，适宜生长温度10~18℃。发菌期料温控制在22~25℃，避光，适度通风，25天左右菌丝发满，发满菌后5~8℃温差刺激、散射光照、提高空气相对温度到80%，适量通风进行催菇处理。出菇期温度控制在8~22℃，空气相对温度控制在90%，适度光照，定期通风。第一茬菇采收后，停水2~3天，少量通风，准备第二茬菇生长。

（5）审定意见。在山东省全省平菇生产区利用。

2. 平菇 SD-2

（1）育种者。山东省农业科学院土壤肥料研究所。

（2）特征特性。属中高温型品种。菌丝体浓密、洁白，生长整齐，气生菌丝较多。子实体叠生，菌盖扇形、表面有条纹、边缘下卷，直径6~14厘米，厚度0.6~1.1厘米，肉质略疏松，菌盖在10~18℃时灰色，18℃以上时灰白色，菌柄白色，实心，长1.0~2.0厘米，直径0.7~1.5厘米；菌褶细白，孢子印白色。

（3）产量表现。在2009年春季生产试验中，生物转化率125.84%。

（4）栽培技术要点。适宜夏末、早秋栽培，选用棉籽壳、玉米芯料发酵栽培。

（5）审定意见。在全省平菇生产区利用。

3. 秀珍菇 LD-1

（1）育种者。鲁东大学。

（2）特征特性。中高温型品种。菌丝体洁白，细密，子实体单生或丛生。菌盖灰白至深褐色，扇形，边缘薄初内卷、后反卷，表面光滑干爽，菇柄白色、内实、多侧生，基部稍细无绒毛，长4~6厘米，粗0.5~1.5厘米；菌褶白色、延生、稍密不等长。孢子印白色。

（3）产量表现。在2009年春夏生产试验中，平均生物转化率100.2%。

（4）栽培技术要点。适宜春季、早秋常规熟料栽培。菌丝适宜生长温度23~25℃，菌丝满袋后需要8~10℃温差刺激以利原基形成。出菇温度为15~32℃，最适温度18~25℃，空气相对温度为85%~95%，适度散射光和通风。

（5）审定意见。在全省秀珍菇种植地区利用。

五、平菇发酵料袋式栽培

发酵料袋式栽培的生产流程：原料准备及处理—准备菌种—装袋播种—发菌管理—出菇管理—采收—采收后管理。

（一）栽培原料的准备及处理

1. 平菇栽培的原料配方（%）

在生产中平菇栽培所用原料种类繁多，配方各异。现介绍以下几个配方供生产者参考。

（1）棉籽皮95、石膏1、石灰4、料：水=1：1.3。

（2）玉米轴粉56、棉籽壳32、麸皮5、石膏2、石灰5、料：水=1：1.8。

（3）玉米芯86、饼肥5、麸皮5、磷肥2、石灰2。

以上各配方含水量均为60%~65%。

2. 原料处理

玉米芯应用粉碎机粉碎至黄豆粒大小，也可采用其他方法进行加工。最好做成2/3为粒状的，1/3为粉末状的。

各类饼肥粉碎或采用其他方法破碎成粉末。

暴晒：在拌料前充分暴晒；利用日光杀菌驱虫。

（二）拌料

场地最好选用水泥场面，将玉米芯、棉籽壳等不溶于水的原料混合充分搅拌，然后将可溶于水的石灰等物质混入水中，泼浇于料中，进行搅拌。此种方式可使用脱粒机进行拌料。

也可使用拌料机进行直接搅拌，将水与各种原料按配方比例准备并放入搅拌机中，然后开始搅拌，使水与原料混合均匀。

拌好的料其含水量可凭经验进行判断：用手抓一把已拌好的料，以中等握力握紧，指缝间有水溢出而不形成水滴即可。

对于平菇栽培料拌料应掌握好栽培料含水量均匀一致，且原料被水湿透；原料应有一定的粒度，以保证原料的通气性。

在高温季节，培养料拌料时含水量应相对低一些，低温季节可相对略高。料的粒度大时含水量可高些；反之则含水量可低些。

（三）发酵处理

1. 发酵处理

料拌好后立即堆成宽1.2~1.5米、高1.2~1.5的长形堆，堆长不限。在堆的半腰上用3~5厘米粗木棍扎眼以利通气，料堆上可盖上纺织袋、草苦，即能通风又能保湿促进料堆的发酵。一般在成堆的第二天料温可开始上升。应注意观察料温的变化情况。当料温升至60℃时，维持24~36小时准备翻堆。翻堆采用生加熟的方式进行，成堆后扎眼覆盖。待料温第二次上升至60℃时，再维持24~36小时进行第二次翻堆，待料温第三次上升至60℃时，再维持24~36小时即可扒堆凉料降温，待料温降至25℃时（外界气温高于25℃时应凉至与自然温度一致）即可装袋播种，准备装袋播种。

2. 培养发酵过程中经常遇到的异常问题

（1）料温不升。培养水分过高，或堆过于紧密，或在低温季节料堆过于疏松。对此可采用扒料凉晒或翻料松堆的方法解决，或在低温季节将过松的料堆略压实以利保温。

（2）料温过高甚至发酵料出现灰化现象。发酵时间过长或培养料的含水量过低。随时观察发酵情况。酌情处理。

（3）料湿变黏。培养料水分过高，且料堆通气不良，形成厌气性发酵。扒堆凉晒降低水分，然后再发酵处理。

（4）培养料变酸或变臭。多为通气不良所造成，应当松堆或改善料堆的通气状况。

（四）装袋播种

1. 选用合适的塑料袋

根据季节选用，一般气温低的冬季可用（22~25）厘米×（45~50）厘米×0.001厘米的塑料袋；春秋两季可用（20~22）厘米×45厘米×0.001厘米的塑料袋。低温时用的略宽略长；高温时用的塑料袋略短略窄即可。

2. 菌种准备

（1）应选用合适的菌株。鲜销时应根据当地消费习惯和季节相应的菌株。如作商品菇加工销售，应根据客户的要求选用相应的菌株。

（2）优质菌种的标准。菌丝洁白，没有黄、绿、青、黑等其他颜色。菌种瓣开后具有鲜浓的平菇味，无其他异味；手握菌棒有弹性，菌棒不干缩，但也不要水分过大，无病虫害。菌种瓣开成块不散碎。要注意菌种的基质；一般来讲以纯棉籽壳的最好，对于使用玉米芯或加废棉制成的菌种，应适当增加播种量。菌龄25~35天，以略现蕾的年轻菌种为好。千万不要使用老化菌种。更不要不使用四级种。

（3）栽培时应挑选优质菌种。播种时先将栽培种用消毒液对其外表进行消毒处理。然后用手瓣成小块存放于盛放菌种的容器中，以备播种使用。

3. 装袋播种

（1）播种前应检查培养的水分状况，以手握在指间有水溢出而不滴下为适宜。如发现培养料水分过大，可将培养料扒开凉晒至料湿度合适为止。如发现培养料水分不足；应向料补充用1%石灰清水，并且补水后要堆闷3~4小时才能装料播种，否则水分处于产的表层，分装后则水分不再向料渗透，形成料表水分过大，造成水分过高的假象。同时检查培养料有无害虫。

（2）装袋播种。本地多采用三层料四种的方械种。先拿了小把料装于塑料袋的一头，以能盖严菌种为好，此时装入一层菌种，再装料压实至菌棒的1/3；装一层菌种；继续装料至菌棒长度的. 2/3时；再装入一层菌种，菌种上又装培养料至快满时，装上一层菌种；在菌种表层盖上一薄层科相口。用14毫米的钢棍或近似其他物体将装好料的菌棒纵向扎1~3个通孔。运送至发菌场地排垛发菌。

（3）装袋播种后质量的检查。装好菌袋用手托起，以手略显陷入，两端略有下沉，塑料袋不显皱纹为好。如塑料袋出现纵向白色裂纹即为装袋过程中用力过大致。如两端下沉塑料袋出现皱纹，手陷入料内即为装过松。

（五）发菌管理

1. 排垛

湿度高时排低些，单层或双层井字型排放；温度低时可多层排放。2排或3排应留一50厘米宽的人行道，便于发菌过程中的检查。

2. 培菌管理

平菇生料袋式栽培自培养料装袋后，则形成许多小的栽培单位，每个培养单位内的水分、酸碱度、菌种状况、培养料质量则已基本固定，如果再想改变这些情况是非常困难的，在发菌过程中我们只有改善其外部环境来调控发菌过程。故在生产中我们应当注意以下几个方面。

（1）湿度。平菇装后在以袋为单位的小环境中，袋内空间湿度几乎是100%；如想人为的降低袋内空间湿度是几乎不可能的。而在发菌过程中，我们主要是调节外部的空间湿度。平菇生料栽培必须保证培养空间的湿度在75%以下，否则在栽培袋的培养过程中极易发生多种霉菌的污染。发菌过程空间干燥是生料栽培成功的关键。

（2）温度。生料栽培平菇，在发菌过程中除我们接入的平菇菌种外，还有许多微生物在活动，产生许多热量，会造成料温的升高；所以我们必须经常检查料是正常，一般情况下料温维持在20～25℃较为合适。培养过程中料温不宜超过29℃，最高不超过30℃；一旦发现料温超过29℃，应采取散疏散降温的措施。

（3）通风。栽培袋在发菌过程中在消耗大量的氧气，放出二气化碳，这就要求我们在菌袋培养过程中，应保持良好的通风条件，以满足平菇菌丝生长对氧气的需要。

（4）光线。平菇菌丝生长不需要光线的刺激，在黑暗条件下菌丝生长正常。强光反而对菌丝生长不利，在栽培袋的培养过程中要求注意遮阴，防止强求对栽培袋的照射。

一般经过25～35天的培养，菌丝可长满整个塑料袋的料，即发满菌。

3. 菌种的异常及处理

（1）菌丝不萌发，不吃料。

发生原因：菌种老化，生活力很弱；环境温度过高或过低。

解决办法：使用适龄菌种（菌龄30～35天）；发菌期间棚温保持在20℃左右，料温25℃左右为宜，温度宁可稍低些，切勿过高，严防烧菌。

（2）培养料酸臭。

发生原因：发菌期间遇高温未及时散热降温，细菌大量繁殖，使料发酵变酸，腐败变臭；料中水分过多，空气不足，厌氧发酵导致料腐烂发臭。

解决办法：将料倒出，摊开晾晒后添加适量新料再继续进行发酵，重新装袋接种；如料已腐烂变黑，只能废弃作肥料。

（3）菌丝萎缩

发生原因：料袋堆垛太高，发生发酵热时未及时倒垛散热，料温升高达35℃以上烧坏菌丝；料袋大，装料多，发酵热高；发菌场地温度过高加之通风不良；料过湿加之装得太实，透气不好，菌丝缺氧也会出现菌丝萎缩现象。

解决办法：改善发菌场地环境，注意通风降温；料袋堆垛发菌，气温高时，堆放2～4层，呈"井"字形交叉排放，便于散热；料袋发酵热产生期间及时倒垛散热；拌料时掌握好料水比，装袋时做到松紧适宜；装袋选用的薄膜筒宽度不应超过25厘米为好，避免装料过多发生发酵热过高。

（4）袋壁布满豆渣样菌薹。

发生原因：培养料含水量大，透气性差，引发酵母菌大量滋生，在袋膜上大量聚积，料内出现发酵酸味。

解决办法：用直径1厘米削尖的圆木棍在料袋两头往中间扎孔2～3个，深5～8厘米，以通气补氧。不久，袋内壁附着的酵母菌薹会逐渐自行消退，平菇菌丝就会继续生长。

（5）发菌后期吃料缓慢，迟迟长不满袋。

发生原因：袋两头扎口过紧，袋内空气不足，造成缺氧。

解决办法：解绳松动料袋扎口或刺孔通气。

（6）菌丝未满袋就出菇。

发生原因：发菌场地光线过强，低温或昼夜温差过大刺激出菇。

解决办法：注意避光和夜间保温，提高发菌温度，改善发菌环境。

（7）菌丝能吃料，但生长细弱无力。

发生原因：含水量低，培养基的含水量低于60%。培养基内氮源和维生素等营养物质偏低；旧料量比例太大。

解决办法：拌料时控制培养料含水量在适宜范围内。调整培养料配方，适当增加营养。一般旧料量不超过30%。

（8）菌丝吃料异常浓白、生长太慢。

发生原因：培养基含水量过大已超过70%，菌丝生长受阻。培养基内氮源等营养物质加入太多（如麦麸、玉米粉等）。料袋播种后，采用两头线绳扎口的，扎口太紧或没有及时刺眼，造成菌丝缺氧而停止生长。

解决办法：扎眼通气散湿。培养料配料是调整营养比例，减少氮素营养。

（六）催蕾

当菌袋发满菌后5～10天，菌袋上出现黄色积液，菌棒变硬有弹性时，即为菌丝已达到生理成熟。即将进入出菇阶段。

当菌丝生理成熟后，有的可自然进入出菇阶段，有的需要人为的创造条件进行催蕾：当菌丝生理成熟后，可通过温差刺激促进原基的形成。即人为拉大温差至8～10℃，白天20℃保持左右，夜间降至10℃左右，并将空间湿度提高到95%，保持空气新鲜；原基很快形成并分化成菇蕾。

（七）出菇管理

1. 温度

菇棚内要保持在5～25℃范围。通过采取不同时间的通风换气和揭放草苫调整棚温度于对平菇子实体生长最有利的方向发展。

2. 湿度

空气湿度保持在85%～90%。

3. 光线

300～1 000勒克斯，以能看清报纸上的五号铅字即可。

4. 通气

保持棚内空气新鲜，气温低时可在中午前后通风换气，湿度高时早晚或晚上通风换气。以人进入棚内不胸闷为宜。应注意通风的目的是换气而不是吹风。应掌握微风天气可将所有的通风孔打开，而大风天气只开背风向的换气孔。

5. 出菇期异常及处理

（1）高腿状平菇。

症状：平菇原基发生后，子实体分化不正常，菌柄分枝开叉，不形成菌盖，偶有分化的菌盖极小，且菌盖上往往再长出菌柄，菌柄有继续分枝开叉，其外观群体松散，形同高腿状或喇叭菇。

发生原因：平谷形成原基向珊瑚期转化时，菇棚没有及时转入开放式通气供氧管理，所处环境通风不良，二氧化碳浓度偏高，光照强度偏弱，子实体不能进入正常分化，各组成部分分化生长比例失调。因此，只长菌柄，不长菌盖，形成长柄菇、喇叭菇或高腿菇。

（2）水肿状平菇。

症状：感病菇体形态不正常或盖小柄粗，且菇体含水量高，组织软泡肿胀，色泽泛黄，病菇触之即倒，握之滴水，病感重的菇体往往停止生长，甚至死亡。

发生原因：长菇阶段用水过频过重，致使菇体上附有大量游离水，吸水后又不能蒸发，导致生理代谢功能减弱，造成水肿状平菇，一旦发现病菇，就要及时摘除，同时加强通风，调节好菇棚内湿度，防止病害加重而引起细菌性病毒感染。

（3）萎缩状平菇。菇体分化发育后，尚未分长大成熟，便卷边停止生长或死亡，病菇有的干瘪开裂，有的皱缩枯萎，色泽多呈黄褐色，主要原因有气温太高，所种品种不适应在其温度下出菇；菌袋含水量低，失水严重，养分运输不畅，菇体所需水分供给不足；通风过甚，菇体水分散失过快。

（4）花菜状平菇。平菇原基发生后，完全失去平菇子实体的正常形态，而呈不规则的团块组织，外观与家常食用的球形花菜相似，将这些花菜状平菇采摘后，第2潮出的菇仍不成形，如朵小、长不大就卷边，且菌盖发脆。主要原因是：原基发生前后，或菌丝发菌过程中，菇场内或菌袋上喷洒了平菇极为敏感的敌敌畏、速灭杀丁、除虫菊酯等杀虫农药，或产菇环境空气中含有浓度较高的敏感农药味。菌丝受到药害后，从头潮至尾潮都会受到影响。目前还没有彻底解救措施。

（5）盐霜状平菇。子实体产生后不分化，菌盖表面象一层盐霜，主要是由于气温过低造成的，黑色品种一般气温在5℃以下就会出现此类现象，防治措施是注意棚内的保湿工作，或选用出菇耐低温的平菇品种。

（6）波浪形平菇。子实体长大后，菌盖边缘参差不齐，太多成破浪形，此种现象主要出现在白色品种上，主要原因：采收过迟，子实体老化；气温处于5℃以下，子实体受冻害后的正常反应，主要防治方法是适时采收和加强保温工作。

（7）菌棒四周出菇。原基及子实体发生在四周正料面不出菇。割口太早，通风不当。

（八）采收加工

1. 采收

鲜售时应在平菇子实体八分熟，菌盖边缘略内卷，孢子尚未弹射之前采收。作商品菇销售时应根据客户的要求规格采收加工。

2. 盐渍加工

将分级修整后的平菇放入已开锅的水中，待水开后煮沸5~10分钟，一般每百千克水可投放鲜菇10~20千克。待煮熟后即可出锅捞至冷水中冷却至自然温度，一层盐一层菇放入存放容器中。

一般每一百菇需要20千克盐。放好后加入饱和盐水保鲜。要求盐水浓度为23°Be，为保证盐水浓度可在最上层放上一个盐袋，这样即可以使盐水浓度达到饱和又可避免盐水及菇体中有盐粒。盐渍至饱和后即可长期存放，也可随时准备出售。

（九）采后管理

平菇采收后，如菌棒水分还在60%以上，则应停止喷水，加强通风换气，降低空气湿度，使菌丝体休养5~7天后，即可进入催蕾出菇管理。

对于采收后菌棒水分偏低的菌棒，应当及时补充水分。补水的方式有两种，一种是将菌棒直接在水中浸泡；另一种是向菌棒内注水。但不论采用什么样的补水方式，补水后都应提高棚内温度，加大通风换气量，促使菌棒水分一和和菌丝对水分的吸收。当菌棒水分均匀一致通过其含水量到达70%时即可催蕾出菇。

六、平菇熟料袋式栽培

（一）熟料栽培的优点

熟料栽培是指培养料配制后先经高温灭菌处理，然后进行播种和发菌的栽培方法，熟料栽培还有下列好处。

1. 高温灭菌后的培养料

排除了杂菌和害虫的干扰，促进了料内营养物质的分解，平菇菌丝生长速度快，繁殖量大，对培养料的吸收利用率高，可以获得稳产高产。熟料配方中，可以添加多种营养物质，这不仅能有效地增加养分供应，提高平菇的增产潜力，而且还能充分利用各种营养贫瘠的培养料，如木屑、稻草、污染料等，为平菇培养料的广泛选择和合理搭配使用提供了可靠的技术保证。熟料栽培用种量少，一般为培养干料的5%左右。

2. 熟料栽培出菇时间长

平菇适宜的栽培时间主要是根据平菇菌丝和子实体发育所需要的环境条件而确定，我国幅员辽阔，不同地域气候也不相同，同一季节不同地区气温差别也较大，又因为国内平菇品种较多，高温、广温、中低温等各种温型的品种都有，这也决定了平菇能农艺设施栽培出菇时间长，对连续供应市场时间较长。

（二）菌袋规格的选择

熟料菌袋制作工序较为复杂，搬动次数多，袋膜被损坏的可能性极大，此外，培养料经高温熟化后极易染菌，袋膜要有一定的厚度，通常低压聚乙烯袋膜厚度以选择2丝左右为宜，袋的宽度和长度选择取决于季节，一般夏季、早秋应选用宽（20~22）厘米×长40厘米×厚2丝为宜，以防止料袋大、积温高、难出菇。中秋及晚秋应选用（22~25）厘米×48厘米×2丝为适宜，料袋大，营养足，出菇期长。

（三）熟料栽培配方（%）

（1）棉籽壳97、石灰3。
（2）棉籽壳92、麸皮或玉米面任一种5、石灰3。
（3）棉籽壳97、复合肥1、石灰3。
（4）玉米芯82、麸皮9、玉米面5、复合肥1、石灰3。
（5）玉米芯82、麸皮9、玉米面5、复合肥1、石灰3。
（6）棉籽壳44、木屑44、麸皮9、复合肥1、石灰2。
（7）玉米芯39、木屑39、麸皮14、玉米面5、复合肥1、石灰2。
（8）籽壳98、复合肥1、石灰粉1。

以上各配方含水量均为60%~65%。

（四）拌料

按照选定的培养基配方比例，称取原料和清水，因为玉米芯或棉籽壳较难吸水，开始拌料时，水分适当大一些，混合搅拌。所有的培养料必须湿透，不允许有干料。

（五）装袋

不论采用人工还是机器装袋，都要求装料松紧一致、均匀。装好后，可直接进行常压锅灭菌。为防止培养料变酸和变质，装好的料袋应及时进行高温灭菌，常压蒸汽灭菌时，温度上升速度宜快，最好在4~5小时内使灶内温度达到100℃，并保持此温度13~15小时，然后停止加热,再利用余热闷闭 8 小时以上再出锅,当出锅后的料袋温度降到 28~30℃时,应及时接入菌种。

(六) 平菇熟料袋栽开放式接种

接种前先准备干净的室内,如菇农在外租地种菇,条件有限,可在大棚内用塑料薄膜隔一小间,待菌袋冷却到 25℃时,连同待接菌种及各种接种工具一起放进接种室。如果在接种室内再设有一个缓冲间,在缓冲间内事先对操作者所穿衣服一起进行熏蒸消毒,人进入接种室操作前换下衣服去接种,接种成功率会大大提高。

接种室消毒处理:用气雾消毒剂熏蒸一次,用量为每立方米 2 克,消毒 1 小时等烟雾散去后,操作者即进去敞开接种。或离子风接种机前接种(开机半小时后操作),三人在离子风前配合操作,成功率可达 97%。或打开臭氧发生器工作半小时,对缓冲间及接种室进行全方位杀菌,关机 1 小时后再在缓冲间换衣服后进入接种室,按常规接种,并在离子风接种机前接种,三人配合操作,成功率可达 100%。

平菇熟料袋栽接种方式有三种:第一种是将菌种接入袋口,系上套环。先把菌种掰开蚕豆粒大小,然后,把菌袋口解开,用手抓半把菌种,放入袋口,再将袋口薄膜收拢,套上出菇套环,并将袋口薄膜多出部分翻卷入套环内,用车胎皮圈固定套环,再用一层报纸封口,扎上皮圈。按此方法,再将另一端接上菌种,并封好袋口。接种时注意:尽量将菌种填满套环口,因套环内透气好,种块 3~4 天即可萌发封面,杂菌污染机会极少。第二种是将菌种接入袋口,然后用线绳直接扎口,但不扎紧袋口,留一些空隙透气。最大弊病是菌丝发菌过程中易遭虫害。第三种是用线绳扎紧口法,然后在袋两头菌种块部位用细针各刺 4~6 个眼。注意:选用家用针或缝纫机针刺孔,刺孔位置不要偏离菌种部位,以免引起杂菌污染。凡接种的袋口都要刺眼,不能漏掉,万一漏掉在后几天观察中要及时补刺。有刺眼的菌丝长速快、旺盛,没有刺眼,袋头种块只萌发而不吃料生长或生长很慢。

(七) 熟料菌袋的菌丝培养

熟料菌袋发菌管理的技术关键是:合理排放堆码菌袋,适时进行翻堆和通气增氧,控制好发菌温度和环境温度等,熟料菌袋的料温变幅较小,菌袋温度的变化主要受环境温度影响,为了能合理控制发菌温度,菌袋的排放形式一定要与环境变化密切结合,当气温在 20~26℃时,菌袋可采用"井"字形堆码,堆高 5~8 层菌袋;当气温上升到 28℃以上时,堆高要降到 2~4 层,同时要加强培养环境的通风换气。盛夏季节,当气温超过 30℃时,菌袋必须贴地单层平铺散放,发菌场地要加强遮阴,加大通风散热的力度,必要时可泼洒凉水促使降温,将料袋内部温度严格控制在 33℃以下。

正常情况下,采用堆积集中式发菌的菌袋,每 7~10 天要倒袋翻堆一次,若袋堆内温度上升过快,则应及时提早倒袋翻堆,翻堆时,应调换上下内外菌袋的位置,以调节袋内温度与袋料湿度,改善袋内水分分布状况和袋间受压透气状况,促进菌丝均衡生长。同时,可根据气温和料温的变化趋势,调整菌袋的排放密度和堆码高度。熟料菌袋随着菌丝不断生长,菌温会随之上升。因而,要特别加强对袋堆内层温度的检查。栽培者必须牢记,只要菌袋尚未培养成功、进入出菇管理,都要防止烧菌现象发生。

其他管理与发酵袋式栽培管理基本相同。

七、病虫害防治

(一) 木霉

俗称绿霉、绿霉菌。又称绿霉菌。学名木霉。原属半知菌。木霉属。该菌对木质素具有极强的分解能力。可为害培养料及食用菌菌丝和子实体。它与平菇等食用菌争夺养分,产生毒素,抑制并毒害食用菌菌丝的生长。

1. 发病症状

木霉发生初期菌丝白色至灰白色,浓密,形似棉絮状或致密丛束状,无固定形状,随时间的推移,其菌落自内向外产生分生孢子变为粉状,并呈同心轮状排布。颜色亦由白色变为浅绿色、黄绿色或绿色。极少呈白色。发病轻则迅速向料内蔓延,直至充满培养料,发生霉变,培养料发臭腐烂解体,造成发菌失败。

子实体被木霉侵害后会造成被害组织出现侵蚀状病斑,病斑大小及下凹程度不一,受害组织软化,有褐色渍液产生。发病轻微时,子实体仍可长大,发病较重时。病斑一边扩大。一边产生霉层。被害组织明显溃烂,菇体发育受到影响。木霉侵染严重后,其棉絮状菌丝像经纬网交织一样把个子实体缠绕裹住,当菌落出现霉层,并由白变绿时,菇体就完全腐烂。

2. 发病条件

绿色木霉的菌丝在 $8 \sim 33$℃ 均可生长,以 25℃ 左右生长最快,10℃ 以下生长很慢,5℃ 以下基本停止生长。

绿色木霉分生孢子在空气中传播,在未萌发的菌种块上或潮湿的培养料上形成菌落,若不用时处理,扩大蔓延较快,在受害的病菌区,平菇菌丝或子实体生长不良,严重时毫无收获。适于酸性和湿度较大的环境中孳生。

3. 防治方法

(1) 搞好菇房消毒。对菇房及四周要进行彻底消毒,消除各种杂物。用石灰或黄泥抹墙缝。用 10% 的新鲜石灰水涂刷墙壁、房顶及床架,用来苏儿喷洒地面、房顶,在地面上再撒生石灰粉。

(2) 选用优良菌种。平菇菌种要选菌丝浓密、洁白、粗壮、抗杂能力强、无污染、适龄的优质菌种。

(3) 选用优质培养料。培养料要新鲜,无污染。配料内可加入 2% 左右的石灰、1% 的石膏和 $0.1\% \sim 0.15\%$ 的克霉灵,可抑制绿霉菌的生长。若培养料不新鲜或有霉变,要进行高温发酵处理后再利用。

(4) 加强栽培管理。菇房的温度在栽培的初期不宜太高,空气湿度控制在 70% 左右,对空气中的霉菌生长不利,但不影响平菇菌丝的生长。栽培时,可以加大用种量,一般菌种用量应占干料重的 $10\% \sim 15\%$,使平菇菌丝在短期内形成生长优势。栽培过程中,适当通风换气,控制菇房环境条件,使之有利于菌丝生长,抑制绿霉菌。

(5) 药剂防治。菌床培养料上或菌袋两端发生少量绿霉时,用 0.1% 绿霉净或 $0.1\% \sim 0.2\%$ 克霉灵或浓石灰水上清液涂抹或喷洒被害部位,可防止分生孢子扩散蔓延。若菌床或菌袋出现绿霉已深入到料内,轻轻挖掉已污染的料块,涂抹浓石灰乳,再用新鲜料或菌种填平,可控制其发展。对于污染严重的菌袋可深埋处理。

(二) 青霉

青霉菌也称蓝绿霉,是食用菌制种和栽培过程中常见的污染性杂菌,在一定条件下也能引起蘑菇、平菇、凤尾菇、香菇、草菇和金针菇等食用菌子实体致病，是影响食用菌产量和品质的常见病菌。

1. 症状

发病初期病菌菌丝体与食用菌菌丝极为相似，很难将二者区分。培养料发生青霉时，初期菌丝呈白色，菌落近圆形至不定形，外观略呈粉末状。生长期菌落边缘常有1~2毫米呈白色，扩展较慢。但当分生孢子形成后，青霉菌则是呈现出淡蓝色或绿色的粉层。老菌落表面常交织形成一层膜状物，覆盖在培养料面上，分泌毒素致食用菌菌丝体坏死。制种过程中，如发生严重可致菌种腐败报废；发菌期发生较重，可致局部料面不出菇。

2. 发病条件

病菌分布广泛，多腐生或弱寄生，存在于多种有机物上，产生大量分生孢子，主要通过气流传入培养料，进行初次浸染。带菌的原辅料也是生料栽培的重要初浸染来源。浸染后产生的分生孢子借气流、昆虫、人工喷水和管理操作进行再浸染。高温利于发病，28~30℃条件下最易发生，分生孢子1~2天即能萌发形成白色菌丝，并迅速产生分生孢子。多数青霉菌喜酸性环境，培养料及覆土呈酸性较易发病。食用菌生长衰弱利于发病，凡幼菇生长瘦弱或菇床上残留菇根没及时清除均有利于病菌浸染。空气相对湿度90%以上，利于青霉菌丝的生长。

3. 防治方法

（1）认真做好接种室、培养室及生产场所的消毒灭菌工作，保持环境清洁卫生，加强通风换气，防止病害蔓延。

（2）调节培养料适当的酸碱度。调节pH值，适当提高pH值，在拌料时加1%~3%的生石灰或喷2%的石灰水可抑制杂菌生长。采菇后喷洒石灰水，刺激食用菌菌丝生长，抑制青霉菌发生。

（3）控制室温在20~22℃，及时通风保持环境干燥，抑制青霉菌繁衍。

（4）及时清挖采后留下的老菇根及衰亡的小菇蕾。

（三）链孢霉

又叫脉孢霉、串珠霉、红色面包霉、红粉霉等。链孢霉主要发生在菌种和煮熟的培养料中，生料上很少发生。该菌广泛分布于自然界土壤中和禾本科植物上，分生孢子在空气中到处飘浮。夏、秋季节潮湿的土埂上、甘蔗渣、玉米芯、腐败的果实、稻草堆及培养料废弃物常有它的踪迹。

1. 症状

该菌在熟料栽培时发生严重，一般是接种次日或隔日后，病原菌丝便从种块周围或菌种容器的破裂处蔓延伸长，外观稀疏可辨，类似草菇菌丝状。然后菌丝的一头向培养基内深入，另一头则反方向朝容器外气生而出。分生孢子团常常不待其菌丝长满培养基，便及早形成。因基质含水量不同布满时间差异，此外，低温季节加温制种时，该菌也偶有发生，发生时一般有分生孢子团形成，但伴有浅红色菌丝束和菌皮出现。一般来说，只要食用菌菌丝向下吃料达数厘米深之后，该菌就不会发生，但熟料栽培容器有破裂或空隙过大等除外。菌种一旦受该菌为害应立即作报废处理。以棉塞作菌种封口材料时棉塞受潮以后感染率极高，是该菌蔓延的重要原因之一。

2. 发病条件

（1）温度。链孢霉的分生孢子耐高温，湿热70℃条件下，4分钟才失去活力，干热条件下，可耐130℃，在25~30℃，6小时内即可萌发成菌丝，31~40℃时，48小时后即能形成橘红色分生孢子团，2~天就完成一个世代。20℃以下，菌丝生长减缓，9℃以下分生孢子几乎不萌发，菌丝生长停止。熟料栽培时把温度控制在25℃以下，一般不会发生链孢霉。

（2）水分。培养料含水量在53%~67%，菌丝生长迅速；40%以下或80%以上，菌丝生长受阻。菌丝生长和分生孢子形成不受空气湿度的影响，但潮湿的环境有助于该菌的发生。

（3）氧气。在供氧气充足的条件下，分生孢子形成迅速；在缺氧的条件下，菌丝不能生长或生长后逐渐停止，分生孢子不形成，只产生橘红色菌皮，到后期糜烂死亡。

（4）酸碱度。当培养料的pH值在5~7.5生长良好，pH值在5以下时，菌丝生长受阻或不能形成分生孢子，pH值在8以上菌丝生长细弱或停止，但pH值偏高的后则有助于子囊孢子的萌发及其菌丝生长。

3. 为害

脉孢霉主要经分生孢子传播为害。是高温季节发生的最重要的杂菌。脉孢霉的分生孢子萌发后形成基内菌丝和气生菌丝，基内菌丝（营养菌丝）的长速极快，特别是气生菌丝（也叫产孢菌丝）顽强有力，它能穿出菌种的封口材料，挤破菌种袋，形成数量极大的分生孢子团，有当日"生根"（萌发）、隔日"结果"（产孢）、高速繁殖之特征。该菌长速过快，分生孢子团暴露在空气中，稍受振动便飘散传播。

4. 防治方法

（1）接种后，管理要及早，报废处理要及时。最好是在分生孢子团呈浅黄色以前，即尚未成熟时进行。清移时，用潮布包裹好感病部位，要轻拿轻放，减小震动，尽量减少分生孢子的飘散危害。清检出的污染菌种若因量小或来不及彻底处理，则可用简单的控制办法：用少量煤油或0.1%的来苏儿液蘸湿感病部位，可杀死病原控制病症；或者去掉棉塞把污染菌种浸在水中，使其缺氧致死，污染的棉塞等用塑料袋封装，进行烧毁或深埋。

（2）最好避开高温季节生产。链孢霉在25~30℃以上高温，85%~95%的高湿下产生。避开闷热、潮湿的季节，在此期间生产应特别注意培养室通风排湿，降低室内温度，保持干燥，并在室内或棉塞上撒些石灰粉防潮。

（3）对于被污染的菌袋可重新剥袋后，重新配制经高温处理后再用。

（4）对于后期污染的菌袋（生产栽培袋）可埋入土壤中深30~40厘米的以造成透气差的条件，经10~20天缺氧处理后，可有效的减轻病害，其袋可能还可出菇。当生产正忙时，如不能及时进行处理，可将菌袋浸入水中1~2天，使其缺氧淹死，待生产缓解时，再剥开经晾晒后，重新配制使用。搞好接种室、菇房及周围的环境条件卫生。制种灭菌要彻底。降低菇房的温度和湿度，加强通风换气。

（5）熟料用甲托或多菌灵2 000倍液拌料，可有效的抑制链孢霉菌丝生长。

（6）5%硫酸铜和1%复合酚能有效地抑制链孢霉孢子的萌发生长，这两种药物用于接种室、培养室和接种工具的消毒，用于防止链孢霉。

（7）塑料袋生产一定要选择质量好的塑料袋，有砂眼的不能用，装袋、灭菌过程中要防止袋子破损，以防发生污染。

（四）瘿蚊

又名小红蛆、红线虫。

瘿蚊有幼体繁殖的习性，一只幼虫从体内繁殖20头幼虫。幼虫大量群集于菌盖和蒲柄之间为害，如果菇少，幼虫大量群集在菌棒两头的袋口处和塑料袋有破孔的地方。幼虫喜湿，在潮湿处可自由活动，在水中能存活数天，但干燥的情况下活动困难，且繁殖受阻。栽培结束后，部分幼虫躲在土缝或墙壁裂缝中进行化蛹，体色变褐并具有坚硬外壳而进行休眠，以抵御干旱和缺食，到下季栽培时再繁殖小幼虫，此休眠体存活可达9个月之久。幼虫，成虫都有趋光性，较亮处的地方虫口密度大。

幼虫取食菌丝，蛀食子实体，也能在培养料中穿行取食，菌丝被害后迅速退菌"，子实体被害后发黄、枯萎或腐烂，培养料被害则成疏松渣状，幼虫为害造成的伤口有利于病菌的侵入。菌丝体培养阶段是成虫侵入和有性繁殖的重要阶段，也是防控的有利时机；子实体生长阶段，由于营养极其丰富，气候条件适宜，绝大多数幼虫进行无性繁殖，繁殖周期短、速度快，幼虫数量急剧增加。对菌丝和子实体造成严重危害，导致平菇减产及品质下降。

瘿蚊虫体小，怕干燥，将发生虫害的菌袋在阳光下暴晒1~2小时或撒石灰粉，使虫干燥而死，可降低虫口密度。

用磷化铝熏蒸防治瘿蚊则需要每立方米用10片（33克），防治效果才理想。磷化铝吸收空气中的水分后分解，释放出磷化氢，该气体穿透力很强，能杀死菌块表层及内部的害虫，而对菌丝体及子实体的生长无影响，菇体内无残毒，熏蒸时菇房要密闭，操作人员应戴防毒面具，一定要按规程进行，熏完后菇房要密闭48小时，再通气2~3个小时，才可以入内，以免中毒。

冷冻干燥法防治幼虫冬季温度较低，发生瘿蚊的菌棒夜间移至棚外或揭开棚膜，在－5℃时，瘿蚊幼虫的死亡率达100%；－4℃时，幼虫的死亡率96.6%；－3℃时，幼虫的死亡率91.6%，效果极其显著。非冬季在瘿蚊幼虫为害处撒石灰粉，24小时后未发现活体幼虫，防效100%，原因是石灰不仅有较强的吸水性，还有碱性和腐蚀性；实验结果表明：瘿蚊幼虫中午阳光暴晒4小时后，死亡率可达87.2%；对发生较严重的菌棒，采用撒石灰、阳光暴晒两种方法，防治效果更佳。无论采用何种方法，一定要躲开出菇期，以免影响菇体生长。

第二节　香　菇

一、概述

香菇的人工栽培在我国已有800多年的历史，长期以来栽培香菇都用"砍花法"，是一种自然接种的段木栽培法。至20世纪60年代中期才开始培育纯菌种，改用人工接种的段木栽培法。70年代中期出现了代料压块栽培法，后又发展为塑料袋栽培法，产量显著增加。我国目前已是世界上香菇生产的第一大国。

香菇是著名的食药兼用菌，其香味浓郁，营养丰富，含有18种氨基酸，7种为人体所必需。所含麦角甾醇，可转变为维生素D，有增强人体抗疾病和预防感冒的功效；香菇多糖有抗肿瘤作用；腺嘌呤和胆碱可预防肝硬化和血管硬化；酪氨酸氧化酶有降低血压的功效；双链核糖核酸可诱导干扰素产生，有抗病毒作用。民间将香菇用于解毒，益胃气和治风破血。香菇是我国传统的出口特产品之一，其一级品为花菇。

二、生物学特性

（一）分类学地位

中文名名称：香菇

拉丁学名：*Lentinus edodes*（Berk.）sing

别称：香蕈、花蕈、香信、椎茸、香菰、冬菰、厚菇、花菇

分类：属于真菌界担子菌门伞菌亚门伞菌纲伞菌亚纲伞菌目光茸菌科香菇属

分布地区：随州、山东、河南、浙江、福建、中国台湾、广东、广西、安徽、湖南、湖北、江西、四川、贵州、云南、陕西、甘肃。

（二）形态特征

香菇菌丝白色，绒毛状，具横隔和分枝，多锁状联合，成熟后扭结成网状，老化后形成褐色菌膜。

子实体中等大至稍大。菌盖直径5～12厘米，扁半球形，边缘内卷，成熟后渐平展，深褐色至深肉桂色，有深色鳞片。菌肉厚，白色。菌褶白色，密，弯生，不等长。菌柄中生至偏生，白色，内实，常弯曲，长3～8厘米，粗0.5～1.5厘米；中部着生菌环，窄，易破碎消失；环以下有纤维状白色鳞片。孢子椭圆形，无色，光滑。

香菇子实体单生、丛生或群生，子实体中等大至稍大。菌盖直径5～12厘米，有时可达20厘米，幼时半球形，后呈扁平至稍扁平，表面菱色、浅褐色、深褐色至深肉桂色，中部往往有深色鳞片，而边缘常有污白色毛状或絮状鳞片。

（三）生活条件

1. 营养

香菇是木生菌，以纤维素、半纤维素、木质素、果胶质、淀粉等作为生长发育的碳源，但要经过相应的酶分解为单糖后才能吸收利用。香菇以多种有机氮和无机氮作为氮源，小分子的氨基酸、尿素、铵等可以直接吸收，大分子的蛋白质、蛋白胨就需降解后吸收。香菇菌丝生长还需要多种矿质元素，以磷、钾、镁最为重要。香菇也需要生长素，包括多种维生素、核酸和激素，这些多数能自我满足，只有维生素B_1需补充。

2. 温度

香菇菌丝生长的最适温度为23～25℃，低于10℃或高于30℃则有碍其生长。超过32℃菌丝生长弱，35℃时菌丝会停止生长，38℃时菌丝能烧死。子实体形成的适宜温度为10～20℃，香菇属于变温结实性的菌类，子实体形成要求有大于10℃的昼夜温差。目前生产中使用的香菇品种有高温型、中温型、低温型三种温度类型，其出菇适温高温型为15～25℃，中温型为7～20℃，低温型为5～15℃。

3. 水分

香菇所需的水分包括两方面，一是培养基内的含水量，二是空气湿度，培养基适宜生长的含水量因代料栽培与段木栽培方式的不同而有所区别。

（1）代料栽培。长菌丝阶段培养料含水量为55%～60%，空气相对湿度为60%～70%；出菇阶段培养料含水量为40%～68%，空气相对湿度85%～90%。

（2）段木栽培。长菌丝阶段培养料含水量为45%～50%，空气相对湿度为60%～70%；出菇阶段培养料含水量为50%～60%，空气相对湿度80%～90%。

4. 空气

香菇是好气性菌类。在香菇生长环境中，由于通气不良、二氧化碳积累过多、氧气不足，菌丝生长和子实体发育都会受到明显的抑制，这就加速了菌丝的老化，子实体易产生畸形，也有利于杂菌的滋生。新鲜的空气是保证香菇正常生长发育的必要条件。

5. 酸碱度

香菇菌丝生长发育要求微酸性的环境，培养料的pH值在3～7都能生长，以5最适宜，超过7.5生长极慢或停止生长。子实体的发生、发育的最适pH值为3.5～4.5。在生产中常将栽培料的pH值调到6.5左右。高温灭菌会使料的pH值下降0.3～0.5，菌丝生长中所产生的有机酸也会使栽培料的酸碱度下降。

6. 光照

香菇菌丝的生长不需要光线，在完全黑暗的条件下菌丝生长良好，强光能抑制菌丝生长。子实体生长阶段要散射光，光线太弱，出菇少，朵小，柄细长，质量次，但直射光又对香菇子实体有害。

三、香菇菌种制作

（一）母种制作

1. 常用培养基配方

（1）PDA培养基。

（2）培养基（ESA）。酵母粉5克、蔗糖20克、琼脂15克、水1 000毫升。

（3）玉米粉胨葡萄糖培养基。玉米粉30～40克、蛋白胨20克、葡萄糖20克、琼脂20克、水1 000毫升。

2. 培养管理

接种后置于（25±1）℃恒温培养，要求培养环境干净，空气新鲜，空气湿度70%，无光或弱光。因试管长度不同，因试管长短不同，一般需经8～14天培养，才能长满试管。

3. 菌种质量检测

菌丝生长一致，洁白，生长尖端粗壮整齐，菌苔表面平整，无杂色、斑点，无或有少量的褐色水珠。

（二）原种和栽培种

原种和栽培种采用的培养基基本相同，只是庄培养料的容器不同。原种多采用菌种瓶制作，而在配种则采用菌种瓶或塑料袋。

1. 常用培养基配方（%）

木屑78、麸皮（或米糠）20、蔗糖1、石膏1、含水量60。

木屑63、棉籽壳20、麸皮（或米糠）15、蔗糖1、石膏1、含水量60。

木屑60、蔗渣18、麸皮（或米糠）20、蔗糖1、石膏1、含水量60。

2. 灭菌

高压灭菌采用1.5千克/平方厘米压力，维持2～2.5小时。常压灭菌维持8～10小时。

3. 培养管理

培养基灭菌后冷却无菌接种，然后进入培养室培养。培养室温度控制在（24±1）℃，空气湿度70%，无光进行培养。40～50天菌丝长满培养料。

4. 质量检查

从外观上来看，菌丝浓白呈棉绒状，尖端整齐，木屑培养料变为淡黄色，菌丝粗壮，菌丝双核有锁状联合，菌丝长满后10天左右表面分泌褐色水珠，有少量菌丝扭结或有原基出现，或菌丝将培养料包成块状。

四、香菇袋栽技术

袋栽香菇是香菇代料栽培最有代表性的栽培方法，各地具体操作虽有不同，但道理是一样的。

（一）播种期的安排和菌种的选择

1. 香菇播种期的安排

我国幅员辽阔，受气候条件的影响，季节性很强。各地香菇播种期应根据当地的气候条件而定。然后推算香菇栽培活动时间，应选用合适的品种，合理安排生产。或根据预定的出菇期推算播种期。

2. 选择优良品种

（1）香菇241-4。

"香菇241-4"是庆元县食用菌科研中心选育出的一个非常适宜袋栽的优良香菇菌株。

其所产香菇朵形圆整、盖大、肉厚、柄短，菌肉组织致密，含水量低，十分适宜烘干，是目前干菇品质最优的品种，且其菌丝抗逆性强、适应性广，适合春种秋收，从而避免在夏秋季节高温接种，有利于提高接种成活率，与农事无冲突。

该菌株属中低温型迟熟品系，菌丝生长温度范围5~33℃，最适生长温度25℃左右，出菇温度为6~20℃，最适出菇温度为12~15℃；子实体分化时需8~10℃的昼夜温差刺激。在栽培管理上必须按配方要求拌料：每段麦麸0.2千克，每段湿料重1.8千克以上（15厘米×55厘米的栽培袋）；同时要适期接种，高山区一般2月下旬至4月上旬，低山区3月中旬至4月下旬。

（2）香菇"303"。

品种来源：旅顺农业技术推广中心从辽宁特产研究所引进。

特征特性：其优点主要表现在菌丝生长速度较快、颜色洁白、适应性较强。同时对栽培条件要求不严，可以做秋冬及初春季的开放式压块栽培。但出菇时对温度要求较严，温度高不易出菇，应加强对温度的管理，该品种的生物转化率较高。

栽培要点：在栽培方式上，旅顺农业技术推广中心重点进行的是平菇、香菇、杏鲍菇的地栽试验，从中摸索出了全套地栽的管理模式，其中包括温湿度的调节、光线刺激等诸多栽培技术相关因素。

（3）香菇SD-1。

审定编号：鲁农审2009087号

育种者：山东省农业科学院土壤肥料研究所。

品种来源：香62与野生香菇（湖北远安）杂交选育而成。

特征特性：属中温型品种。菌丝浓白，绒毛状。子实体丛生，菌盖浅褐色，覆有少量鳞片，直径4.4~6.5厘米，厚度1.2~2.3厘米；菌柄白色，中生，柄长2.2~4.5厘米，伞柄比为（4~5）：1；菌褶细白；孢子印淡白色。

产量表现：在2007年秋季、2008年春季全省香菇品种区域试验中，两季平均生物转化率为93.19%，比对照品种L26高8.84%；在2009年春季生产试验中，平均生物转化率100%，比L26高21.44%。

栽培技术要点：常规熟料栽培。菌丝最适生长温度为22~25℃，子实体生长温度范围为7~22℃，适宜温度为10~17℃。子实体生长期的空气相对湿度85%~90%，光线500lx。发菌期料温控制在22~25℃，避光培养，适度通风，空气相对湿度70%以下；转色期温度控制在18~25℃，空气相对湿度85%，散射光照；转色后加大温差刺激催蕾；出菇期温度控制在7~22℃，空气相对湿度90%。第一茬菇采收后，补水至原重，准备第二茬菇生长。

审定意见：作为适宜鲜销品种，在全省香菇产区利用。

（4）香菇SD-2。

审定编号：鲁农审2009088号

育种者：山东省农业科学院土壤肥料研究所。

品种来源：香菇L26与香菇泌阳3号杂交选育而成。

特征特性：属中高温型品种。菌丝浓白，绒毛状。子实体单生或丛生，菌盖浅褐色，有少量鳞片，直径4.5~5.8厘米，厚度1.6~2.5厘米；菌柄白色，中生，柄长3.2~4.8厘米，伞柄比为（3.6~4.5）：1；菌褶细白，孢子印淡白色；制干率高，适合干制加工。

产量表现：在2007—2008年春夏季全省香菇品种区域试验中，两季平均生物转化率为90.28%，比对照品种L26低1.87%，制干率比L26高2.52%；在2009年春夏季生产试验中，平均生物转化率90.63%，比L26高11.8%，制干率比L26高2.96%。

栽培技术要点：常规熟料栽培。菌丝最适生长温度为22~25℃，子实体生长温度范围为8~28℃，适宜温度为15~22℃，耐温性强，空气相对湿度85%~90%，光线500lx。发菌期料温控制在22~25℃，避光培养，适度通风，空气相对湿度65%~70%；转色期温度控制在18~25℃，空气相对湿度80%，散射光照；转色后加大温差刺激催蕾；出菇期温度控制在16~28℃，空气相对湿度85%~90%。第一茬菇采收后，补水至原重，准备第二茬菇生长。

审定意见：作为干制品种，在全省香菇产区利用。

（5）1363号。

香菇杂交新品种—1363号是丹东林业科学研究所通过孢子杂交方法培育而成的高产优质香菇新品种。1998年通过省科委组织的专家鉴定，2000年由农业中心蔬菜站引进，经过几年的栽培实践证明，该品种优良性状稳定，商品率高，可替代目前生产上应用的品种。

1363号香菇新品种具有以下几方面的优点和特性：产量高。鲜菇产量小试为1.59千克/块，中试为1.36千克/块，比对照品种04高29.8%。菇形好，菌盖圆整，开伞晚，菌肉厚且密实。盖面色泽为浅茶色至灰白色，菌盖直径通常为3~7厘米，1~3潮菇的厚菇一级品率通常可达80%以上。畸形菇少，菌柄细短，菌盖比重大。菇体含水量少，易烘干，商品率高。菌丝生长快，抗逆性强，杂菌污染率低。自然条件下10~20℃可正常出菇，属中温型品种，比04的出菇温度下降2℃左右，在人工浸水的条件下可在25℃下出菇，在正常用种量和发菌温度的条件下，需有效积温700~800℃。该品种适合于木屑栽培的各种栽培方式，如块栽、地栽和袋栽，也适应于各种季节，尤其反季节栽培，在较低温度下出菇。该品种的缺点：一是菌丝生长过程中易起包；二是出菇时间相比早生种晚出菇1~2周。

由于1363菌丝生长快，呼吸作用强，无论地栽还是块栽，必须及时或提早进行提膜换气，尽快排出膜内积存的二氧化碳，并且以后也要经常掀动塑料，甚至去膜几小时，防止膜内废气积累并降低温度，直至转色结束，否则菌块表面极易鼓包，出现翅裂现象。翅裂的一层菌丝厚约0.5厘米，极易发生绿霉并腐烂变黑，影响发菌效果和产量。

该品种由于菇形好、色泽浅、菌肉厚且密实，耐贮藏运输和脱水。

（6）香菇9608。

香菇9608菌株是西峡县食用菌科研中心选育的优良品种。

特性：香菇9608品种属中低温品种，菌丝生长适宜温度22～27℃，6～26℃出菇，菌龄为120～180天。子实体单生或丛生，低温结实好，抗逆性强。

优点：子实体朵型十分圆整、盖大肉厚、菌肉组织致密、畸形菇少、菌丝抗逆性强、较耐高温，接种期可跨越春夏秋3季，越夏烂筒少，在适宜条件下易形成花菇，是花菇栽培的首选品种，栽培产量高。生物学效率96%～100%。即可进行花菇栽培，也可适宜普通菇栽培。菇体韧性好，菇形圆整、菇柄短、花菇率达75%以上。

缺点：菇质较疏松，遇到白天气温较高夜晚气温低时菇脚较长。

区域：适宜北方栽培。

季节：春季制袋，10月开始出菇

（二）栽培料的配制

栽培料是香菇生长发育的基质，生活的物质基础，栽培料的好坏直接影响到香菇生产的成败以及产量和质量的高低。由于各地的有机物质资源不同，香菇生产所采用的栽培料也不尽相同。

1. 几种栽培料的配制，视生产规模大小增减。

（1）木屑78%、麸皮（细米糠）20%、石膏1%、糖1%，另加尿素0.3%。料的含水量55%～60%。

（2）木屑78%、麸皮16%、玉米面2%、糖1.2%、石膏2%～2.5%、尿素0.3%、过磷酸钙0.5%。料的含水量55%～60%。

（3）木屑78%、麸皮18%、石膏2%、过磷酸钙0.5%、硫酸镁0.2%、尿素0.3%、红糖1%。料的含水量55%～60%。

（4）棉籽皮50%、木屑32%、麸皮15%、石膏1%、过磷酸钙0.5%、尿素0.5%、糖1%。料的含水量60%左右。

（5）豆秸46%、木屑32%、麸皮20%、石膏1%、食糖1%。料的含水量60%。

（6）木屑36%、棉籽皮26%、玉米芯20%、麸皮15%、石膏1%、过磷酸钙0.5%、尿素0.5%、糖1%。料的含水量60%。

按量称取各种成分，先将棉籽皮、豆秸、玉米芯等吸水多的料按料水比为1∶(1.4～1.5)的量加水、拌匀，使料吃透水；把石膏、过磷酸钙与麸皮、木屑干混均匀，再与已加水拌匀的棉籽皮、豆秸或玉米芯混拌均匀；把糖、尿素溶于水后拌入料内，同时调好料的水分，将水与料搅拌料均匀。不能有干的料粒。

2. 配料时应注意问题

木屑指的是阔叶树的木屑，也就是硬杂木木屑。陈旧的木屑比新鲜的木屑更好。配料前应将木屑过筛，筛去粗木屑，防止扎破塑料袋，粗细要适度，过细的木屑影响袋内通气。在木屑栽培料中，应加入10%～30%的棉籽皮，有增产作用；但棉籽皮、玉米芯在栽培料中占的比例过大，脱袋出菇时易断菌棒。栽培料中的麸皮、尿素不宜加得太多，否则易造成菌丝徒长，难于转色出菇。麸皮、米糠要新鲜，不能结块，不能生虫发霉。豆秸要粉成粗糠状，玉米芯粉成豆粒大小的颗粒状。

由于原料的干湿程度不同，软硬粗细不同，配料时的料水比例也不相同，一般料水比为 1：（0.9~1.3），相差的幅度很大。所以生产上每一批料第一次用来配料时，料拌好后要测定一下含水量，确定一个适宜的料水比例。

手测法：将拌好的栽培料，抓一把用力握，指缝不见水，伸开手掌料成团即可。

烘干法：将拌好的料准确称取500克，薄薄地摊放在搪瓷盘中，放在温度105℃的条件下烘干，烘至干料的重量不再减少为止，称出干料的重量。

料的含水量（%）=（湿料重量－干料重量）/湿料重量×100

配料时，随水加入干料重量的0.1%克霉灵有利于防止杂菌污染。

（三）菌袋制作

1. 塑料筒的规格

香菇袋栽实际上多数采用的是两头开口的塑料筒，有壁厚0.04~0.05厘米的聚丙烯塑料筒和厚度为0.05~0.06厘米的低压聚乙烯塑料筒。聚丙烯筒高压、常压灭菌都可，但冬季气温低时，聚丙烯筒变脆，易破碎；低压聚乙烯筒适于常压灭菌。生产上采用的塑料筒规格也是多种多样的，南方用幅宽15厘米、筒长55~57厘米一头封口的塑料筒，北方多用幅宽17厘米、筒长35厘米或57厘米的一端封口塑料筒。

生产前应塑料筒是否漏气，检查方法是将塑料袋吹满气，放在水里，看有没有气泡冒出。漏气的塑料袋绝对不能用。

2. 装袋

现在多采用装袋机装袋。操作方法根据装袋机的要求，具体合理安排。

在高温季节装袋，要集中人力快装，一般要求从开始装袋到装锅灭菌的时间不能超过6小时，否则料会变酸变臭。

3. 装锅灭菌

料袋装锅时要有一定的空隙或者"井"字形排垒在灭菌锅里，这样便于空气流通，灭菌时不易出现死角。采用高压蒸汽灭菌时，料袋必须使用聚丙烯塑料袋，高压灭菌压力1.5千克/平方厘米，维持压力2小时。采用常压蒸汽灭菌锅，开始加热升温时，火要旺要猛，从生火到锅内温度达到100℃的时间最好不超过4小时，否则会把料蒸酸蒸臭。当温度到100℃后，要用中火维持8~10小时，中间不能降温，最后用旺火猛攻一会儿，再停火焖一夜后出锅。

4. 冷却

出锅前先把冷却室或接种室进行空间消毒。出锅用的塑料筐也要喷洒2%的来苏儿、75%的酒精或克霉灵溶液消毒。把刚出锅的热料袋运到消过毒的冷却室里或接种室内冷却，待料袋温度降到30℃以下时才能接种。

5. 香菇料袋的接种

香菇料袋多采用侧面打穴接种，要几个人同时进行，所以在接种室和塑料接种帐中操作比较方便。具体作法是先将接种室进行空间消毒，然后把刚出锅的料袋运到接种室内一行一行、一层一层地垒排起，每垒排一层料袋，就往料袋上用手持喷雾器喷洒一次0.2%克霉灵；全部料袋排好后，再把接种用的菌种、胶纸、打孔用的直径1.5~2厘米的圆锥形木棒、75%的酒精棉球、棉纱、接种工具等准备齐全。关好门窗，进行消毒柜处理完成后，接种人员迅速进入接种室外间,关好外间的门,穿戴好工作服,向空间喷75%的酒精消毒后再进入里间。接种按无菌操作(同菌种部分)进行。侧面打穴接种3人一组,第一个人先将打穴用的木棒的圆锥形尖头放入75%酒精的中,酒精要浸没木棒尖头2厘米,再将要接种的料袋搬一个到桌面上,一手用75%的酒精棉纱擦抹料袋朝上的侧面消毒,一手用木棒在消毒的料袋侧面打穴。第二人打开菌种瓶盖,将瓶口在酒精灯上转动灼烧一圈,长柄镊子也在酒精灯火焰上灼烧灭菌;冷却后,把瓶口内菌种表层刮去,然后把菌种放入用75%的酒精或2%的来苏水消过毒的塑料筒里;双手用酒精棉球消毒后,直接用手把菌种掰成小枣般大小的菌种块迅速填入穴中,菌种要把接种穴填满,并略高于穴口。注意,第二人的双手要经常用酒精消毒,双手除了拿菌种外,不能触摸任何地方。第三人则用方形胶粘纸把接种后的穴封贴严,并把料袋翻转180度,将接过种的侧面朝下。用酒精棉纱擦抹料袋朝上的侧面打穴,然后把打穴的木棒尖头放入酒精里消毒。将打好的接种穴填满菌种,用胶粘纸封贴穴口,并把接完种的第一个料袋(这时称为菌袋)搬到旁边接种穴朝侧面排放好。接完种的菌袋即可进培养室培养。接种穴的数目与袋长相关,采用55厘米长的塑料筒作料袋,侧面打穴接种,一般打5个穴,一侧3个,一侧2个,而用35厘米长的塑料筒作料袋,可用侧面打穴接种,一般打3个穴,一侧2个,一侧1个,也可两头开口接种。

用接种箱接种,因箱体空间小,密封好,消毒彻底,所以接种成功率往往要高于接种室。但单人接种箱只能一个人操作,只适用于在短的料袋两头开口接种。如果是侧面打穴接种,最好采用双人接种箱,由两个人共同操作,一个人负责打穴和贴胶粘纸封穴口,另一个人将菌种按无菌程序转接于穴中。

采用自动接种机接种节省人工且效率高。

(四)菌袋的培养

指从接完种到香菇菌丝长满料袋并达到生理成熟这段时间内的管理。菌袋培养期通常称为发菌期。

1. 发菌场地

可以在室内(温室)、阴棚里发菌,但要求发菌场地要干净、无污染源,要远离猪场、鸡场、垃圾场等杂菌滋生地,要干燥、通风、遮光等。进袋发菌前要消毒杀菌、灭虫,地面撒石灰。

2. 管理

调整室温与料温向利于菌丝生长温度的方向发展。气温高时要散热防止高温烧菌,低时注意保温。刚接好种的菌袋保持稍高的培养温度,以利于菌丝定值。刚接完种的菌袋,接种穴朝侧面排放,每排垒几层要看温度的高低而定,温度高可少垒几层,排与排之间要留有走道,便于通风降温和检查菌袋生长情况。发菌场地的气温最好控制在28℃以下。第13~15天进行第一次翻袋,此时菌丝体生长量增加,呼吸强度加大,要注意通气和降温。在翻袋的同时,用直径1毫米的钢针在每个接种点菌丝体生长部位中间,离菌丝生长的前沿2厘米左右处扎微孔3~4个;或者将封接种穴的胶粘纸揭开半边,向内折拱一个小的孔隙进行通气,同时挑出杂菌污染的袋。发菌场地的温度应控制在25℃以下。夏季要设法把菌袋温度控制在32℃以下,超过32℃菌丝生长弱,35℃时菌丝会停止生长,38℃时菌丝能烧死。菌袋培养到30天左右再翻一次袋。在翻袋的同时,用钢丝针在菌丝体的部位,离菌丝生长的前沿2厘米处扎第二次微孔,每个接种点菌丝生长部位扎一圈4~5个微孔。为了防止翻袋和扎孔造成菌袋污染杂菌,装袋时一定要把料袋装紧,料袋装的越紧杂菌污染率越低。凡是封闭式发菌场地，如利用房间、温室发菌，在翻袋扎孔前要进行空间消毒，可有效地减少杂菌污染。发菌期还要特别注意防虫灭虫。在整个菌袋发菌期间注意控制发菌空间湿度。

由于菌袋的大小和接种点的多少不同，一般要培养45~60天菌丝才能长满袋。这时还要继续培养，待菌袋内壁四周菌丝体出现膨胀，形成皱褶和隆起的瘤状物，且逐渐增加，占整个袋面的2/3，手捏菌袋瘤状物有弹性松软感，接种穴周围稍微有些棕褐色时，表明香菇菌丝生理成熟，可进菇场转色出菇。

（五）转色

香菇菌丝生长发育进入生理成熟期，表面白色菌丝在一定条件下，逐渐变成棕褐色的一层菌膜，叫作菌丝转色。转色的深浅、菌膜的薄厚，直接影响到香菇原基的发生和发育，对香菇的产量和质量关系很大，是香菇出菇管理最重要的环节。转色的方法很多，常采用的是脱袋转色法。

1. 准确把握脱袋时间

应在菌丝达到生理成熟时脱袋。脱袋太早了不易转色，太晚了菌丝老化，常出现黄水，易造成杂菌污染，或者菌膜增厚，香菇原基分化困难。脱袋时的气温要在15~25℃，最好是20℃。

2. 场地准备

脱袋前，先将出菇场地地面做成30~40厘米深、100厘米宽的畦，畦底铺一层炉灰渣或沙子。

3. 操作方法

将要脱袋转色的菌袋运到转色出菇的场地中，脱掉塑料袋，把棒形菌块按5~8厘米的间距立排在畦内。如果长菌棒立排不稳，可用竹竿在畦上搭横架，菌棒以70~80度的角度斜靠在竹竿上。控制出菇场地内的空气相对湿度最好在75%~80%，有黄水的菌棒可用清水冲洗净。脱袋立排菌棒要快，排满一畦，马上用竹片拱起畦顶，罩上塑料膜，周围压严，保湿保温。待全部菌棒排完后，温室的温度要控制在17~20℃，不要超过25℃。光线要暗些，头3~5天的相对湿度应在85%~90%，塑料膜上有凝结水珠，使菌丝在一个温暖潮湿的稳定环境中继续生长。气温高、湿度过大，每天还是要在早、晚气温低时揭开畦的罩膜通风20分钟。当菌棒表面长满浓白的绒毛状气生菌丝时，要加强揭膜通风的次数，增加氧气、光照（散射光），拉大菌棒表面的干湿差，限制菌丝生长，促其转色。当7~8天开始转色时，可加大通风。结合通风，每天向菌棒表面轻喷水1~2次，喷水后要晾1小时再盖膜。连续喷水2天，至10~12天转色完毕。在生产实践中，由于播种季节不同，转色场地的气候条件特别是温度条件不同，转色的快慢不大一样，具体操作要根据菌棒表面菌丝生长情况灵活掌握。

4. 转色过程常见不正常现象及处理办法

（1）转色太浅或一直不转色。如果脱袋时菌棒受阳光照射或干风吹袭，造成菌棒表面偏干，可向菌棒喷水，恢复菌棒表面的湿度，减少通风次数和缩短通风时间。如果空间空气相对湿度太低或者温度低于12℃，或高于28℃时，就要及时采取增湿和控温措施，尽量使畦内湿度在85%~90%，温度掌握在15~25℃。

（2）菌棒表面菌丝一直生长旺盛，长达2毫米时也不倒伏、转色。造成这种现象的原因是缺氧，温度虽适宜，但湿度偏大，或者培养料含氮量过高等。这就需要延长通风时间，并让光线照射到菌棒上，加大菌棒表面的干湿差，迫使菌丝倒伏。如仍没有效果，还可用

3%的石灰水喷洒菌棒，并晾至菌棒表面不黏滑时再盖膜，恢复正常管理。

（3）菌丝体脱水，手摸菌棒表面有刺感。可用喷水的方法提高空气相对湿度及菌棒表面的潮湿度，使空气相对湿度保持在85%~90%。

（4）脱袋后两天左右，菌棒表面瘤状的菌丝体产生气泡膨胀，局部片状脱落，或部分脱离菌棒形成悬挂状：出现这种现象的主要原因是脱袋时受到外力损伤或高温（28℃）的影响，也可能是因为脱袋早、菌龄不足、菌丝尚未成熟，适应不了变化的环境造成。解决办法是严格地把温度控制在15~25℃，空气相对湿度85%~90%，促其菌棒表面重新长出新的菌丝，再促其转色。

（5）发现菌棒出现杂菌污染时，可用Ⅱ型克霉灵1∶500倍液喷洒菌棒，每天1次，连喷3天。每次喷完后，稍晾再罩膜。

除了脱袋转色外，生产上有的采用针刺微孔通气转色法，待转色后脱袋出菇。还有的不脱袋，待菌袋接种穴周围出现香菇子实体原基时，用刀割破原基周围的塑料袋露出原基，进行出菇管理。出完第一潮菇后，整个菌袋转色结束，再脱袋泡水出第二潮菇。这些转色方法简单，保湿好，在高温季节采用此法转色可减少杂菌污染。

（六）出菇管理

香菇菌棒转色后，菌丝体完全成熟，并积累了丰富的营养，在一定条件的刺激下，迅速由营养生长进入生殖生长，发生子实体原基分化和生长发育，也就是进入了出菇期。

1. 催蕾

香菇属于变温结实性的菌类，一定的温差、散射光和新鲜的空气有利于子实体原基的分化。这个时期一般都揭去畦上罩膜，出菇温室的温度最好控制在10~22℃，昼夜之间能有5~10℃的温差。如果自然温差小，还可借助于白天和夜间通风的机会人为地拉大温差。空气相对湿度维持90%左右。条件适宜时，很快菌棒表面褐色的菌膜就会出现白色的裂纹，不久就会长出菇蕾。此期间要防止空间湿度过低或菌棒缺水，以免影响子实体原基的形成。出现这种情况时，要加大喷水，每次喷水后晾至菌棒表面不黏滑，而只是潮乎乎的，盖塑料膜保湿。也要防止高温、高湿，以防止杂菌污染、烂菌棒。一旦出现高温、高湿时，要加强通风，降温降湿。

2. 子实体生长发育期的管理

菇蕾分化出以后，进入生长发育期。不同温度类型的香菇菌株子实体生长发育的温度是不同的，多数菌株在8~25℃的温度范围内子实体都能生长发育，最适温度在15~20℃，恒温条件下子实体生长发育很好。要求空气相对湿度85%~90%。随着子实体不断长大，要加强通风，保持空气清新，还要有一定的散射光。

（七）采收

当子实体长到菌膜已破，菌盖还没有完全伸展，边缘内卷，菌褶全部伸长，并由白色转为褐色时，子实体已八成熟，即可采收。采收时应一手扶住菌棒，一手捏住菌柄基部转动着拔下。

（八）采后管理

整个一潮菇全部采收完后，要大通风一次，使菌棒表面干燥，然后停止喷水5~7天。让菌丝充分复壮生长，待采菇留下的凹点菌丝发白，根据菌棒培养料水分损失确定是否补水。有时拌料水分偏大，出菇时的温度、湿度适宜，菌棒出第一潮菇时，水分损失不大，可以不用补水，而是在第一潮菇采收完，停水5～7天，待菌丝恢复生长后，直接向菌棒喷一次大水，让菌棒自然吸收，增加含水量，然后再重复前面的催蕾出菇管理，当第二潮菇采收后，再对菌棒补水。以后每采收一潮菇，就补一次水。补水可采用浸水补水或注射补水。重复前面的催蕾出菇的管理方法，准备出第二潮菇。第二潮菇采收后，还是停水、补水，重复前面的管理，一般出4潮菇。

五、香菇段木栽培

（一）菇木的准备

1. 菇木的选择

适于香菇生长发育的树种很多，有栗树、柞树、槲树、桦树、胡桃楸、千金榆、生赤杨等。

做为香菇生产所用的树木，其树龄从七八年生的幼龄树到百年以上的老龄树都可以生长香菇，但以树龄15～30年生的树木最适宜。10年生以下的小径树，因树皮薄，材质松软等因素，虽出菇早，但菇木容易腐朽，所以生产年限短，产生出来的菇体又小又薄。老龄树则相反，虽然出菇较晚，但菇木耐久力强，可生产出很多优质香菇。不过老龄树一般树干直径较大，管理不便，所以菇木的直径以5～20厘米的原木较为理想。

2. 砍树

好的树木要及时砍伐，伐树期选在深秋和冬季为好。这时树内营养物质丰富，树液流动迟缓或停止，树皮不易剥落。砍伐后的树木因细胞不会立即死亡，不宜马上接种，要将其放在原地数日，待树木丧失部分水分后，方可剃枝，并运至菇场。在砍伐、搬运过程中，必须保持树皮完整无损不脱落。没有树皮的段木菌丝很难定植，也很难形成原基和菇蕾。

3. 截段

运到菇场的原木，要自然风干一段时间。风干时间的长短应根据不同树种的含水量而定。当菇木含水量为35%～45%时接种，最适于菌丝生长发育。含水量大小可根据菇木横断面的裂纹来判断，一般细裂纹达菇木直径的2/3时，就达到了适合接种的含水量。此时可将菇木截成1米左右的木段，菇木长短要一致，便于堆放和架立操作。

（二）菇场的选择

菇场要选择在菇树资源丰富，便于运输管理，通风向阳，排水良好的地方。菇场最好设在稀疏阔叶林下或人造遮阴棚下，要求四阳六荫，花花折射阳光能透进的地方。日照过多，菇木易干燥脱皮，过阴也不利于菇的生长。菇场附近要有溪流等水源，以便水分管理。常年空气相对湿度平均在70%左右为理想。菇场的土质以含石砾多的沙质土最佳，这样可使菇场环境清洁，菇木不易染病、生虫。

（三）接种

1. 接种时间

气温在5～20℃的季节里，结合菇木的砍伐时间、不同树种、菌种菌龄、生产规模等都可安排接种。气温在15℃左右时是接种的最佳时期。气温偏低发菌虽慢，但杂菌污染机会少。

2. 接种方法

制备的香菇栽培种有木屑菌种和木塞菌种，因此接种方法有两种。

（1）木屑菌种接种法。接种前先用电钻或打孔器在菇木上打孔，孔深1.5~2厘米，孔径1.5厘米，接种孔的行距6~7厘米，穴距10厘米，"品"字形排列。接种时取木屑种一撮，填入接种孔内，再将预先准备好的树皮盖盖在接种孔上，用锤子轻轻敲平。玉米芯也可以作封盖，先将玉米芯用锤子敲成四瓣，手拿其中一瓣用锤子逐个接种孔敲入即可。

（2）木塞菌种接种法。此法使用的一般是圆台形木塞菌种，也有圆棒形木塞菌种，种木应根据接种孔的大小制备。接种前先在菇木上打孔，然后将一块培养好的木塞菌种塞入孔内，并用锤子敲平。

（四）上堆发菌

发菌也称养菌。发菌的过程就是将接种后的菇木按一定的格式堆放在一起，使菌丝迅速定植，并在适宜的温度、湿度条件下向菇木内蔓延生长的过程。发菌时，菇木的堆放方法要因地制宜选用。一般有以下几种方法。

1. "井"字形

适于地势平坦、场地湿度高，菇木含水量偏足的条件采用。首先在地面垫上枕木，将接好种的菇木以"井"字形堆成约1米高的小堆，堆的上面和四周盖上树枝或茅草，防晒、保温、保湿。

2. 横堆式

菇场湿度、通风等条件中等，可采用横堆式。堆时先横放枕木，再在枕木上按同一方向堆放，堆高1米左右，上面或阳面覆盖茅草。

3. 覆瓦式

适于较干燥的菇场。先在地面上横放一根较粗的枕木，在枕木上斜向纵放4~6根菇木，再在菇木上横放一根枕木，再斜向纵放4~6根菇木，以此类推，阶梯形依次摆放。

除上述3种摆放方法外，还有牌坊式、立木式和三角形摆放方法，各菇场可根据实际情况灵活选用。

（五）发菌管理

菇木堆垛后，即进入发菌管理阶段。发菌管理主要指如何采取适当的措施，控制菇木的环境条件以促进尽快出菇。

1. 遮阴控温

堆垛初期，垛顶和四周要盖有枝叶或茅草。接菌早、气温低时，为了保温，垛上可覆盖一层塑料薄膜。如果堆内温度超过20℃时，应将薄膜去掉。天气进入高温时期，最好将堆面遮阴改为搭凉棚遮阴，这样有利于降低菇场温度。

2. 喷水调湿

在高温季节，菇木的含水量相应减少，特别是菇木含水量干至35%以下，切面出现相连的裂缝时，一定要补水。高温季节要选在早晚天气凉爽时进行补水。补大水后要及时加强通风，切忌湿闷，否则不但杂菌虫害会大量滋生，而且易导致菇木发黑腐烂。

3. 翻堆

菇木所处的位置不同，温、湿条件不一致，发菌效果也会不同。为使菇木发菌一致必须注意翻堆。翻堆就是将菇木上下左右内外调换一下位置。一般每隔20天左右翻堆1次。勤翻堆可加强通风换气，抑制杂菌污染。翻堆时切忌损伤菇木树皮。

（六）立木出菇

经过两个月左右的养菌，菇木已到成熟时期，较细的菇木已具备出菇条件（较粗的菇木往往要经过两个夏季才能大量出菇）。成熟的菇木常发出浓厚的香菇气味或出现瘤状突起（菇蕾）。完全成熟的菇木必须及时立木，以便进行出菇期间的管理。

立木方式采用"人"字形，用4根1.5米高的木段分两两一组先交叉绑成两个"×"形，在"×"形木架上放一根长横木，横木距地面60～70厘米。最后将菇木成"人"字形交错排放在横木上。"人"字形菇木应南北向排放，以使其受光均匀。

在菇木立木前，菇木要进行浸淋水处理。浸水时间的长短应使菇木在浸水地中没有放出气泡为止（一般为10～20小时），说明菇木已吸足水分。菇木在浸水过程中要轻拿轻放。千万不能损伤树皮并要求浸水时要用清洁的冷水。浸水时还应防止菇木漂浮，在菇木上面铺上木排，压上重物，使菇木全部沉没在水中。

对没有浸水池等设备的菇场，亦可用将菇木放倒在地面上使其吸收地面水分的方法催菇。干旱无雨时，应连续几天大量喷水，直至菇木上长出原基并开始分化时再立木出菇，这一方法，同样可以达到催菇的效果。

（七）出菇管理

出菇管理期间的技术措施应围绕着"温、湿、惊"3个方面着手。

1. 温度

菌丝发育健壮、达到生理成熟的菇木，经浸淋水催菇后，遇到适宜的温度后即大量出菇。适宜出菇的温度范围为10～25℃。10℃左右的温差利于子实体的形成。在大温差下，较高的适温利于菇蕾的形成。

2. 湿度

香菇段木栽培出菇阶段的湿度包括两个方面，一是菇木的含水量，二是空气湿度。如果菇木中含水量在出菇阶段低于35%，不管其菌丝发育多么理想，也无法出菇。第一年菇木的含水量在40%～50%为适合，第二年菇木含水量调节至45%～55%为宜，第三年菇木含水量指标为菇木重量近于或略重于新伐时的段木重量。菇木的含水量，出菇期比无菇期高。菇木年份越长，其含水量也要求随之增高。另外在原基分化和发育成菇蕾时，菇场的空间相对湿度应保持在85%左右。随着子实体的长大，空间湿度应随之下降至75%左右。当子实体发育至七八分成熟时，空间湿度可下降至偏干状态。

3. 惊木

它是我国菇民在长期的生产实践中总结的经验。惊木方法主要有两种，第一种为浸水打木。菇木浸水后立架时，用铁锤等敲击菇木的两端切面。菇木浸水后其氧气相对减少，惊木后菇木缝隙中多余水分可溢出，增加了新鲜氧气，使断裂的菌丝更能茁壮成长，促使原基大量爆出。第二种为淋水惊木。在无浸水设备的菇场、可利用淋水惊木方法催菇。淋一次大水，在菇木两端敲打一次，或借天然下雨时敲打菇木，也能获得同样的效果。北方冬季下大雪时，可将菇木埋在雪里，待雪溶化渗湿菇木后，进行惊木，效果也很理想。

（八）生息养菌

当一批香菇采摘完毕或一季停产后，菇柄基部附近或出菇多的菇木菌丝体中养分和水分大量减小。为使这些菌丝体重新积累养分和水分，就得让其生息养菌，复壮后以待继续出好菇。生息养菌可分为隔批养菌和隔年养菌。

（1）隔批养菌。是指当一批香菇采收完毕，即需进行短期的养菌。在休养期间菇木水分要掌握略偏干些，通风量大些，温度尽量提高些，为菌丝复壮创造良好的环境条件。

（2）隔年养菌。是指出菇生产周期结束后，即进入隔年养菌阶段。此阶段养菌期较长，故将菇木略风干后，在菇场以不同的堆叠方式堆垛。在管理时要做到菇木透气保温，免日晒、防病虫害等。出菇期将到来时，再进行浸水、立架等出菇管理。

六、加工与保鲜

香菇采收时，要轻轻放在塑料筐中，且不可挤压变形，然后清除菇体上的杂质，挑出残菇，剪去柄基，并根据菌盖大小、厚度、含水量多少分类，排放在竹帘或苇席上，置于通风处。应及时加工，长时间堆放在一起会降低质量。

（一）香菇的干制

1. 晒干

要晒干的香菇采收前 2~3 天内停止向菇体上直接喷水，以免造成鲜菇含水量过大。菇体七八成熟，菌膜刚破裂，菌盖边缘向内卷呈铜锣状时应及时采收。最好在晴天采收，采收后用不锈钢剪刀剪去柄基，并根据菌盖大小、厚度、含水量多少分类，菌褶朝上摊放在苇席或竹帘上，置于阳光下晒干。

2. 烘干

刚采收下的香菇马上进行清整，剪去柄基，根据菇盖的大小、厚度分类，菌褶朝下摊放在竹筛上，进行烘干。

3. 晒烘结合干制

刚采收的鲜香菇经过修整后，摊在竹筛上，于阳光下晒，使菇体初步脱水后再进行烘烤。这样能降低烘烤成本，也能保证干菇的质量。

4. 干香菇的贮藏

干制后的香菇含水量在 13% 以下，手轻轻握菇柄易断，并发出清脆的响声。但也不易太干，否则易破碎。干香菇易吸湿回潮，应按分类等级装在双层大塑料袋里，封严袋口，也可根据客户要求，按等级、重量分装在塑料袋里，封严袋口，再装硬纸箱，放在室温 15℃ 左右和空气相对湿度 50% 以下的阴凉、干燥、遮光处，要防鼠、防虫，经常检查贮存情况。

（二）盐渍加工

将香菇按要求加工煮熟进行盐渍保藏。

七、病虫害及杂菌的综合防治

1. 把好菌种关

选用优良品种，严把菌种质量关。菌丝粗壮，无其他杂色，打开瓶塞具特有香味，可视为优质菌种。如有条件，抽样培养，检查菌丝生活力。

2. 把好灭菌关

常压灭菌必须使灶内温度稳定在 100℃，并持续 8 小时；锅内菌袋排放时，中间要留有空隙，受热均匀；要避免因补水或烧火等原因造成中途降温；从拌料到灭菌必须在 8 小时内完成，从灭菌开始到灶温上升到 100℃ 不可超过 5 小时，以免料发酵变质。

3. 把好菌袋制作关

塑料袋应选择厚薄均匀、不漏气、弹性强、耐高温塑料袋，培养料切忌含水量太高，料水比掌握在 1∶(1.1~1.2)；装料松紧适中，上下内外一致；两端袋口应扎紧，并用火焰熔结，在高温季节制菌袋时，可用克霉菌灵拌料，防治杂菌。

4. 科学安排接种季节

根据香菇菌丝生长和子实体发生对温度的要求，合理安排接种季节。过早接种或遇夏秋高温气候，既明显增加污染率，又不利菌丝生长；过迟接种，污染率虽然较低，但秋菇生长期短，影响产量。接种以日平均气温稳定在25℃左右时为最好。

夏季气温偏高时，接种时间应安排在午夜至次日清晨。

5. 严格无菌操作

接种室应严格消毒处理；做好接种前菌种预处理；接种过程中菌种瓶用酒精灯火焰封口；接种工具要坚持火焰消毒；菌种尽量保持整块；接种时要避免人员走动和交谈；及时清扫接种室，保持室内清洁。

6. 做好环境卫生，净化空气

降低空气中杂菌孢子的密度，是减少杂菌污染最积极有效的一种方法。装瓶消毒冷却，接种、培养室等场所，均需做好日常的清洁卫生。暴雨后要进行集中打扫。将废弃物和污染物及时处理，以防污染环境和空气。

7. 改善环境促进菌丝快速健壮生长

杂菌发生快慢与轻重，很大程度上取决于各种环境因子，特别是香菇栽培块或菌筒上的霉菌发生时应通风换气。在日常管理工作中，尽可能创造适宜于香菇菌生长发育的环境条件是一项很重要的预防措施。

8. 减少菌丝

未愈合时发生霉菌，采取将门窗关好（定量开窗通风几次），除去覆盖的薄膜，待控制霉菌后再盖膜的措施。若个别栽培块发生霉菌，不要急于处理，待菌丝愈合后再作处理，但需增加掀动薄膜的次数，并加强栽培室通风换气和降温减湿。

9. 霉菌发生在栽培块或菌筒表面

尚未入料，一般可以采用pH值8～10的石灰清水洗净其上的霉菌，改变酸碱度，抑制霉菌生长。若霉菌严重，已伸入料内，可把霉菌挖干净，然后补上栽培种。

10. 加强管理

在气温较高季节，培养室内菌袋排放不宜过高过密，以免因高温菌丝停止生长甚至死亡，影响成品率。发菌5～6天后，结合翻堆要逐袋认真检查，发现污染菌袋随即取出。

11. 袋料栽培中为害香菇的害虫

主要为螨类和线虫。菌筒室内培养期间主要是螨的为害，后期主要为线虫。

第四章　蔬菜栽培技术

第一节　西葫芦

西葫芦别名角瓜、白瓜，营养丰富，风味独特。是市场上深受消费者喜欢的蔬菜之一。

一、特征特性

西葫芦属一年生草质藤本（蔓生）作物，有矮生、半蔓生、蔓生三大品系。多数品种主蔓优势明显，侧蔓少而弱。主蔓长度：矮生品种节间短，蔓长通常在50厘米以下，在日光温室中有时可达1米（因生长期长）；半蔓生品种一般约80厘米；蔓生品种一般长达数米。具叶卷须，属攀援藤本，但常匍匐生长（矮生品种有的直立）。

（一）形态特征

1. 叶

单叶，大型，掌状深裂，互生（矮生品种密集互生），叶面粗糙多刺。叶柄长而中空。有的品种叶片绿色深浅不一，近叶脉处有银白色花斑。

2. 花

花单性，雌雄同株。花单生于叶腋，鲜黄或橙黄色。雄花花冠钟形，花萼基部形成花被筒，花粉粒大而重，具黏性，风不能吹走，只能靠昆虫授粉。雌花子房下位，具雄蕊但退化，有一环状蜜腺。单性结实率低，冬季和早春昆虫少时需人工授粉。雌雄花最初均从叶腋的花原基开始分化，按照萼片、花瓣、雄蕊、心皮的顺序从外向内依次出现。但雄花形成花蕾时心皮停止发育，雄蕊发达；雌花则在形成花蕾时雄蕊停止发育，而心皮发达，进而形成雌蕊和子房。

3. 果实

瓠果，形状有圆筒形、椭圆形和长圆柱形等多种。嫩瓜与老熟瓜的皮色有的品种相同，有的不同。嫩瓜皮色有白色、白绿、金黄、深绿、墨绿或白绿相间；老熟瓜的皮色有白色、乳白色、黄色、橘红或黄绿相间。每果有种子300~400粒，种子为白色或淡黄色，长卵形，种皮光滑，千粒重130~200克。寿命一般4~5年，生产利用上限为2~3年。

（二）生育特性

属葫芦科一年生蔬菜作物，主侧根均较发达，主要根群分布在10~30厘米耕层内，侧根横向生长达50~80厘米，吸收养分和水分能力强，耐寒耐旱耐瘠薄。但经过育苗移栽后，切断了主根，影响了侧根的横向生长，因此在日光温室栽培西葫芦时，肥水要充足，方可获得丰产。

1. 性型分化

西葫芦的雌花分化多少和节位高低，是由遗传和环境因子支配的，是可塑的。类似黄瓜性型分化。低温（昼夜温度 10～30℃）、短日照（8～10 小时）雌花分化的多且节位低，花肥大正常，因此在育苗时尽量安排在有利于雌花形成的季节。

2. 开花受精及坐果

西葫芦的花是在凌晨 4 时至 4 时 30 分完全开放、6—8 时开始授粉、最佳授粉时间是 8—9 时，9 时以后受精力迅速下降，13—14 时完全闭花。因此，人工授粉必须及时。人工授粉比激素处理坐瓜率高，二者结合，能提高坐果率和促进幼果生长。

3. 坐瓜的间歇

西葫芦早坐瓜的有优先吸收养分的特点，后面坐的瓜因养分不足生长缓慢或化瓜，呈坐瓜间歇现象。西葫芦产量高低由结瓜数和单瓜重构成，而间歇现象，会减少坐瓜数，降低总产量，因此要及时收瓜，适时追肥淌水，促根壮秧，减少坐瓜间歇现象，确保增产。

（三）栽培条件

1. 温度

西葫芦对温度的要求比其他瓜类低些。种子发芽最适温度为 25～30℃，13℃ 以下不发芽；生长发育的温度为 18～25℃。开花结果期，白天适温 22～25℃、夜温 15～18℃，低于 15℃ 高于 32℃ 均影响花器正常发育；果实发育最适温度为 20～23℃，但受精的果实在 8～10℃ 的夜温下，也能长成大瓜。根系伸长最低温度为 6℃，最适温度 15～25℃。当前宁夏所有的日光温室均可满足西葫芦越冬时对温度的要求。温度高于 32℃ 时易感染病毒病。

2. 光照

西葫芦对光照的适应能力也很强，喜强光，又耐弱光，光饱和点 5 万勒克斯。幼苗期 1～2 片真叶时，为雌花分化的早而多，适宜短日照。进入结果期需较强光照，若遇弱光，易引起化瓜，达不到丰产目的。

3. 水分

西葫芦根系发达，吸水能力，叶片大而多，蒸腾作用旺盛，结瓜期需水量大，但在结瓜期时正处在严冬，气温低、日照短而弱，淌水要灵活，方能获得高产。幼苗期适当控水防徒长；开花结瓜期耗水量大，要合理淌水。

4. 土壤与肥料

选择疏松、透气良好、有机质含量高、保肥保水能力强的壤土。西葫芦吸肥能力强，为实现高产高效益，必须满足整个生育期对营养的需要，要平衡施肥，注意磷钾肥的配合。五要素的配合为钾＞氮＞钙＞镁＞磷。

5. 生长发育特点

西葫芦根系强大，具有较强的吸水力和抗旱力。易因缺水引起落花、落果，土壤含水量在 85% 左右时，最适宜于西葫芦生长。西葫芦因其根系吸水吸肥力强，既耐土壤贫瘠，又耐土壤肥沃。但在肥沃沙壤土栽培，最易获高产。西葫芦对大量元素的吸收量以钾最多，氮上之，钙居中，磷和镁最少。西葫芦因原产于热带高原地区，所以它既喜温，又耐低温，对温度有较强的适应性。种子发芽适温为 28～32℃，植株生长适度为 18～28℃。苗期低温有利于促进花芽分化和雌花的形成。瓜果生长膨大的适宜温度 10～20℃、32℃ 以上高温花器发育不正常，40℃ 以上高温植株停止生长。

二、栽培技术

（一）茬次的安排
应选择无病菌残留、疏松肥沃的土壤，以微碱地最好。

（二）品种的选择
目前以京葫八号为畅销品种。

（三）冷棚西葫芦播种时间
应根据早、中熟品种而定。一般早熟品种在雨水前 7~8 天播种，苗龄应在 27~30 天为宜；中熟品种可在立春过 3~5 天为宜，播种前，以大水漫灌的方式把畦里摆好的营养钵浇透，水下去后立即播种。现在播种的创新技术是播种不用盖土，只需把催好的芽子用水辅助插进营养钵，因为空间温度高于地温，这样更有利于种子脱去外皮。种子播完后，应平铺一层薄膜，这样既起到保护的作用，又有一定的压力，有利于种子脱去外皮。在此期间，应适当早揭苫，晚盖苫。如果天气过冷，可在草苫上覆盖一层塑料布。3~4 天后，当种子蜕去外皮，两荚展平之际，白天应尽量增加光照时间，夜间适当降低温度。当秧苗第一片真叶展平后，可进行一次倒苗，摆放时应注意交错放置。同时，要适当放风。定植前，更应注意放风，锻炼秧苗，增强幼苗的抗逆性。

（四）定植
应选择晴好天气。栽培时应注意不要把营养钵的土坨与地表覆平，土坨可露在外面一半左右，这样有利于缓苗。定植后，可用小竹片起拱，覆盖一层薄膜，使大棚膜与小拱棚之间有一定的空间，起到保温的作用。定植 7 天后，浇一次缓苗水。两天后，用自做的小耙及时松土，同时把露在外面的土坨与地表覆平，以防气温升高烤死幼苗。松土后，可在垅与垅之间的畦埂上铺上一层黑膜，这样既能杀死杂草，又降低了空气的湿度，使西葫芦的主要病害大幅降低，但是切不可在定植前铺膜，以免温度过高烤坏秧苗，温度过低不利于根系的生长，这一点很重要。缓苗水浇后，表土干燥，中午温度高时，叶面可能萎蔫，这时不用急于浇水，哪里有湿润的土壤，根系就向哪里伸展，这可促使根系向下茂盛生长，根系发达能有效的防止鸡爪病的发生。定植 10 天后，随着气温的不断升高，要适当放风。放风时间应当在 9 时左右，在 15 时左右闭风，切不可在中午气温过高时放风。随着气温的逐渐升高，看适当加大风口与时间。当意见温度达到 12℃ 时，就不用关闭风口了。

（五）肥料管理
应选用充分腐熟的农家肥，配以施用适当的化学肥料，期间要特别注意微量元素的使用。再有，就是调控好营养生长与生殖生长之间的关系，既要做到优质丰产，又不至于累坏瓜秧。还有一点相当重要，如遇连雨天气，应提前喷施适量的矮壮素或促控剂，防止秧苗过嫩疯长。在采收中期，由于秧蔓伸长，营养供应不足，造成化瓜，可喷施适量硼肥。还需注意的是，摘瓜时如条件允许，可每天采收一次，这样采收的瓜大小比较均匀，既能提高产量又能提高品质，西葫芦的亩产量 5 000~15 000 千克。

第二节 番 茄

番茄又名西红柿、洋柿子。原产于南美洲热带地区，在世界上大多数国家，番茄已经成为最重要蔬菜之一，我国只有六七十年的栽培历史。由于番茄富含维生素 C、胡萝卜素、矿物质等多种营养，果实可作蔬菜又可作水果，浓郁多汁，酸甜可口，深受群众欢迎。栽培面积较大，已成为我国主要的蔬菜种类之一。

一、特征特性

番茄根系发达，分布深而广，易生侧根和不定根生长快，扦插繁殖比较容易成活。花序下第一侧枝生长最快。茎的丰产形态是：节间较短，茎上下部粗度相似。

果实为多汁浆果，有粉红色和红色。番茄属于喜温性的蔬菜，不耐炎热，种子发芽的适温为 28~30℃，生长发育的适温为 15~33℃，白天以 20~25℃，夜间以 15~18℃最适宜。番茄对低温的抵抗能力与幼苗期是否经过低温锻炼有关。

番茄喜光，对光照长短要求不严格，但光照充足有利于番茄的生长发育，光照不足时极易造成植株徒长，营养不良，易落花，果实着色不良；光照过强，也不利番茄生长，植株易感染病毒病，卷叶或果实被灼伤。

番茄根系发达，吸水能力强。一般生长前期要求水量较少，盛果期要求水分量较多，盛果期供水不足，果实发育受到抑制，果实不饱满，影响产量及品质。番茄对土壤要求不严格，适应能力强，除严重排水不良的地外均可栽培。番茄生育期长，产量高，生长过程中需要有充足的有机肥及其他营养元素，幼苗期增施磷肥，有利于花的形成；果实膨大期增施钾肥，有利于糖的合成，促进果实发育。

二、栽培技术

（一）育苗技术

番茄育苗播期的确定，要根据当地的最终无霜期、苗龄、品种和育苗的设备条件而定，一般 12 月中下旬保护地育苗，3 月中旬小拱棚定植。露地栽培元月中下旬育苗，晚霜结束后定植于露地。苗龄 70~80 天。

1. 育苗方式

番茄是喜温蔬菜，苗期虽较耐低温，但春番茄育苗期正值寒冷季节，仍应以保温为主。育苗多采用温床或温室等设备。温床分电热温床和酿热温床两种类型，尤以电热温床效果好。使用时，根据苗床大小，增温效能等因素选择合适的电热线，并严格按要求铺放，这种办法效果虽然好，但是造价偏高。酿热温床建床简单，成本低，使用方便，下面介绍一下酿热温床的建床方法。

（1）温床建设。要选择地势高、排水好、背风向阳处建床。建床前要深翻风化土壤，冻死越冬害虫。苗床一般宽 1.5 厘米，长度灵活掌握。床南土框高 0.16 厘米，北土框高 0.5 厘米，土框厚 0.33~0.5 厘米，床坑深 0.33~0.4 米，床底要做成鱼脊背形。

（2）温床填充。先在床底铺一层麦秸或稻草，防止向下散热，接着铺酿热物，酿热物最好用正在发酵起热的堆肥，或用新鲜马粪加其他少量家畜类及垃圾、碎草、树叶等厚约 20~25 厘米，每填一层酿热物泼一些人粪尿水，粪水量以泼湿为宜。填后轻轻踏实，上面盖一层薄膜，夜晚加盖草苫，晴天揭开晒太阳，促使酿热物发热，经 3~5 天酿热物发热后，上面铺 10~14 厘米床土，2~3 天后即可播种。

2. 播种

（1）浸种催芽。播种前，用 55℃的热水烫种，种子倒入水中后，要不停地搅动，待温度降到 30℃时继续浸泡 8 小时，将种子捞出挤干，用湿纱布包好放在 28℃温度条件下催芽，待种子有 80% 露白后，即可播种；或不催芽，种子拌少量细砂直接播种。

（2）播种。播种时选晴天，播种前床面喷温水，水量以不湿酿物为宜，待水渗干再播。每 50 克种子可播 8～10 平方厘米，播后盖一指厚细土，再上好床框，盖上薄膜，用泥土将薄膜糊严压紧。夜晚盖上草苫，晴天揭苫晒太阳，使床温保持在 25～28℃。

3. 幼苗管理

正常情况下，播后 5～6 天即可出苗。出苗后选晴天上午喷 1 次水（水量比播种时稍大），为不使床面板结、龟裂，喷水后要盖一层细土。在温度管理上要求"两高两低"，即播种后温度要高（22～28℃），以利出苗；出苗后温度要低（12～17℃），以利花芽分化，防止徒长；分苗后温度要高（20～25℃），以利成活；成活后温度要低（10～15℃），以利壮苗。在幼苗 1～2 片真叶期间，温度应降低 2～3℃，能促进花芽提早分化，使第一花序节位下降。

4. 分苗及管理

（1）分苗。番茄冷床分苗较好，在两叶一心时分苗。分苗前要准备好苗床，并提前扣上拱棚，以提高床温。分苗要选择晴天，苗距 8～10 厘米，分苗后要及时覆盖保护设备，夜间做好保温工作。如遇寒流，需加双层覆盖物。

（2）分苗后的管理。主要做好 4 项管理。

温度：苗子成活前，苗床不能放风，晴天时白天温度要控制在 25～28℃，促其早发新根，若午间温度过高，可放回头苫，过午揭开。苗子充分成活后，要对苗子逐步实行锻炼。锻炼主要是通过放风、降低床温来实现，开始锻炼时，苗床放风口要小，开顺风口，随着苗子的生长，放风口要逐渐扩大，放风时间也应延长，不开逆风口，为使整畦苗子生长均匀，要换放风口位置。草苫的揭与盖也要根据苗子的生长情况，灵活掌握，刚分苗时，待太阳升起时揭开草苫，下午太阳偏西时盖上。苗子长大点后，应天天揭盖。总之，锻炼苗子看天、看苗，灵活管理，才能育出壮苗。壮苗的特征是节间短、茎秆粗、叶色深绿透紫、叶片厚并有轻度皱缩。壮苗定植大田后，不仅缓苗快，发棵旺，而且能抵抗短时间较低的气温。

水分：分苗成活后，苗床要选晴天上午喷 1 次水。苗子生长到 4 片真叶前，要适当控制水分，必须浇水时，水量不宜过大，而且每次浇水后都要松土，切忌大水催苗，引起徒长，但控制水分也不宜太狠，防止苗子老化。

光照：番茄在花芽分化期，光照和温度条件影响到第一穗花的花数和节位，在强光照下花数多，花穗节位低，番茄育苗以昼强光和夜低温效果较好，光照弱时，不仅形成的花数少，而且还会引起植株徒长，开的花质量差，落花增多，结的果实也小。因此要培育壮苗，一方面要选择在光照强的地方建床，注意光照和温度的协调；另一方面，要经常注意床面的清洁，使透光性良好，力争在温度合适的情况下多受光。

营养：番茄在整个生育期中，需氮量最多的时期，相对的说是从苗子开始生长到开花这一段时间。因此，除苗床要施足氮肥外，分苗后应再追施一次氮肥。对磷、钾肥也不能忽视，在幼苗 30～40 天内，每 10 天要追施一次磷酸二氢钾，从而增强植株的抗逆能力，同时磷、钾对促进花芽分化，提早开花结果有明显的效果。

（二）栽培管理技术

1. 整地施肥

番茄为深根系植物，要求土质疏松，特别对黏质土壤更须深耕，否则根系生长不良，植株生长细弱。番茄有多种病害，这些病害多数是土壤传播，所以最忌连作，因此生产上要实行轮作换茬，通常以葱蒜茬最好。冬闲地首先要进行冬耕晒垡，春节前要灌一次水，"立春"后要深耕细耙，使土壤疏松。定植前要施足基肥，根据土壤肥力情况，一般要亩施优质农家肥料7~8平方米，过磷酸钙50千克。施基肥后再翻耕1次，耙细整平。为了加厚耕作层，有利增温、排水、减轻病害，要改平畦栽植为垄栽。

2. 囤苗和定植

定植前4~5天要囤苗，囤苗能起到定植不缓苗或缓苗期短的作用。囤苗前1~2天，苗床要浇透水，囤苗从苗床一端开始。方法是用栽植铲把切成方块，切后就地排紧排平，当土块周围发生新根即可定植。保护地在定植前几天要扣上拱棚，提高地温，定植时做到边定植，边扣棚，当天定植多少扣多少。定植密度：中早熟品种一般（20~26）厘米×（50~53）厘米，晚熟品种30厘米×（33~60）厘米。

3. 定植后管理

（1）壮秧期。定植到开花为壮秧期，定植后第一次浇水，水要缓浇，缓苗后二水稍大；然后中耕蹲苗，蹲苗期中耕要深，并多次中耕，保护地栽培；定植后3~4天不要放风，以维持较高的温度，利于缓苗。缓苗后注意通风换气，防止烧苗。

在第一穗花序开花半数时，可使用生长素促进结果，防止落花，以后几个花序也要连续使用生长素。第一穗果结成后，应结束蹲苗，及时浇水。番茄最忌第一穗花开花期浇大水。浇水也不要太晚，太晚幼果容易"紧皮"，形成"僵果"。早熟品种由于生育期短，生长速度又快，蹲苗时间不宜太长，否则影响结果。保护地栽培，4月下旬当外界气温适合番茄生长时，要及时拆棚、搭架。

（2）整枝打杈。整枝打杈要掌握时机，过早整枝打杈会影响根系生长，进而影响地上部植株，造成发棵慢、发棵小。但过晚又会使养分大量消耗，影响果实生长。整枝打杈的最好时期是在第一穗花形成小果时进行。早熟品种，常采用双杆整枝，即除主枝外再留第一穗花下的一条侧枝，其余的侧枝要全部摘除。晚熟品种采用单杆整枝，即除主枝外的侧枝全部摘除。整枝打杈要在晴天气温较高时进行，有利伤口愈合，减少病害传染机会。

（3）结果期水肥管理。番茄进入盛果期以后，需要充足的水肥，一般4~6天要浇1次水，隔1水要追1次肥。除追氮肥外，还要追施磷、钾肥，还可喷施0.3%~0.5%的磷酸二氢钾。总之，番茄施肥要掌握前期少，中期多的原则，防止植株早衰。

三、主要病虫害防治

（一）番茄猝倒病

1. 症状

多发生在幼苗时期，在1~3片真叶期间，幼苗在靠近地表部分收缩变成线状，发病幼苗，白天早萎缩状态，夜间又复原，3~4天后茎基部变成黑褐色而折倒。

2. 防治方法

首先应从育苗入手，育苗床土要选用多年未种过茄果类蔬菜的无病无菌土壤，加强苗床管理，床土要松软适度，避免土壤板结。注意苗床温度、水分调节，苗床温度不要过高，湿度不要过大，适当通风换气，加强幼苗锻炼，增强抗病能力。发现病株及时拔除，撒生石灰消毒并喷打600倍代森锌或1∶1∶200倍波尔多液等农药。

（二）番茄晚疫病

1. 症状

此病可为害叶片、果实及茎部，发病多从叶尖端或边缘处出现不规则、暗绿色、水浸状大病斑，尔后逐渐变成褐色，在潮湿情况下，病斑边缘产生霉状物，这是该病的明显标志。果实病斑边缘模糊，呈晕状，茎上病斑暗褐色稍凹陷。

2. 防治方法

应以预防为主。要做到无病早防，防重于治，定期喷药。疫病一旦发生，要立即摘除病叶、病果，烧掉或深埋，防止蔓延，尔后立即喷药，药剂防治可喷打 1∶1∶200 倍波尔多液或代森锌（500 倍）、百菌清等农药。如果喷后遇雨，雨后应补喷。加强田间管理，摘除老叶、病叶，增加通风透光。改变以往栽培方式，变平畦栽为高垄栽，并实行地膜覆盖。

（三）番茄青枯病

1. 症状

受害植株的落叶好像严重缺水的样子，从茎的先端开始骤然变黄、萎凋下垂，渐及下部及全株。受害植株的根，特别是一部分侧根变褐，腐败而消失。如切开接近地表的茎部，可看到维管束变成褐色，用手指挤压，从导管分泌出乳油状黏液。茎表面粗糙，发生大量小突起或不定根。

2. 防治方法

选用抗病或早熟品种，选择无病菌土壤育苗，大田实行 3 年以上的轮作换茬选择比较高燥，排水良好的地块栽植番茄，向土壤中施硫黄或石灰，提高土壤的酸度或碱度，使土壤稍偏酸或偏碱。争取早栽早收。尽可能避开高温，施肥不可偏氮。病菌从植株根部处侵入，移苗时尽可能少伤根系，发现病株，拔掉深埋。也可在发病初期用 72% 农用硫酸链霉素可溶性粉剂 4 000 倍液，或农抗"401" 500 倍液，或 25% 络氨铜水剂 500 倍液。

（四）蚜虫

可喷打 800~1 000 倍乐果防治。中后期注意不要喷在茄果上，以免人食用后受药害。

第三节　辣　椒

辣椒又名海椒（蜀）、辣子（陕）、辣角（黔）、番椒等，原产于中南美洲热带地区。在我国已有悠久的栽培历史，目前全国各地均有栽培，类型和品种较多，辣椒含有较丰富的辣椒素及维生素 C 等多种营养物质，并有芬芳的辛辣味。辣椒有促进食欲、帮助消化的作用。青熟果实可炒食、泡菜，老熟红果可盐腌制酱；干椒可制辣椒粉。我国产的辣椒干和辣椒粉远销新加坡、菲律宾、日本、美国等国家。

一、特征特性

辣椒根系不发达，根量少，入土浅，茎部不易着生不定根，必须重视保护根系。茎直立，腋芽萌发力较弱，株冠小，适于密植，常以双杈分枝生长。在夜温低，幼苗营养良好时分化的三杈居多，反之双杈较多。均匀而强壮的分枝是辣椒丰产的前提，前期的分枝主要在苗期形成，后期分枝则决定于定植后结果期的栽培条件。

基部主茎抽生侧枝，要及时摘除，减少养分消耗。氮素充足时，叶形长；钾素充足时，叶幅较宽。氮过多或夜温过高时叶柄长，先端嫩叶凹凸不平；低夜温叶柄较短，土壤干燥时叶柄稍弯曲，叶身下垂，而土壤湿度过大则整个叶片下垂。另外，培育健壮的侧枝是增加结果数的重要条件。在植株营养不良，夜温过低，日照较弱，土壤干燥及密植条件下，果内种子少，果实生长受到抑制，往往形成小果，严重时可能形成"僵果"。即使是正常果，干旱时果实变短，夜温过低时果实先端变尖，枝叶过少时易发生"日灼病"。水分及钙吸收受限时易发生顶腐病。

在结果初期，由于植株营养体较小，应适当早采果，以保证整株具有较多的开花数及较高的着果率。结果期间土温过高，尤其是强光直晒地面，对根系发育不利，严重时能使暴露的根系褐变死亡，易诱发病毒病。辣椒既不耐旱也不耐涝，由于根系较弱，应经常供给足够的水分。但辣椒淹水数小时，植株就会萎蔫，严重时会成片死亡。小辣椒品种较大辣椒品种适应性强。落花、落蕾、落果问题对辣椒产量影响很大，正常气候条件下，落花落蕾主要是营养不良造成的，尤其是氮素不足或过多都会影响营养生长及营养分配，容易导致落花。春季辣椒早期落花、落蕾主要是低温、春旱、干风引起。盛果期落花落果，除营养条件外，高温、干旱、病毒病、水涝等也是主要原因。进入高温多雨季节后，尤其是暴雨后暴晴，气温急剧上升，更易导致落花、落果，甚至大量落叶，造成严重减产。

二、栽培技术

（一）育苗技术

培育大龄壮苗，是辣椒丰产稳产的基础，不仅有利早熟，且能促进发秧，减轻病毒病的危害。定植时最好达到大蕾程度，要适当早播，保证80~90天苗龄。浸种时先把秕、杂、霉烂的种子用清水漂去，用60~70℃热水烫种，边倒边搅，直到30℃时停止搅动，浸种8个小时，在25~30℃温度环境中催芽。播后均匀覆土0.5~1厘米，出苗期土温不低于17~18℃，辣椒育苗的关键是使秧苗根系发达，如果幼苗根系发育不良，甚至老化，不但不能早熟，产量也不会太高。辣椒苗生长较慢，育苗时需维持较高的温度，即所谓"育热苗"。育苗前期及中期以促为主。到定植前10~15天，逐渐锻炼幼苗，适当降温、控水，分苗次数不宜过多，且注意保护根系，避免伤根过多、过重，还要保证一定的营养面积。双株分苗时，要依据苗子大小，分开配对栽植，避免大苗欺小苗。

（二）管理技术

1. 整地

辣椒生长期长，根系弱，为使其不断开花结果，必须有良好的土壤条件和营养条件，定植前翻地10~15厘米深。亩施厩肥5 000千克，可掺施过磷酸钙15~20千克，短灌、短排作沟渠，沟沟相通，使雨后田间不积水。

2. 定植

适期定植，促早发根。早发苗是掌握定植期及定植后管理的主要原则。辣椒又以沟栽或平栽为宜，定植时浅覆土，以后逐渐培土封垄，定植后只依靠干旱蹲苗会损伤根系，所以辣椒苗期管理要小蹲苗或不蹲苗，一促到底。

3. 定植密度

辣椒株型紧凑，适于密植。试验证明，辣椒密植增产潜力大，尤其一直生长到秋季的青椒。适当密植有利于早封垄，由于地表覆盖遮阴，土温及土壤湿度变化小，暴雨后根系不致于被暴晒，起到促根促秧的作用。一般青椒生产密度为每亩3 000~4 000穴（双株），行距

50~60厘米，株距25~30厘米。一般多采用双株或3株1穴。定植方式有大垄单行密植、大小垄相间密植及大垄双行密植等，都能获得较高的产量。

4. 田间管理

辣椒喜温、喜水、喜肥，但高温易得病，水涝易死秧，肥多易烧根。整个生育期内的不同阶段有不同的管理要求，定植后采收前要促根，促秧；开始采收至盛果期要促秧、攻果；进入高温季节后要保根保秧，防止败秧和死秧，结果后期要继续加强管理，增产增收。

（1）采收前的管理。此期地温低、根系弱，应大促小控。即轻浇水，早追肥；勤中耕，小蹲苗；缓苗水轻浇，可结合追少许粪水，浇后及时中耕，增温保墒，促进发根，蹲苗不宜过长，10天左右，可小浇小蹲，调节根秧关系。蹲苗结束后，及时浇水、追肥，提高早期产量，追肥以氮肥为主，并配合施些磷钾肥，促秧棵健壮，防止落花，及时摘除第一花下方主茎上的侧枝。

（2）始收期至盛果期的管理。这一阶段气温逐渐升高，降水量逐渐增多，病虫害陆续发生，是决定产量高低的关键时期。为防止早衰，应提前采收门椒，及时浇水，经常保持土壤湿度，促秧攻果，争取在高温季节封垄。进入盛果期，封垄前应培土保根，并结合培土进行追肥。一般每隔1周喷1次敌百虫，防治虫害；7~10天喷1次1000倍液乐果灭蚜，防止传播病毒；喷代森锌或百菌清500~800倍液，防治炭疽病等病害。

（3）高温季节及其以后的管理。高温雨季易诱发病毒病，落花落果严重，有时大量落叶。因此，高温干旱年份必须灌在旱期头，而不能灌在旱期尾，始终保持土壤湿润，抑制病毒病的发生与发展。雨后施少量化肥保秧，还要及时灌溉，防止雨季后干旱而形成病毒病高峰。高温季节应在早晚灌溉。盛花期喷800~1000倍矮壮素3~4次，有较好的保花增产效果。

（4）结果后期的管理。高温雨季过后，气温转凉，青椒植株恢复正常生长，必须加强管理，促进第二次结果盛期的形成，增加后期产量，应及时浇水，并结合浇水追施速效性肥料，补充土壤营养的不足。

（5）采收。青椒以嫩果为产量，一般以果实充分肥大，皮色转浓，果皮坚实而有光泽为采收适期，应及时采收。早期果及病秧果应及早采收。大辣椒品种一般亩产2 000~2 500千克，高产的可达5 000千克以上。

三、干椒栽培技术要点

干椒栽培是以采收成熟果实，加工成干制品为目的。干椒是人民群众喜爱的调味品，干椒的栽培管理技术和青椒基本一致，但也有不同之处，主要技术要点如下。

（一）选用良种

品种要求果实细长，色深红，果面有皱褶，株形紧凑，结果多，部位集中，果实红熟快而整齐，果肉含水量小，干椒率高，辣椒素含量较高。

（二）育苗栽培

干椒育苗可以提高苗的质量，减少病虫害，提高产量。其育苗技术和青椒相同，仅苗龄可适当缩短到50~60天。

（三）合理密植，防止倒伏

干椒品种一般株形紧凑，适于密植。高产田块的密度以每亩4 000穴，每穴3株，行穴距50厘米×30厘米为好，比一般生产密度（50厘米×17厘米，每穴1株）增产24%~30%。看来，干椒密植增产潜力很大，丛栽不仅增加了株数，且可防止倒伏。

（四）肥水适宜，增加红果产量

干椒肥水管理与青椒相似，但也有其特点，因定植较晚（一般为5月下旬至6月中旬定植）地温较高，定值时要浇透水，过几天再小浇一次缓苗水，然后精细中耕蹲苗。开花着果后追肥，浇大水，促进开花结果。干椒要采收成熟果实，追肥除氮肥外，应重视磷肥、钾肥的施用，果实开始红熟后，应控制用水，以至停止浇水，促进果实红熟，否则，植株贪青猛长，降低红果产量。

（五）适时采收

生产商品干椒一般都待果实全部成熟，一次采收。为了提高红辣椒的产量和质量，降低青椒率，减少因采收不及时而造成的损失，也可分次采收。一般2千克左右鲜椒可出0.5千克干椒，亩产干椒100~150千克，高产的达200~300千克。

四、主要病虫害防治

（一）辣椒炭疽病

1. 症状

果实病斑褐色，中央稍凹陷，圆形或不规则形，水渍状，生有圆心轮纹，上面着生黑色小点，这些点色淡而小。潮湿时病斑周围有湿润的变色圈，干燥且易干缩破裂。叶上也可发病，病斑初期为水渍状黄色斑点，渐变褐色，中央灰白色，圆形或不规则形，生有小点。

2. 防治方法

（1）实行3~5年轮作，在无病果植株上留种。

（2）种子消毒，以55℃热水浸种10分钟，立即移至冷水中冷却，然后催芽。或将种子在冷水中预浸10小时，再放在1%的硫酸铜溶液中浸5分钟，捞出后拌少量硝石灰或草木灰，中和后再播。

（3）增施磷、钾肥，防止氮素过多，植株衰弱徒长。

（4）药剂防治。果实接近成熟时，喷0.3%~0.5%石灰等量式波尔多液，或75%百菌清600倍液，或50%甲基托布津1 000倍液，或"401"抗菌剂500倍液，7~10天防治1次，要连续防治2~3次。

（二）辣椒疮痂病

该病又叫细菌性斑点病，俗称落叶瘟。除为害辣椒外，还为害番茄。

1. 症状

幼苗叶片沿叶脉发病，呈畸形，病斑疮痂状，成株叶片发病，近似水渍状绿色斑点，扩大成圆形或不规则形，边缘暗褐色，稍凸起，中央褐色，稍凹陷，表皮粗糙，受害严重时，叶片发黄脱落。果实上发病，初为黑色小点，后成圆形、长圆形病斑，病斑周围有狭窄的淡绿色边缘，后梢隆起，呈疮痂状。

2. 防治方法

（1）选留无病果种子，进行种子消毒（同炭疽病），还可用1:10链霉素浸种10分钟播种。

（2）秧苗期可喷0.2%~0.25%石灰等量式波尔多液，定植后喷0.3%~0.5%石灰等量式波尔多液，也可喷0.02%农用链霉素液，每7~10天喷1次，共喷2~3次。

（三）青椒病毒病

1. 症状

叶上产生黄绿相间的花叶，叶片皱缩，向上卷曲；有的形成叶片疱斑、黄化；也有的表现植株矮化，节间短，丛枝；有的发病后在茎上产生黑褐色条斑，早期落叶、落花、落果，果实小而坚实；有的果实皱缩隆起，黄绿镶嵌，畸形。

2. 防治方法

选抗病品种，或进行种子处理，可用1%高锰酸钾浸种20~30分钟后进行催芽播种，其他措施同一般病毒病防治方法。

第四节 菜 豆

菜豆又名四季豆、芸豆、玉豆等，在我国各地均有栽培，就全国而言，春、夏、秋、冬四季都有供应。菜豆的嫩豆荚营养丰富。据分析食用嫩荚含有6%蛋白质、10%纤维、1%~3%糖，干种子中含有22.5%蛋白质、59.6%的碳水化合物。另外还含有多种维生素、钙、铁、磷等营养成分。除鲜食外，还可加工成罐头食品，在医药上有温中补肾、散寒下气、止呕吐的作用，对虚寒腰痛、肠胃不和、腹胀、咳喘也有疗效。

一、类型和品种

菜豆种类很多，依豆荚的性质可分为硬荚和软荚两种，依生长习性又可以分为矮性种、蔓性种和半蔓性种。豆荚有绿色、黄色或紫色斑纹等，种子颜色有白、紫、红、黄褐色的，还有各种花斑的。

二、特征特性

菜豆是喜温蔬菜，不耐霜冻，种子8~10℃开始发芽，最适温度25℃，幼苗在10℃开始生长，16~20℃是生长最适温度，开花结荚适温为20~25℃，低于15℃或高于30℃，影响结荚。菜豆属短日照植物，然而在生产栽培过程中，对光照长短要求不很严格，但对光照强弱反应较敏感，栽培中要尽量避开霜期和最炎热的夏季，菜豆直根发达，有根瘤，侧根再生能力弱，不宜移栽。菜豆对土壤的适应性较广。主根最深可达80厘米，在生长中能吸收土壤深层的水分和养分，能耐一定程度的干旱，不耐湿。

三、栽培技术

菜豆一般四季都可以栽培，但生产上以春栽、秋栽为主。

（一）春季栽培

1. 育苗移栽或直播

为提前上市，可采用保护地育苗移栽。或地膜覆盖栽培，菜豆种子发芽力强，不需要浸种催芽，苗床不易过湿，播种后温度要保持在25℃左右。以利出苗快，不烂种。因菜豆的根再生能力弱，应小苗移栽，即第一对真叶开展前后移栽，移栽时尽量多带土。栽植菜豆的地块肥力中等以下，要施腐熟有机肥，每亩1 500~3 000千克，深耕细耙。整地做畦，开好厢沟排水透气，以促进根系生长。如底墒不足，整地栽植前一周浇水，地干爽后再整地做畦。栽植密度因品种不同，一般蔓性种。畦宽180厘米，沟宽40~50厘米，每畦种4行，搭架株距15~18厘米。矮性种要求畦宽120厘米，4行种植，穴距18~33厘米。种子进行直播的，播种深度3~5厘米，每穴3~4粒，播后回土，轻踩，墒情较差时，用脚将土踩实，使种子和土充分接触，利于种子吸水出苗。播种后出苗前，尽量不浇水，防止土温下降和土壤板结，引起烂种，若因墒不足，影响出苗时，可轻浇1次水，并及时中耕松土，破除板结，提高地温。

2. 田间管理

苗出齐后，开始定苗，每穴留2~3株，中耕1次，促使根系发生，出苗约20天后，视苗长势，浇水追肥1次，或继续进行蹲苗。蔓性种插架前开始浇水并适量追肥。矮生种开花结荚后开始浇水追肥，结荚盛期，植株长势开始减弱，水肥管理要跟上，以利果荚膨大，豆蔓顶端继续伸长，矮生种播后50~60天开始采收，收获期30天，亩产1 200~1 500千克。蔓生菜豆播后65~80天采收，收获期45~50天，亩产1 500~2 500千克。

（二）秋季栽培

1. 适时播种

长江以南一般8月下旬至9月上旬播种，长江以北一般7月下旬至8月上旬播种，秋菜豆前期温度较高，生长迅速，如过早播种，高温易引起早期落花，如播种过迟，后期气温低，生长困难，易落花落荚。

2. 适当密植

秋菜豆生长期短、植株较小，增加密度，可提高产量，每穴播5~6粒种子，留3~4株苗。

3. 加强管理

秋菜豆生长期常遇大雨，要及时排水、中耕除草。为防止落花落荚，中期追施氮、磷、钾肥，提高开花结荚率。

四、主要病虫害防治

（一）菜豆枯萎病

1. 症状

发病时，叶片沿叶脉两侧出现不规则形褪绿，然后变黄、叶脉褐色，最后整叶焦枯脱落，严重时整株成片死亡。

2. 防治方法

选用抗病品种，用种子重0.5%的50%多菌灵可湿性粉剂拌种或40%甲醛溶液300倍液，浸种4小时。发病时，用50%托布津可湿性粉剂400倍液灌根，每株0.3~0.5升。

（二）菜豆炭疽病

1. 症状

叶片发病时，病斑沿叶背面叶脉呈多角或三角形扩展。渐由红褐变黑褐色。豆荚发病时，由褐色小斑点扩大成圆形病斑，中央凹陷。

2. 防治方法

一是选抗病品种；二是播种前用福尔马林2 000倍液浸种30分钟；三是用75%百菌清600倍液、50%托布津500倍液或70%代森锰锌可湿性粉剂500倍液喷植株。

（三）菜豆根腐病

1. 症状

主要表现在根部和茎基部，早期症状不明显表现为植株矮小。开花结荚后，症状逐渐明显。病株下部叶片枯黄，从叶片边缘开始枯萎，但不脱落。拔出病株，可见主根上部和茎地下部变黑色，病部稍凹陷。侧根少或腐烂死亡，主根全部染病后，地上茎叶萎蔫直至枯死。

2. 防治方法

一是与豆类蔬菜2年以上轮作；二是加强田间管理，采用地膜覆盖，发现病株及时拔除，并向四周撒石灰消毒；三是发病初期及时喷药，可用70%甲基托布津可湿性粉剂800～1 000倍液灌根，每株灌液量250毫升，7～10天再灌1次，或用50%多菌灵可湿性粉剂1 000倍加70%代森锰锌可湿性粉剂1 000倍液混合用药喷洒。

第五节　豇　豆

豇豆又名豆角、长豆角、带豆，在我国栽培历史悠久，全国各地均有栽培，南方各省栽培较多。露地春夏秋均可栽培。是夏秋淡季主要蔬菜之一，对蔬菜的周年供应起重要作用。豇豆以嫩荚供食，含有丰富的胡萝卜素、多种维生素、蛋白质，还含有较多的钙、磷、铁等矿质元素，是营养价值较高的一种蔬菜。在医疗上还具有健胃补肾、治疗脾胃虚弱之功效。

一、特征特性

豇豆根系发达，主根长80～100厘米，侧根可达80厘米，主要根系集中分布在15～18厘米耕层内，根系吸水力强，耐旱。茎为蔓性。豇豆喜温耐热，种子10～12℃开始发芽，25～28℃发芽迅速，生长适温为20～30℃，在35℃高温下有的品种仍能正常开花结荚。耐寒性较差，10℃以下生长受抑制，17℃以下开花结荚率降低。

二、栽培技术

豇豆喜温耐热、怕霜冻，南方一般从2月下旬开始播种直至9月上中旬，采收从4月中下旬至11月；北方从3月下旬开始播种育苗到7月，采收从5月下旬到10月。

（一）育苗

豇豆易出芽，不需浸种催芽，育苗的苗床底土宜紧实，以铺6厘米厚壤土最好，以防止主根深入土内，多发须根，移苗时根群损伤大。所以当苗有一对真叶时即可带土移栽，不宜大苗移植。有条件的可用营养钵育苗，每钵双苗。

（二）定植

断霜后定植，苗龄20～25天，定植田要多施腐熟的有机肥，每亩4 000～5 000千克以上，过磷酸钙25～30千克，草木灰50～100千克。或硫酸钾10～20千克，定植密度行距66厘米，穴距18～20厘米，每亩5 000穴，每穴双株。定植后浇缓苗水，深中耕蹲苗5～8天，促进根系发达。

（三）直播

断霜后露地播种，蔓生性品种密度为行距为66～70厘米，株距20～25厘米，每穴4～5粒，留苗2～3株，矮生品种行距50～60厘米，株距25～30厘米。播后用脚踏实使土和种子充分接触，吸足水分以利出芽，有70%芽顶土时，轻浇水1次，保证出齐苗。浇水后及时深中耕保墒、增温蹲苗，促使根系生长。

（四）田间管理

1. 肥水管理

豇豆开花结荚前要控水、控肥、如肥水过多，蔓叶生长旺盛，易造成徒长，开花节位升高，花序数目减少。植株开始开花结荚时，要加大肥水，促进生长、多开花、多结荚，一般开始采收后每5~7天追一次肥。开花结荚盛期，适当增加追肥量。如此时缺水缺肥，会出现落花落荚、茎蔓生长衰退。采收中后期如果肥水管理得当，还有利于促进翻花，延长采收期，提高产量。

2. 搭架、整枝疏叶

在蔓未互相缠绕前，插杆搭架，搭锥形架或"人"字形架均可，引蔓上架。主蔓基部的侧蔓要及时摘除，以利通风。主蔓中上部各叶腋中的花芽旁混生叶芽时，将叶芽及时摘去，若没有花芽只有叶芽时，叶芽有3叶时可留2叶摘心，这样侧枝上即可形成一穗花序，主蔓长到2~3厘米时，打顶摘心控制生长减少养分消耗，促使侧芽花序形成。若茎叶过茂，妨碍通风透光，可分次摘除花叶。

3. 采收

豇豆每穗花序有两对以上花芽。肥水条件好的情况下，第一对花结荚后，芽上边的花芽仍然能开花结荚。因此，采收要及时，减少养分消耗，一般花开后9~11天即可采收。采收时，尽量不要伤花序上其他花蕾，更不能连花序柄一起摘下。正确的采收方法是：按住豆荚茎部，轻轻向左右扭动，然后摘下，或在豆荚基部1厘米处掐断采收。

三、主要病虫害防治

（一）豇豆斑枯病

1. 症状

叶斑多角形至不规则形，初呈暗绿色，后转紫红色，中部褪为灰白色至白色，多个病斑融合为斑块，致使叶片早枯，后期病斑正背面可见针尖状小黑点。

2. 防治方法

① 及时收集病残物烧毁；② 喷洒75%百菌清可湿性粉剂；③ 喷洒70%甲基硫菌灵可湿性粉剂1 000倍液，或75%百菌清可湿性粉剂1 000倍液加70%代森锰锌可湿性粉剂1 000倍液，隔10天左右1次，连续2~3次。

（二）豇豆锈病

1. 症状

主要侵害叶片，也可发生在茎和果荚上，叶片被害初期生有浅绿色针头大小的黄白色小点，后变为黄褐色的小病斑。发病严重时，造成叶片干枯早落。

2. 防治方法

① 任选用抗病品种；② 在病发初期，先摘除病叶，然后喷30%胶体硫100~150倍液。每隔5~7天1次，连续喷2~3次。

（三）豇豆虫害

豇豆的虫害主要是豇豆螟，幼虫在现蕾前为害叶片，以后钻进花冠，为害豆荚。防治方法：在植株现蕾以后，用90%敌百虫或乐果乳油800~1 000倍液喷雾，每隔3~4天1次，连续喷2~3次。

第六节　黄　瓜

黄瓜也称胡瓜、青瓜。属于葫芦科一年生蔓生或攀援草本植物。我国各地普遍栽培，且许多地区均有温室或塑料大棚栽培；成为我国各地夏季主要菜蔬之一。茎藤药用，能消炎、祛痰、镇痉。

一、特征特性

（一）栽培特性

1. 根

黄瓜根系主要分布在表土下25厘米内，10厘米以内最为密集。侧根横向伸长主要集中半径30厘米内，根系木栓化比较早，断根后再生能力差，幼苗期茎上有发生不定根的能力，不定根比原根生长还要旺盛，这和苗床盖土厚薄等有关系。黄瓜是一种浅根性蔬菜，抗旱能力较弱，所以要求土壤肥沃，浇水频繁。

2. 茎

黄瓜茎是蔓性，中空、茎皮层薄、髓腔大、机械组织不发达、不能独立、需打架绑蔓或吊蔓。

3. 叶

黄瓜叶面积大、蒸腾系数高，一片叶自完全展开起，净同化随叶面积的增加而增加，叶面积最大时净同化率最大，是光合作用的主体。

（二）生育环境

1. 温度

（1）气温与地温。黄瓜起源于亚热带温湿地区，要求高温高湿的气候条件，最低有效温度为14~15℃。一般情况下，黄瓜健壮植株的冻死温度为-2~0℃，它不耐霜冻的原因是组织柔软，含游离水较多，易结冰，它对低温的适应能力常因降温的缓急和锻炼的程度而大不相同，所以黄瓜栽培的苗床锻炼，有其独特的意义。通常8℃以下黄瓜难以适应，1~12℃以下，生理活动失调、生长缓慢，停止生育，所以10℃称为"黄瓜经济的最低温度"是有其意义的。

黄瓜健壮的生育界限温度为10~30℃，光合作用适宜温度25~32℃，而35℃左右同化产量和呼吸消耗平衡。黄瓜根系比其他果菜类对地温的变化更为敏感，地温不足时，根系不伸展，吸水吸肥特别是磷的吸收受到抑制，因而地上部不长，叶色变黄，黄瓜生育最好的地温为25℃左右，最低15℃，地温降至12℃以下，根系的生理活动受阻，会引起下部叶片变黄。地温超过32~35℃，根系的呼吸量增加。

（2）昼温与夜温。要求昼温25~30℃，夜温13~15℃，最理想的昼夜温差10℃左右；夜温所以要低，首先夜间不进行光合作用，低温可以减少呼吸消耗；其次夜间缺乏紫外线，温度高了，会引起徒长；再者夜温过高，同化养分运输缓慢，植株生长缓慢，甚至引起落花。

（3）阴天与晴天的温度。黄瓜在阴天日照不足的情况下，较低的温度为好，可以减少呼吸消耗。

2. 湿度

由于系统发育的影响，黄瓜喜湿不耐旱，它要求土壤湿度为85%～95%，空气湿度白天80%，夜间90%。如果土壤湿度大，空气湿度50%左右也无多大影响，它对空气干燥的抵抗力是随土壤湿度的提高而增强的。黄瓜虽然喜湿，但又怕涝，如果湿冷结合。寒根、猝倒、沤根将随之而来。

3. 光照

黄瓜叶片因所处节位和叶龄长短的不同，其同化量有很大的差异，一株黄瓜当中，中间以下展开了20～30天的那5片大面积壮龄叶的同化量最大。黄瓜叶片中干物质的含量受天气阴晴的影响极大，其干物质增重晴天比阴天多两倍乃至六倍，阴雨天持续日久时，黄瓜会软弱多病，并引起"化瓜"现象。

4. 土壤和矿质营养

黄瓜根系浅，以选择富含有机质的透气良好、既能保水又能排水的腐殖质壤土，且一般喜欢pH值5.5～7.2的土壤，但以pH值为6.5最好。黄瓜在收瓜期间对五要素的吸收量以钾为最多、氮次之、再次为钙、磷，以镁为最少。同时它们的吸收量都是在收获期间最高，产量越高对养分的吸收也越多，同时对地力的消耗也越大，所以，结果期的追肥是最为重要的。

二、种类与品种

根据品种的分布区域及其生态学性状分为下列类型。

（一）南亚黄瓜

分布于南亚各地。茎叶粗大，易分枝，果实大，单果重1～5千克，果短圆筒或长圆筒形，皮色浅，瘤稀，刺黑或白色。皮厚、味淡。喜湿热，严格要求短日照。地方品种群很多，如锡金黄瓜、中国版纳黄瓜及昭通大黄瓜等。

（二）华南黄瓜

分布在中国长江以南及日本各地。茎叶较繁茂，耐湿、热，为短日性植物，果实较小，瘤稀、多黑刺。嫩果绿、绿白、黄白色、味淡；熟果黄褐色，有网纹。代表品种有昆明早黄瓜、广州二青、上海杨行、武汉青鱼胆、重庆大白及日本的青长、相模半白等。

（三）华南黄瓜

分布在中国长江以南及日本各地。茎叶较繁茂，耐湿、热，为短日性植物，果实较小，瘤稀、多黑刺。嫩果绿、绿白、黄白色、味淡；熟果黄褐色，有网纹。代表品种有昆明早黄瓜、广州二青、上海杨行、武汉青鱼胆、重庆大白及日本的青长、相模半白等。

（四）华北黄瓜

分布于中国黄河流域以北及朝鲜、日本等地。植株生长势均中等，喜土壤湿润、天气晴朗的自然条件，对日照长短的反应不敏感。嫩果棍棒状，绿色，瘤密，多白刺。熟果黄白色，无网纹。代表品种有山东新泰密刺、北京大刺瓜、唐山秋瓜、北京丝瓜青以及杂交种中农1101、津研1～7号、津杂1号、津杂2号、鲁春32等。

（五）欧美露地

分布于欧洲及北美洲各地。茎叶繁茂，果实圆筒形，中等大小，瘤稀，白刺，味清淡，熟果浅黄或黄褐色，有东欧、北欧、北美等品种群。

（六）欧型温室

分布于英国、荷兰。茎叶繁茂，耐低温弱光，果面光滑，浅绿色，果长达50厘米以上。有英国温室黄瓜、荷兰温室黄瓜等。

（七）小型黄瓜

分布于亚洲及欧美各地。植株较矮小，分枝性强。多花多果。代表品种有扬州长乳黄瓜等。

（八）国内品种

1. 黑龙江黄瓜

世界上最好的黄瓜品种是"黑龙江黄瓜"。中国只有黑龙江全境、吉林少部分是黑土地。黑土地要4亿年才能形成，是动植物的尸骨在经历很长时间才形成的高有机土壤，在这样的黑土地长出来的作物其营养特别丰富，尤其寒冷地带的黑土地冬季土地和植物在大雪的覆盖下进入冬眠，使黑土地更加有生气。

2. 广州黄瓜

中国农业科学院蔬菜花卉研究所育成的华北型黄瓜一代杂种。植株长势强，分枝较多，主侧蔓结瓜，抗抗霜霉病、白粉病、黄瓜花叶病毒病、枯萎病、炭疽病等多种病虫害。适宜春秋露地栽培。

三、繁殖方法

（一）种子繁殖

1. 苗床准备

采用营养钵装营养土培育砧木苗，营养土的配制比例是：肥沃园土6份、腐熟的马粪和圈肥4份，每立方米配合土中再加入腐熟捣细的粪干或鸡粪15~25千克、过磷酸钙0.5~1千克、草木灰5~10千克，充分拌匀后即可。接穗苗用育苗盘装营养土培育（靠接时砧木苗也可在育苗盘中培育），所用营养土为大田土和沙土各半混合，每立方米营养土加3千克氮磷钾复合肥。

2. 播种

（1）播种期。嫁接方法主要是插接法和靠接法，在黄瓜适播期内，砧木（黑籽南瓜等）的播期为：靠接法较黄瓜晚播5~7天；插接法比黄瓜早播4~5天。

（2）黄瓜种子催芽。选用饱满的种子，用30℃水浸泡4小时后催芽。也可用100倍福尔马林溶液浸泡种子10~20分钟，洗净后清水浸种3~4小时，然后于25~30℃条件下催芽，1天可出芽。

（3）黑籽南瓜种子的处理。将种子投入70~80℃热水中，来回倾倒，当水温降至30℃时，搓洗掉种皮上的黏液，再于30℃温水中浸泡10~12小时，捞出沥净水分，在25~30℃下催芽，1~2天可出芽。

3. 接前管理

经催芽当70%以上种子"露白"时即可播种，播种后覆盖地膜。苗出土前床温保持白天25~30℃，夜间16~20℃，地温20~25℃。幼苗出土时，揭去床面地膜。苗出齐后在床内撒0.3厘米厚半干的细土。幼苗出土后至第1片真叶展开，白天苗床气温24~28℃，夜间15~17℃，地温16~18℃。

（二）嫁接繁殖

嫁接场所要温暖、潮湿。嫁接方法为靠接法和插接法。嫁接前将竹签、刀片和手等在70%的酒精中消毒后即可嫁接。

1. 嫁接方法

（1）插接法。黄瓜幼苗子叶展开，砧木南瓜幼苗第1片真叶至5分硬币大小时为嫁接适期。操作时，竹签粗0.2~0.3厘米，先端削尖。将竹签的先端紧贴砧木一子叶基部的内侧，向另一子叶的下方斜插，插入深度为0.5厘米左右，不可穿破砧木表皮。用刀片从黄瓜子叶下约0.5厘米处入刀，在相对的两侧面切一刀，切面长0.5~0.7厘米，刀口要平滑。接穗削好后，即将竹签从砧木中拔出，并插入接穗，插入的深度以削口与砧木插孔平为度。

（2）靠接法。黄瓜第1片真叶开始展开，砧木南瓜子叶完全展开为嫁接适期。将砧木苗和接穗苗从育苗盘中仔细挖出，先用刀片切掉南瓜苗两子叶间的生长点，在子叶下方与子叶着生方向垂直的一面上，呈35°~40°向下斜切一刀，深达胚轴直径2/3处，切口长约1厘米。黄瓜苗在子叶下1厘米处，呈25°~30°向上斜切一刀，深达胚轴直径的1/2~2/3处，切口长约1厘米。将黄瓜与南瓜的切口准确、迅速地插在一起，并用塑料夹夹牢固。嫁接后的姿势是南瓜子叶抱着接穗黄瓜子叶。二者一上一下重叠在一起。嫁接后将嫁接苗栽入营养钵中。

2. 嫁接后管理

边嫁接边将栽入苗钵的嫁接苗整齐地排入苗床中，最后扣好小拱棚，白天盖草苫遮阳。嫁接后苗床3天内不通风，床温白天保持25~28℃，夜间18~20℃；湿度保持90%~95%。3天后视苗情（以不萎蔫为度）短时间少量通风，以后逐渐加大通风。1周后接口愈合，即可逐渐揭去草苫，并开始大通风。床温指标为白天20~25℃，夜间12~15℃。若床温低于12℃应加盖草苫。育苗期视苗情浇1~2次水。

四、栽培技术

（一）早春大棚早黄瓜的栽培技术

早春大棚早黄瓜的栽培，春季霜冻和寒流降温是其主要的障碍，所以要在寒流降温时，棚内最低温度不低于10℃时才可以定植。

1. 品种选择

绿剑早黄瓜。

2. 培育壮苗

早春大棚黄瓜一般在日光温室或加温温室中育苗，根据气候条件，播种可在1月下旬至2月上旬进行。可以先播种再分苗在营养钵（或纸筒）中，也可以直接播在营养钵中，营养土配比采用80%优质圈肥加20%田园土混合而成，如果圈肥质量差，可以加入适量育苗素或磷酸二铵，千万不能过量。

3. 适时定植

前茬作物收获后及时清理田间并整地施肥。地整平后灌水，然后施入基肥，深翻后再扣棚膜，既保墒，又不会使室内湿度过大。每亩要求施优质圈肥15~20立方米，饼肥750~1 000千克，磷酸二铵50千克，硫酸钾20千克，圈肥和饼肥要充分发酵。定植前1个月开始覆膜扣棚，以提高地温。定植前作畦，畦高10厘米宽1.3米，每畦栽两行，小行距50厘米，株距 20~25 厘米，定植时先开沟浇水再栽苗，用沟旁干土覆盖，可以保持地温。

4. 定植后的管理

（1）增加覆盖人工补充加温。定植后的关键是保温增温，尤以地温突出。定植后周左右，应密闭大棚，保温保湿促进缓苗，但不可高于32℃。随着气温的升高和植株的长大，白天棚温高于25℃时可拉缝放风，但不可以放底风。夜间气温高于15℃时，要加大放风量，保持温差，利于壮苗丰产和防病。早春遇低温时可在大棚周围加盖草苫，或用电增热、熏烟等方法临时增温。

（2）勤锄保墒，严格控制水分。定植后 2~3 天内要及时中耕，其深度要求在土表 10~12 厘米，要锄细耧平，增加地温，有利于新根的发生。若定植水浇的适宜，中耕的细致，不一定要浇缓苗水。浇水后仍要进行中耕。

5. 结瓜期的管理

（1）肥水管理。在根瓜瓜把开始变粗时，选择晴天上午浇水，水量不宜过大，同时进行追肥，棚内空相对湿度应保持在85%以下，以减少病害的发生。在浇足定植水的情况下，根瓜坐住前不干不浇水，在大行间深中耕，瓜开始膨大时才能浇水，选择晴天上午浇水，水量不宜过大，浇水后先升高温度，然后开始放风，一定要采用膜下暗灌，有条件的可采用滴灌，随着植株长大和进入盛果期，水量逐渐加大，隔次追一次化肥，以速效肥为主，每次尿素 10 千克。

（2）叶面追肥。如果在不能浇水的情况下，出现脱肥现象，尤其是定植后根系未发开前，可以进行叶面喷肥，可以喷尿素和磷酸二氢钾等。

（3）植株调整。整枝：因为黄瓜采摘期较长，所以绑蔓（或吊蔓）要认真。瓜秧开始吐须时，及时插架绑蔓，绑蔓要在黄瓜节的上方，以免影响瓜条的生长，生长点要向个方向，同时要曲蔓，使生长快的慢的在同一个平面，以免互相遮阴。在绑蔓的同时，去掉卷须和雄花，以免消耗养分，还要及时去除老叶，盘主蔓，以保证植株有一个通风透光的环境条件。

（4）及时采收。根瓜早采，前期瓜也要早采，随着温度的升高成品瓜要及时采收，到盛期 1~2 天采收一次。

6. 病虫害防治

（1）病害防治。

①霜霉病：又称"跑马干"或"黑毛病"，发生较重的温室可在 1~2 周成片枯黄，导致毁棚，幼苗至成株期均可发病。病叶从下向上扩展。湿度大时发病快且严重。发病初期叶子背面呈水渍状病斑，以后变为黄色，形成受叶脉限制的多角形病斑。叶正面变黄，严重时整个叶片干枯。一般温室内病斑比露地较大。保护地防治霜霉病应优先采用粉尘法、烟熏法，以降低温室内湿度，减轻病害发生。天气干燥晴朗时也可喷雾防治。注意轮换交替用药。

粉尘法：用5%百菌清、5%克露粉尘进行喷粉防治，一般每亩每次1千克。

烟熏法：每亩用45%百菌清烟剂 110~180 克，分 5~6 个点放置，傍晚进行熏蒸，闭棚过夜。7 天一次，连续 3 次。

喷雾防治：用41%木春强力杀菌剂 1 500 倍液，72% 普力克 800 倍液或72%杜邦克露、72%克抗灵 800 倍液喷 2~3 次。

②细菌性角斑病：主要为害叶片，也能为害果实和茎蔓，叶片病斑呈多角形，后期病斑

易脱落穿孔。防治上可用41%木春强力杀菌剂1 000倍液，50% DT 400～500倍液或77%可杀得500倍、72%农用链霉素400倍液喷雾，每3～5天喷1次，连喷2～3次。

③黑星病：是一种检疫性病害，随着日光温室的发展逐渐上升为黄瓜上的重要病害。成株期叶片发病从嫩叶开始，初为褪绿圆形小病斑，后扩展为不规则黄白色病斑，多穿孔。瓜条发病初为暗绿色凹陷，流出白色半透明胶状物，后为琥珀色。防治方法：种子消毒：55℃温水浸种15分钟，用25%多菌灵300倍液浸1～2小时，清洗后催芽。苗床消毒：每平方米用25%多菌灵15克与10千克细土拌均，播种时用药土下铺1/3，其余盖在种子上面。药剂防治：用41%木春强力杀菌剂1 500倍液，40%多菌灵500倍液，武夷菌素200倍或70%甲托800倍液，发病初期喷雾，每5～7天一次连喷3～5次。

④白粉病：又称白毛，主要为害叶片。叶片正面或背面初产生白色小斑点，后连成片，布满一层白霉，严重时整个叶片变黄，失去光合作用能力而干枯。

防治方法：用15%粉锈宁1 500倍液每7天喷次，连喷2～3次。小苏打500倍液每3天喷1次，连喷4～5次。

⑤疫病：俗称"死秧""卡脖子"，是近几年为害较重的种病害。基部发病时，缝缩变细，病部以上茎叶急速凋零，青枯死亡。

防治方法：种子消毒：25%瑞毒霉600～800倍浸种1小时，洗净后浸种2小时，后催芽。苗期，用25%瑞毒霉800倍液淋茎、灌根。41%木春强力杀菌剂1 500倍液，72.2%普力克水剂800倍，64%杀毒矾400～500倍喷雾或余抹病部。也可用50%扑海因与70%甲托按1∶1混合后喷雾防治。

⑥枯萎病：成株发病时，初期下部叶片黄色网纹状，最后全株枯死，根茎部维管束变褐色。

防治方法：嫁接：用黑籽南瓜做砧木与黄瓜嫁接。种子消毒：用40%福尔马林150倍液浸1.5小时，捞出后冲洗净，在冷水中浸2～3小时，而后催芽。苗床消毒，每平方米50%多菌灵8克，对细土15千克混匀，下铺上盖。灌根：70%甲托800倍，64%杀毒矾M8 300～400倍液或50%多菌灵500倍每株0.25千克，10天1次连灌2～3次。

⑦灰霉病：果实受害最重。病菌先侵染败花造成腐烂，后侵入瓜条造成瓜条腐烂密生白霉。

防治方法：粉尘法：万霉灵粉尘或速克灵粉尘喷粉防治每亩用1千克，7天次，连喷2～3次。烟熏法：用速克灵烟剂或扑海因烟剂每亩5～6个点，5～6天1次，连熏2～3次。50%利霉康1 000倍，50%速克灵、50%扑海因1 000～1 500倍或50%农利灵1 500倍喷雾，5～7天1次，连喷2次。

⑧病毒病：有花叶型、皱缩型、黄化型和绿斑型，通过蚜虫、白粉虱等昆虫传播。

防治方法：农事操作时防止病毒传染。注意防治蚜虫和白粉虱用10%吡虫啉1 000倍喷雾。绿叶宝亩用2袋对水30千克，或50%菌毒清400倍或0.5%抗毒剂1号水剂300倍，每7～10天1次喷雾防治，连续2～3次。

⑨菌核病：主要为害茎蔓和瓜条。茎蔓受害初为淡褐色理水渍状病斑，后变软腐，病部以上萎焉、枯死，茎内长有黑色菌核。瓜条受害先在残花处，后瓜条腐烂，长出白色菌丝后长黑色菌核。

防治方法：利霉康、速克灵、扑海因1 000～1 500倍或菌核净1 000倍喷雾，4～5天1次，连续2～3次。

⑩炭疽病：可为害叶片、茎蔓、瓜条。成株叶片受害时叶片上形成圆形或近圆形褐色病斑。茎蔓受害初为水渍状黄褐色长圆斑，河引起全株枯死，果实受害瓜条从病部弯曲或畸形。

防治方法：种子消毒：50℃温水浸种15～30分钟或福尔马林100倍液浸种30分钟，清水洗净后浸2～3小时，或用41%木春强力杀菌剂1 000倍液拌种，捞出催芽。粉尘法、烟熏法同霜霉病。药剂防治：用炭疽福美600～800倍或代森锰锌600～800倍在下午温度较低时喷雾，7～10天1次，连喷2～3次。

（2）虫害防治。

①蚜虫：烟熏法：用DDV烟剂每亩500克熏蒸治蚜或用10%吡虫啉1 000倍喷雾防治，或用黄板诱杀（即在纸板或木板上涂上黄色漆，外涂一层机油，每个温室3～5个）。

②白粉虱和烟粉虱：近几年白粉虱和烟粉虱混合发生，烟粉虱传毒为害能力更强刺吸汁液造成叶片褪绿变黄。防治方法同蚜虫防治，或3.5%鱼藤酮1 000倍液喷雾防治。

③美洲斑潜蝇：每片叶有虫5头时，在幼虫2龄前用5%锐劲特悬乳剂17～34毫升/亩，加水50～70升喷雾防治，或1.8%阿维菌素2 500～3 000倍防治。

（二）露地栽培

1. 整地

整地、施肥腐熟的有机肥5立方米，过磷酸钙25～30千克或磷酸二铵10～15千克（过磷酸钙5千克/立方米，磷酸二铵2～3千克/立方米）。定植前翻耕作畦，畦宽1.2米，高15厘米以上，并地膜覆盖。

2. 定植

（1）定植期的确定。在确保定植后不受冻的前提下尽早定植，承德地区一般在4月末5月初定植。温度指标要求：最低夜温高于5℃，0～10厘米处土壤温度高于12℃。秋露地黄瓜采用直播的方法。

（2）定植密度。4 000～4 500株/亩，大小行定植，小行距40厘米，大行距80厘米，株距25～30厘米，用暗水法定植。

3. 插架

定植后及早插架，防风抽苗，插架可采用花架或"人"字形架，距离根部8～10厘米。

4. 绑蔓

采用"8"字方法绑蔓，防治磨伤茎蔓和茎蔓下垂。每2～3节绑1次，应在下午进行，上午茎蔓易折断，绑蔓的松紧度应抑强扶弱，对于生长势强的植株适当绑得紧一点，并使生长点高矮一致。

5. 整枝与掐尖

主蔓结瓜的应去掉所有的侧枝，侧蔓结瓜的在结瓜后留一至两片叶掐尖，并打掉所有的卷须。当茎超过架头时要及时掐尖，促进下部瓜的生长，也可以采取扭尖的方法抑制上部生长。

6. 肥水管理

及时浇水与中耕，水量多少及次数依天气、生育期而定。缓苗水在植后5～7天浇；坐瓜前控水、中耕、蹲苗；根瓜长10～12厘米时浇催瓜水；结果期浇水每5～7天浇1次。追肥的原则是前轻后重、少量多次，催瓜肥在根瓜坐住后追施，盛瓜肥在根瓜采收后进行。提倡使用有机肥追肥。

(三) 温室栽培

1. 定植前的准备

覆盖棚膜及棚室消毒，定植前一个月把棚膜覆盖好，并进行棚室消毒，消毒可使用敌敌畏 200 毫升，加入硫黄 1.5～2 千克，与锯末混匀点燃，闷棚 1～2 天，可有效地杀死棚内的病虫卵。对于根结线虫较厉害的的棚室，还可以亩施石灰氮 80 千克，充分混匀。

2. 整地与施基肥

基肥以有机肥为主，亩施充分腐熟好的有机肥 10 000 千克，深翻 40 厘米混匀。也可以连年施入发酵腐烂的碎草、麦秸、稻壳等有机物。最好的措施就是应用秸秆生物反应堆技术，既可有效提高地温，增加土壤有机质，改善土壤环境，又可减轻病害发生，改善产品品质，而且增产效果突出。

3. 做床与覆地膜

冬季温室栽培黄瓜应起高床，并采取滴灌或膜下暗灌的方法，床宽 1.2 米，高 15 厘米左右，并采取地膜覆盖。也可以先定植后覆膜。

4. 定植

(1) 定植期的确定。冬春茬黄瓜一般在 11 月下旬到 12 月上旬定植。

(2) 定植方法、密度。每亩栽培 3 500 株左右。定植苗要严格筛选，剔除病苗、弱苗及嫁接不合格的苗，按 28～30 厘米株距开好定植穴，将苗植入穴内，浇好水，然后覆地膜。

5. 定植后的管理

(1) 前期管理。从定植到瓜条开始采收，这段时间的管理称为前期管理，前期管理的中心是以促根控秧为主。这个时期的气温和光照虽已明显降低，但还未到达最低点。要充分利用这个时期有利气候条件，加强管理，促进根系发育，增强植株对低温、弱光及特殊天气的适应能力。前期管理的技术水平高低，对中后期的植株生长、抗病、耐寒能力以及产量有重要的影响。

浇好前三水：先要浇好定植水，防止土坨和周围土壤分层，影响缓苗。在定植后 10～15 天，浇好缓苗水，这一水要浇足浇透，从畦中间的暗沟浇入，水位要顶到定植孔。根瓜采收后晴天上午浇第三水，也叫催瓜水。

加大放风量，晴天中午最高不超过 30℃，夜间 12～15℃，早晨揭帘前维持在 10℃ 即可，加大昼夜温差，控制地上部的生长。若温度管理偏高，植株长势过旺，到最严寒的 1、2 月抵御低温寒流的能力下降，同时叶片过大，地面严重遮阴，也会影响地温的升高及根系的发育。

植株吊蔓与调整：当植株长到 6～7 片叶后开始甩蔓时，及时拉线吊蔓。随着茎蔓的生长，茎蔓往吊绳上缠绕，以后每 2～3 天 1 次。

(2) 中期管理。从根瓜采收至 3 月上旬的管理称之为中期管理，这段时间在冬茬黄瓜生产中温度最低，光照最弱的时候，是管理的难的时候，同时也是产量产值形成的高峰。

温度管理：此时期温度管理是核心，白天要尽可能延长光照时间，在不影响室内温度的前提下草帘尽量早揭晚盖，并实行四段变温管理，8—13 时，温度控制在 25～32℃，超过 32℃时开始放风。13 时至 15 时 30 分光合能力明显下降，温度维持在 20～30℃，盖帘后室内气温下降平缓，前半夜温度维持在 15～20℃，后半夜 10～12℃，即有利于养分输送，又能抑制呼吸消耗。地温应保持在 15℃以上。进入 2 月中下旬，随着气温的增高，日照时数的增长和光照强度的增加，植株制造的养分增多，夜间的温度也应提高，前半夜 16～22℃，后半夜12~15℃，有利于养分的输送和瓜条生长。

湿度管理：由于冬季气温低，室内放风量小，极易形成高湿环境，发生各种病害，针对这一特点，应实行低温、低湿的管理措施。白天空气湿度控制在60%~80%，夜间维持在85%~90%，早晨叶片尽量不结水滴。应尽量减少浇水次数，不旱不浇水，水后要大放风，用药时尽量选择烟雾剂和粉尘。

追肥：随着采瓜量的增加，及时补充养分。根据采收量和植株表现，确定追肥的品种和数量，一般在第四水开始随水追肥，如果叶片、瓜条颜色较深，追肥以氮肥为主，磷钾肥为辅，并注意钙镁和其他微量元素的补充。施用时先将肥料溶解随水追肥。若植株颜色较浅，叶片较大，则以追磷钾肥为主。追肥量应遵循"少吃多餐"的原则，避免一次追肥量过大。3月以后，可结合浇水追施稀粪和沼液沼渣，但要注意必须充分腐熟发酵。

落蔓摘叶：随着植株的生长和瓜条的陆续采收，生长点接近屋面时要采取落蔓。方法是，在落蔓的上方把拴在铁线上的塑料绳解开，使黄瓜生长点下落至合适的高度后再重新拴好，落蔓前将下部的老叶、病叶及时摘掉，可减少养分消耗，改善通风透光条件，避免病害传播。

加强水肥管理，延长采收期：进入4月以后，为防止植株衰老、脱肥，尽量延长采收期，此时应注意加强肥水的管理，一般5~7天浇一次水，7~10天追一次肥，并确保冲施肥的质量。若出现花打顶，呈萎缩状时，可采取闷尖摘心，促生回头瓜。为提高瓜条的商品率，应及时疏掉弯瓜、病瓜和多余的小瓜。采收一定要及时，不可延迟采收而影响瓜条的商品率及总产量。

特殊天气的管理：在遇寒流、阴雪、连阴天的特殊恶劣天气的情况下，要实施特殊的管理措施，以减少或避免灾害性天气给生产造成损失。在强寒流到来时，严密防寒保温，增加纸被，草帘等覆盖物，室内采取临时加温，生火炉、点灯泡等措施下雪时要及时清扫，防止棚面积雪而增加骨架负荷过重导致温室骨架倒塌。连阴天时及早采收瓜条，减少瓜条对养分的消耗，在不明显影响室内温度下降的情况下，尽量揭开草帘争取一定时间的散射光。天气骤晴后进行叶面追肥，以迅速补充养分和增加棚内湿度，若叶片出现严重萎蔫时，可适当进行临时回苫。

6. 采收

黄瓜适于早采，单瓜重前期100~150克，中后期150~250克，尤其根瓜必须早采，使上部的瓜和蔓同时生长。前期连阴天应当及时早采，防治植株早衰或得病。

第七节 茄 子

茄子又名落苏，原产于东南亚、印度。我国南北各地普遍栽培。茄子适应性广，生长结果期长，高产稳产，是夏、秋季主要蔬菜，尤其在8、9月淡季中占重要地位。煮食为主，也可制作茄干、茄酱和腌渍，供应期长。

一、茄子生物学特性

茄子属茄科植物，为直根系，根系可深达200厘米，横向伸长100~150厘米，主要根群分布在30厘米土层内，吸收力强，较耐旱，如肥水充足，果大而色鲜艳。但不耐涝，土壤或空气湿度过大，易患病，排水不良，易烂根。茎直立，基部木质化。单叶互生，卵圆或长椭圆形。叶柄长。叶身大。茄子开花结果习性相当有规则。主茎长到一定叶数，即着生第一朵花（或花序）。于每一个着果节位下部及其叶腋长出两个侧枝，是"丫"字形分枝，以后主侧蔓每隔2~3片叶开成一个花芽。按此方式有规则的开花结果。花单生或簇生，紫或白色，雌雄同花。自花授粉，天然杂交率高达6%~7%。茄子花朵的花柱因植株营养状况不同，有长短差异。营养条件好，花朵大、色泽鲜艳。花柱长、伸出花药之外，有利授粉，结果率高。实果为浆果，形状有长、圆、卵圆等。果皮紫色、白或绿色。茄子果实与萼筒交接处，白色或绿色，称茄眼。茄眼的宽狭可作为果实生长快慢的标志。种子肾脏形，黄褐色，有光泽，千粒重4~6克，发芽年限3~4年。

茄子喜高温，种子发芽适温25~30℃，最低发芽温度11℃。幼苗期发育适温白天25~30℃，夜间15~20℃。15℃以下生长缓慢，并引起落花，10℃以下停止生长，0℃以下受冻死亡。超过35℃，花器发育不良，果实生长缓慢，甚至成为僵果。在温室中栽培茄子最好要安排在室温能达到15℃以上的季节，或改善温室采光、保温性能，使室内温度在15℃以上。同时为了提高花芽质量，一定要控制夜温，不能过高。

茄子对光照要求严格，光饱和点为4万勒克斯，补偿点2 000勒克斯，日照时间长，光照度强，植株生育旺盛；日照时间短，光照弱花芽分化和开花期推迟，花器发育也不良，短柱花增多，落花度高，果实着色也差，特别是紫色品种更为明显。因此，改善温室光照条件，张挂反光幕是十分必要的。

茄子对土壤的适应性广，沙质和黏质土均可栽培，适合的土壤酸碱度pH值为6.8~7.3，较耐盐碱。

茄子对肥料要求，以氮肥为主，钾肥次之，磷肥较少。果实膨大期（结果期）需要补充大量氮肥，并行适当配合施钾肥，幼苗期磷肥较多，有促进根系发育、茎叶粗壮和提高花芽分化质量的作用。

二、栽培技术

（一）育苗技术

茄子幼苗生长较缓慢，特别是在温度不足条件下，苗龄不足，难以培育出早熟的大苗，其苗龄一般需85~90天。

为了防止苗期猝倒病及立枯病，除注意维持适宜的夜间土温外，也可用"五代合剂"（即五氯硝基苯及代森锌等量混合）进行土壤消毒，每平方米苗床用消毒土8~9克，与床土拌均，用药后应适当增加灌水量，防止药害。床土应肥沃，不易过干。

1. 播种

茄果类的育苗基本相同，育苗的方式都是采用温室、温床或阳畦育苗。但茄子催芽比较困难，对温度的要求较高，播种前用55~60℃的温水烫种，边倒边搅拌，温度下降到20℃左右时停止搅动，浸泡一昼夜捞出，搓掉种子上的黏液，再用清水冲洗干净，并放在25~30℃的地方催芽，催芽期间应维持85%的环境湿度，有30%~50%种子露白即可播种。播种时，苗床先用温水洒透，然后将种子均匀撒到床内，覆细土0.8~1厘米厚。播后立即扣上拱棚，夜晚加盖草苫保温，出苗前白天床温保持在26~28℃，夜晚20℃左右，4~5天即可出苗50%~60%，出苗后及时降温，白天25℃左右，夜晚15~17℃，阴天可稍低些。

2. 分苗

当幼苗有2~3片真叶时，可以分苗。分苗主要是分到阳畦或塑料拱棚中。床土要肥沃，尤其要保持一定量的速效性氮肥。另外，分苗单株要保留一定数量的营养面积，以10厘米×10厘米为宜。分苗后要立即覆盖塑料拱棚。夜晚必须加盖草苫封严，并保持一定的高温（达20~25℃）。缓苗后，开始通风降温，白天25℃，夜晚15℃，特别要注意防止晴天中午高温"烧苗"。如果苗床肥力不足，要结合浇水进行追肥。苗床板结可用小齿耙松土，定植前10天通风炼苗，但也要防止冻害，壮苗标准以苗高16~23厘米，叶片5~7叶，茎粗0.5~0.7厘米为宜。

（二）栽培管理技术

1. 整地施肥

茄子适宜有机质丰富、土层深厚、保水保肥、排水性能好的土壤。茄子的多种病害，大多是通过土壤传播的，所以茄子忌连作，轮作换茬必须3年以上，前茬以葱蒜类最好。茄子根系再生能力较弱，需精耕细作，重施基肥。冬闲地要在冬前深耕晒垡，立春后再浅耕细耙，使土壤疏松。茄子生长季节长，结果多，要有充足的基肥。基肥以腐熟的厩肥最好，施肥长要根据土壤肥力高低确定，一般亩施农家肥4 000~5 000千克，过磷酸钙30~40千克。

2. 定植密度

茄子露地栽培，在无保温设备的情况下，必须晚霜过后，地温稳定在12℃以上时开始定植到大田。茄子定植深点好，以防遇风倒伏，合理密植可以提高产量，具体密度要依品种类型确定，一般长茄类型、线茄类型和早熟品种，每亩栽植2 000~3 000株；圆茄类型和晚熟品种栽植1 500~2 000株。

3. 浇水追肥

茄子是连续管理、连续采收的蔬菜，要求水肥条件较高，要获得早熟丰产，需保证水肥供应。茄子幼苗期要控制浇水，可在定植后4~5天浇一次缓苗水，水量不能过大，以免降低地温和疯长，浇后注意中耕蹲苗。在门茄瞪眼期结束蹲苗。及时浇水追肥，以加速茎叶生长，促进果实膨大，在对茄和四门斗相继膨大时，对水肥要求达到高峰，这时应根据降水情况，每隔4~6天浇水1次，但进入雨季后，应注意防水防涝。在夏季大雨过后，要及时排水，并再用井水把地重新浇一遍，以降低地温和地表温度，这就是农民所谓的"涝浇园"。涝浇园可以起到有效防止烂果、沤根、病害等作用。

茄子喜肥，整个生育期一般要追肥3~4次。第一次是发棵肥，在定植缓苗后，为了促进发棵，每亩穴施或沟施人粪1 000~2 000千克；第二次是催果肥，在门茄坐果后，为了促进果实生长发育，结合浇水每亩施硫酸铵15千克；第三次是保果肥，门茄采收后，为满足盛果期对养分的需要，结合浇水每亩施尿素15~20千克；第四次追肥是保秧肥，主要保持秧苗不败，延长收获期，保持中后期产量和质量，每亩施尿素15~20千克。

4. 中耕培土

茄子的中耕很重要，浇缓苗水后开始中耕蹲苗，为了提高地温，促进根系发育，要连续中耕2~3次，这时根系还小，中耕要深。第三次中耕在开始结果时，要结合培土，这样能增加茄子抗风能力，以防倒伏。这次培土不能过高，等门茄基本采收完后，再进行第二次培土，可以适当高些。

5. 整枝摘叶

茄子的枝叶生长很快，必须及时进行整枝打叶，以减少养分消耗，改善通风透光。整枝时，采用二叉状分枝，即保留门茄下生长最强的第一侧枝，以下其余的腋芽全部摘除。培土前可以把靠近地面的老叶摘除，以减少养分的消耗，在密度较大的情况下，随果实的采收，可将植株下部老叶、黄叶、病叶陆续摘除，但不能超过门茄。在生长期间，原则上不摘叶，特别是门茄以上的功能叶，光合作用强，对果实影响大，不能摘除。

6. 防止落花落果

茄果在高温达35℃以上和低温在15℃以下时，引起落花落果，可以使用植物生长调节剂来处理花朵，防止落花，主要用40毫克/升的番茄灵喷当天开放的花朵，对防止落花有一定的效果。如果因管理不当，造成营养生长和生殖生长失衡，要通过肥水、植株调整及矮壮素、磷酸二氢钾等协调生长与结果的关系，还要及早采收，促进上部果的形成。

三、主要病虫害防治

（一）茄子猝倒病

1. 症状

幼苗子叶正常而猝倒。茎基部呈水渍状暗斑，渐变黄揭色，溢缩成线状，幼苗逐渐死亡，多因高温高湿引发。

2. 防治方法

降温排湿；改善通透条件，适当稀播。播前可用药物消毒，每平方米用福尔马林50克，加水2～4千克洒于床面，盖膜，10～15天揭开让药挥发，再进行播种。也可用50%福美双，每平方米5克，拌上用于覆盖种子。苗床发现病株后要及时拔出，并在病株周围撒上石灰消毒，控侧蔓延。也可用70%甲基托布津1 000倍液，或50%代森按1 000倍液，或25%多菌灵400～500倍液或75%百菌清可湿性粉剂1 000倍液进行喷洒防治。

（二）茄子褐纹病

1. 症状

初期果面上产生浅褐色、圆形或椭圆形，稍凹陷病斑，扩大后变为暗褐色，半软腐状不规则形病斑，病部出现同心轮纹，其上产生许多小黑点；湿度大时，病果常落地腐烂或挂在枝上干缩成僵果。叶片发病从下部叶片开始，病斑不规则形，边缘暗褐色，中央灰白色至深褐色，病斑上轮生许多小黑点。病组织脆薄，易破裂成穿孔状。茎秆基部发病较重，病斑褐色、梭形，稍凹陷，呈干腐状溃疡斑，病斑上散生许多小黑点。病部表皮常干腐而纵裂，皮层脱落而露出木质部，遇大风易折断。

苗期多在幼茎基部形成水渍状、近梭形或椭圆形病斑，暗褐色，稍凹陷并缢缩，导致幼苗猝倒死亡。

2. 防治方法

一是合理轮作，彻底消灭病株、病果；二是播种前先把种子预浸3～4小时，再用50℃温水浸30分钟，或55℃温水浸15分钟，浸后捞出，立即用凉水降温，晾干后播种；三是定植后可在基部撒少量石灰，减少基部腐烂；四是药剂防治：幼苗期或发病初期，喷施70%代森锰锌。成株期、结果期应根据病势发展情况，每隔7～10天喷1次药，连喷3～4次。有效药剂有：波尔多液（1∶1∶200）、70%代森锰锌、75%百菌清、50%多菌灵等。

（三）茄子绵疫病

1. 症状

主要为害果实，也能侵染幼苗叶、花器、嫩枝、茎等部位；幼茎呈水渍状，幼苗腐烂猝倒死亡；叶缘或叶尖开始，初期病斑呈水渍状、褐色、不规则形，常有明显的轮纹。潮湿条件下病斑扩展迅速，形成无明显边缘的大片枯死斑，病部生有白色霉层。近地面的果实先发病，初期果实腰部或脐部出现水渍状圆形病斑，后扩大呈黄褐色至暗褐色，稍凹陷半软腐状；田间湿度大时，病部表面生一层白色棉絮状霉状物。幼果发病，病果呈半软腐状，果面遍布白色霉层，后干缩成僵果挂在棵上不脱落。

2. 发病条件

高温、高湿条件利于病害发生。气温25～32℃和相对湿度达80%以上时，病害极易发生和流行。连作地发病早而重。一般长茄比圆茄感病。

3. 防治方法

一是实行2～3年轮作；二是增施磷钾肥，及时摘除病、烂果；三是药剂防治：1∶1∶200的波尔多液、75%百菌清、58%雷多米尔—锰锌、64%杀毒矾、40%甲霜铜等，间隔7～10天，连续2～3次。

（四）茄子黄萎病

1. 症状

发病初期，先从叶脉间或叶缘出现失绿成黄色的不规则形斑块，病斑逐渐扩展呈大块黄斑，可布满两支脉之间或半张叶片，甚至整张叶片。发病早期，病叶晴天中午呈现凋萎，早晚尚能恢复。随着病情的发展，不再恢复。病株上的病叶由黄渐变成黄褐色向上卷曲，凋萎下垂以致脱落。重病株最终可形成光秆或仅剩几张心叶。植株可全株发病，或从一边发病，半边正常，故称"半边疯"。病株的果实小而少，质地坚硬且无光泽，果皮皱缩干瘪。剖检病株根、茎、分枝及叶柄等部，可见维管束变褐。纵切重病株上的成熟果实，维管束也呈淡褐色。

2. 防治方法

一是实行3年以上轮作；二是选高燥地块或高垄种植；三是发现病株及早拔除，集中烧毁或深埋；四是病重区在定植沟内用1∶50倍多菌灵药土，每亩用药1.5～2.5千克，或50%多菌灵500～800倍液灌根。定植前用0.1%苯莱特药液浸苗30分钟，效果也较好，发病及时灌根。除多菌灵外，还可用70%敌克松500倍液或用50%苯莱特喷雾也有预防和治疗作用。

（五）茄子的主要虫害是红蜘蛛、茄黄斑螟和茶黄螨

防治方法（3种虫害相似）：清洁田园，消灭越冬虫源；生长期用0.3度石硫合剂或40%乐果乳油1 000倍液，或氧化乐果2 000倍液，或50%马拉松乳剂1 000倍液，或三氯杀虫螨800倍液等药剂3～5天喷1遍，可2～3种药交替使用。

第五章　养殖管理与疾病防治

第一节　养猪技术

一、猪场建设

（一）场址选择

应根据猪场的性质、规模和任务，考虑场地的地形、地势、水源、土壤以及交通运输，产品销售，与周边工厂、居民点等。

1. 地形地势

地开要开阔整齐，有足够的面积，一般按可繁殖母猪 40~50 平方米、商品猪 3~4 平方米考虑。地势要高燥、平坦、背风向阳、有缓坡。

2. 土壤特性

要求渗水透气性好，吸湿性和导热性小，质地均匀，抗压性强，最好是沙壤土。这样可抑制微生物、寄生虫和蚊蝇的滋生，并可使场区昼夜温差较小。

3. 水源水质和电源

猪场水源要求水量充足，水质良好。电力供应有保障。

4. 周边环境

最理想的就是"偏而不僻"。最好远离工厂、居民区、污染和噪声。

（二）建设规划

规划全场的道路、排水系统、场区绿化等，安排各功能区的位置，各建筑物和设施的位置与朝向。做到因地制宜、合理设计。

1. 场地规划

（1）场地分区。一个规模化养猪场内至少应包括生产区、生产辅助区和管理区、生活区和隔离区。安排这些区域的总原则是利于防疫、方便工作、整齐紧凑。

①生产区：包括各种猪舍、出猪台、值班室等。

②生产辅助和管理区：包括饲料厂及饲料仓库、水塔、水井房、锅炉房、变电所、车库、屠宰加工厂、修配厂、消毒室（更衣、洗澡、消毒）、消毒池及仓库等。

③生活区：包括办公、食堂、职工宿舍等。

④隔离区：包括药房、兽医室、病死猪处理室、隔离舍、粪便处理区等。

（2）场内道路和排水。生产区内道路应分设净道、污道。净道用于运送饲料、产品等，污道用于运送粪污、病死猪等。

场内排水设施为专门排雨水和雪水而设，不要和舍内排水系统管道通用，以防止雨季污水池溢满，污染周围环境。也防止影响舍内排污。

（3）场区绿化。场区内植树、种草等绿化措施不仅能美化环境，而且对改善场区内小气候有重要意义，能够吸尘灭菌、降低噪声、净化空气、防疫隔离、防暑防寒等。

2. 建筑物布局

（1）常年风向和地势。生活区应安排在其他区域的上风方向，生产管理区安排在生产区的上风方向。生产区中，种猪舍、仔猪舍安排在肥猪舍的上风方向，公猪舍安排在母猪舍的上风方向，隔离区安排在最下风方向。在地势安排上也是如此。

（2）猪舍的朝向。

①炎热地区：应根据当地夏季主风向安排猪舍朝向，以加强通风效果，避免太阳辐射。

②寒冷地区：应根据当地冬季主导风向确定朝向，减少冷风渗透，增加热辐射。

③一般以冬季或夏季主风向与猪舍长轴有30°~60°为宜。

④应避免主风向与猪舍长轴垂直或平行。

（3）建筑物间距。一般以3~5倍的猪舍房檐高度为宜。

（三）猪舍的基本结构和功能

1. 地面

要求坚固、能承受住一定的重量、平整、不透水、不打滑、便于清扫。地面应有3%~4%的坡度，利于排水和保持干燥。

（1）砖地面。优点是平整、坚固、保温性能较强；缺点是如果砌不好容易被猪拱乱，而且砖还有吸尿的缺点。

（2）水泥地面。坚固、平整、不透水，便于清扫和消毒，适合于各类猪舍。但造价高，易凉易热，冬天圈内较冷时，如不铺垫草，猪易患四肢关节炎。夏天太阳直射时，又易热。

（3）三合土地面。由石灰35%、细沙45%、黄土20%，加水拌匀夯实而成。具有干燥、结实、造价低的优点。缺点是保水性稍差、也不太便于清扫和消毒。

2. 畜床

（1）按功能要求而用不同材料。陶粒粉水泥、加气混凝土、高强度空心砖等。

（2）分层次使用不同材料。依次为夯实素土、炉渣拌废石灰、加铺一层聚乙烯薄膜（0.1毫米），再选用加气混凝土、陶粒粉水泥或高强度空心砖。

（3）铺设厩垫。在我国未普遍使用。

（4）使用漏缝地板。材料有压模塑料、编制金属网、压制金属网等。

3. 墙壁

我国常用的墙体材料是黏土砖。离地1~1.5米应设水泥墙裙。

优点是坚固耐用、传热慢、消毒方便；缺点是毛细作用较强、吸水能力也强、造价高。土墙：其优点是造价低、保温性能好，但防水性能差、容易倒塌，只适用于临时猪舍。

4. 门窗

门一般宽1~1.5米，高2~2.4米。窗用于采光和通风，面积大则采光多、换气好，但冬季散热和夏季向舍内导热也多。窗的可依据采光系数（门窗等透光构件和有效透光面积与舍内地面面积之比）来确定。应南窗大、北窗小，南北窗面积比为（2~4）：1。

5. 屋顶

要求隔热性能好、坚固、不漏水、不透风，如果在舍内加设吊棚可明显提高保温隔热性能。常用的屋顶有以下几种形式。

（1）草顶。优点是造价低、冬暖夏凉，但使用年限短、不防火，且要年年维修。

（2）瓦顶。优点是坚固、防寒防暑，易透风，造价也高。

（3）水泥或石板顶。优点是结实不透水，缺点是导热性高，夏季过热、冬季阴冷潮湿。

（4）泥灰顶。造价低，防寒暑，且能避风雨。但不坚固，要常维修。

比较理想的为水泥预制板平板式，并加15~20厘米厚的土以利防暑保温。目前有新技术产品，采用进口新型材料，做成钢架结构支撑系统，瓦楞钢房顶板，并夹有玻璃纤维保温棉，保温效果良好。

6. 通风

（1）可排出多余水汽，降低舍内湿度，防止围护结构内表面结露。

（2）可排出空气中的尘埃、微生物、有毒有害气体（如氨、硫化氢和二氧化碳等）。

（3）改善猪舍空气卫生状况。

（4）适当通风还可缓解夏季高温对猪的不良影响。

7. 采光

以太阳为光源，通过猪舍的门窗或其他透光构件采光，称为自然光照；以人工光源采光，称为人工照明。

自然光照的优劣用采光系数衡量，即窗户的有效面积（不包括窗框）同舍内地面面积之比（以窗户的有效采光面积为1）。一般地，妊娠母猪和育成猪需要1∶(12~15)，育肥猪1∶(15~20)，其他猪群1∶(10~12)。自然采光猪舍的入射角（窗户上沿到猪舍跨度中点连线与水平线之间的夹角）不能小于25°，透光角（窗上、下沿分别至猪舍跨度中点连线之间的夹角）不能小于5°。

8. 给排水和清粪

（1）给水。有集中式给水和分散式给水。

（2）清粪。猪舍的排水系统经常与清粪系统相结合。猪台清粪方式有多种，常见的有手工清粪、刮板清粪和水冲清粪等几种形式。

（四）猪舍类型

有开放式猪舍、大棚式猪舍和全封闭式猪舍3种。

1. 开放式猪舍

开放式有三面墙，一面无墙，通风透光好，不保温，造价低。

2. 封闭式猪舍

按照屋顶的形状可划分为单坡式、双坡式、联合式、平顶式、拱顶式、钟楼式、半钟楼式、锯齿式猪舍等。单坡式一般跨度小，结构简单，造价低，光照和通风好，适合小规模猪场。双坡式一般跨度大，双列猪舍和多列式猪舍常用该形式，其保温效果好，但投资较多。联合式特点介于单坡式、双坡式之间。平顶式适于各种跨度，如做好保温和防水，使用较好，但造价较高。钟楼式是在双坡式屋顶上安装天窗，如仅安于阳面即为半钟楼式，舍内空间大、有利于采光和通风，缺点是不利于保温，适于炎热地区。

按照猪栏列数划分为单列式、双列式、三列式以及四列式猪舍。

3. 简单实用的塑料大棚猪舍

根据塑料布层数可分为单层塑料棚舍、双层塑料棚舍；根据猪栏排列可分为单列塑料棚舍、双列塑料棚舍；另外还有半地下塑料棚舍、种养结合塑料棚舍等。

（1）棚舍位置与方向。朝向一般以坐北朝南向为宜。但由于北方地区冬季的主导风向为西北风，为了达到背风的目的，棚舍的朝向一般选择南向偏东，但偏角最多不要超过 15°。

(2) 棚舍的入射角。一般应等于或大于 21°33′~26°33′为宜。

(3) 合理的塑膜棚坡度。太阳光与塑膜棚夹角为 90°时，透光率最高。照射角越小，塑棚的反射损失越大，透光率越低。

(4) 塑膜的质地。在建造棚舍时使用聚氯乙烯膜较为适宜。塑膜的厚度一般以 0.2~0.8 毫米为宜。过厚保温性能好，但透光差；过薄透光好但保温差。

(5) 通风换气口的设置。一般情况下，面积为 16 平方米的猪舍养肥育猪 10 头可设置面积为 40 厘米×40 厘米的排气口 2 个，或直径为 40 厘米圆形排气口 2 个。根据天气变化可全开或半开。

(6) 管理。东北地区适宜扣棚时间为 10 月下旬至翌年 3 月，通风换气一般在中午前后进行一次，通风时间以 30~60 分钟为宜。如果畜禽密度过大，每日可通风 2 次。

(五) 养猪主要设备介绍

1. 猪栏

现代化猪场多采用固定栏式饲养，猪栏一般分为公猪栏、配种栏、妊娠栏、分娩栏、保育栏、生长育肥栏等。各猪占栏面积：母猪 1.26 平方米，公猪 6.48 平方米，生长猪 0.5 平方米，育成中猪 0.7 平方米，育成大猪 0.9 平方米。

高床网上分娩哺育栏较传统地面分娩哺育栏具有很大优点。

(1) 减少母猪挤、压死仔猪现象的发生。

(2) 减少了仔猪与粪污接触的机会。

(3) 减少了仔猪下痢等疾病的发生。

(4) 大大地提高仔猪育成率、生长速度和饲料利用率。

(5) 大大地降低了人的劳动强度，提高劳动生产率。

仔猪保育栏　高床网上保育栏，常用的有 2 米×1.7 米×0.6 米尺寸的，侧栏间隙 6 厘米，离地面高度为 25~30 厘米，可养 10~25 千克的仔猪 10~12 头，实用效果很好。

2. 饲喂设备

饲槽是猪栏内主要设备，总的要求是构造简单、坚固、严密，便于采食、洗刷与消毒。

限量饲喂　公猪、妊娠母猪、哺乳母猪采用钢板饲槽或水泥饲槽。

不限量饲喂　保育仔猪、生长猪、育肥猪多采用自动落料饲槽。

3. 饮水设备

猪场常用的饮水器有鸭嘴式和杯式两种。在我国鸭嘴式最为常用。但实际上，杯式饮水器的效果较好，因为它的水面较大，接近猪的饮水习惯。

4. 采暖设备

北方冬季寒冷，持续期长，保温防潮问题尚未完全解决。

(1) 火炉、火墙是北方一些中小型养猪场普遍采用的一种取暖方法。

(2) 暖气是大、中型猪场，尤其是工厂化养猪采用的一种较好的取暖方法。

(3) 热风式取暖也是大、中型养猪场采用的一种方法。

(4) 地热就是从锅炉通过硬质塑料管道将热水（气）散发到猪只趴卧地面上的一种采暖方法，这是目前最受推崇的方法，能够做到冬暖夏凉，不易受猪只损坏，是冬季保温、防潮的有效方法，且造价不高于暖气取暖。

二、猪的经济类型与品种介绍

(一) 猪的经济类型
根据生产肉脂性能和体型结构分为3种经济类型。

1. 瘦肉型

胴体瘦肉多，脂肪少，体躯较长，背腹平直，臀腿肌肉丰满。

2. 脂肪型

体躯宽、深而短，早期沉积脂肪能力强，肉质细嫩，能提供较多的脂肪。

3. 肉脂兼用

体型、胴体瘦肉率等指标介于瘦肉型和脂肪型之间。

(二) 猪的品种

1. 我国地方优良猪种

(1) 我国地方猪的优良种质特点。繁殖力强；适应性（耐粗饲能力）强；抗寒与抗热能力强；肉质好；性情温顺，母性强。

(2) 我国的主要地方猪种。

①民猪：

产地与分布：原产于东北和华北部分地区。现分布于东北、华北等地。

外貌特征：分大（150千克以上）、中（95千克左右）、小（65千克左右）3种类型。目前多属于中型猪，头中等大，嘴鼻直长，额部有纵行皱纹，耳大下垂；体躯扁平，背腰狭窄稍凹，臀部倾斜，腹大下垂，四肢粗壮；被毛全黑，冬季密生绒毛，鬃毛发达，飞节侧面有少量皱褶；乳头7~8对（图5-1、图5-2）。

图5-1　公民猪　　　　　　　　　　图5-2　母民猪

生产性能：性成熟早，母猪4月龄左右出现初情期，发情症状明显，配种受胎率高；分娩时不让人接近，有极强的护仔性。初产11头左右，经产13头左右。有较好的耐粗饲性和抗寒能力，在较好的饲养条件下，8月龄体重可达90千克，屠宰率为72%左右，胴体瘦肉率为46%左右。

②太湖猪：

产地与分布：长江下游。

外貌特征：体型中等，种类群间有差异。乳头一般8~9对（图5-3、图5-4）。

生产性能：以繁殖力高著称于世。经产母猪每胎17头左右，泌乳力高，母性好。成熟

图 5-3 太湖母猪

图 5-4 太湖公猪

早,肉质好,性情温驯,易于管理。7~8 月龄体重右达 75 千克,屠宰率为 65%~70%,胴体瘦肉率 40%~45%。肉色鲜红,肌肉内脂肪较多,肉质好。但肥育速度慢。

③金华猪:

产地与分布:原产于浙江金华市的金华、东阳县的部分地区。

外貌特征:体型中等偏小。额有皱褶,耳中等大,下垂,颈短粗,背微凹,腹大、微下垂,臀较倾斜,四肢细短;毛色中间白、两头黑(又称"两头乌"猪);乳头 8 对左右(图 5-5、图 5-6)。

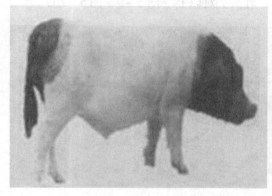

图 5-5 金华公猪

图 5-6 金华母猪

生产性能:繁殖力高,一般产仔 14 头左右,母性好,护仔性强,仔猪育成率高(94%)。在一般饲养条件下,肥育猪 8~9 月龄体重可达 63~76 千克,日增重 300 克以上。体重 74 千克时,屠宰率 72%,胴体瘦肉率为 43%。具有性成熟早、繁殖力高、早熟易肥、屠宰率高、皮薄骨细、肉质细嫩、肥瘦比例恰当、瘦中夹肥、五花明显、适于腌制优质火腿等优点。中是仔猪初生重较小,育肥后期生长较慢,饲料转化率较低,后腿欠丰满。

2. 我国培育的主要猪品种

(1) 三江白猪。

①产地与分布:产于东北三江平原,是由民猪和长白杂交成的我国第一个瘦肉型猪种。

②外貌特征:被毛全白,毛丛稍密;头轻嘴直,耳下垂;背腰宽平,腿臀丰满,四肢粗壮,蹄质坚实;乳头 7 对,排列整齐。

图5-7 三江白母猪

图5-8 三江白公猪

③生产性能：性成熟早，初情期约在4月龄，发情征兆明显。配种受胎率高。初产10.2头，经产12.4头。6月龄体重可达84.6千克，胴体瘦肉率58%，特别适合于在寒冷地区饲养。在农场生产条件下饲养，表现出生长迅速、饲料消耗少、抗寒、胴体瘦肉多、肉质好等特点。

（2）哈尔滨白猪。

①产地与分布：产于黑龙江省南部和中部地区。由民猪和约克夏猪、巴克夏猪杂交后选育而成。

②外貌特征：体型较大，全身被毛白色，头中等大小，两耳直立，面部微凹；背腰平直，腹稍大但不下垂，腿臀丰满，四肢健壮，体质结实；乳头7对以上（图5-9、图5-10）。

图5-9 哈尔滨白母猪

图5-10 哈尔滨白公猪

③生产性能。成年公猪体重222千克，体长149厘米；母猪体重176千克，体长139厘米。平均产仔9.4头；经产11.3头。屠宰率74%，膘厚5厘米，90千克屠宰胴体瘦肉率45%以上。

（3）北京黑猪。

①产地与分布：北京市国有北郊农场和双桥农场。人工选育而成。

②外貌特征：被毛黑色；头清秀，两耳向前上方直立或平伸；面部微凹，额部较宽，嘴筒直，粗细适中，中等长；颈肩结合良好，背腰平直、宽，四肢强健，腿臀丰满，腹部平；乳头7对以上（图5-1）。

③生产性能：成年公猪体重262千克，成年母猪体重220千克。经产11.52头，肥育期平均日增重650克左右。有较好的杂种优势。

3. 国外培育品种

（1）大约克夏。

①体型外貌：体型大，全身白毛；头长面宽而微凹，耳直立，胸深广，背腰微弓，后躯宽长，四肢较高，肌肉发达；乳头7对。

②生产性能：生长快，较耐粗饲，饲料利用率好，瘦肉多，杂交效果良好，产仔较多等优点；但有肢蹄欠结实、后备母猪民情不明显的缺点（图5-12、图5-13）。

（2）长白猪。

①体型外貌：被毛全白，头小肩轻，面直狭长，耳大前伸或下垂；体躯长，大腿丰圆；从体侧看，头与前躯小，后躯大而发达，呈楔形；乳头6~7对。

②生产性能：生长快、饲料利用率高，瘦肉多，产仔较多，杂交效果良好等优点。缺点是抗寒性较差，皮肤病与腰肢病较多，对饲料条件要求较高，发情期稍长等（图5-14、图5-15）。

图5-11 北京黑猪

图5-12 大约克夏母猪

图5-13 大约克夏公猪

（3）杜洛克。

①体型外貌：全身被毛红色；头清秀，面微凹，耳中等大半下垂而挡眼；体躯长而深广，背微弓丰满，四肢粗壮，肌肉发达；乳头7对（图5-16、图5-17）。

②生产性能：生长快、瘦肉率高、饲料利用率好、较耐寒、性情温驯、杂交效果良好等优点；但四肢欠强健，繁殖力与肉质稍差。

（4）汉普夏。

①体型外貌：被毛黑色，肩颈结合部有一条宽白带；头中等大，嘴长直，耳中等大而直立；体躯较长，肌肉发达（图5-18、图5-19）。

图5-14 长白母猪

图5-15 长白公猪

图5-16 杜洛克母猪

图5-17 杜洛克公猪

图5-18 汉普夏公猪

图5-19 汉普夏母猪

②生产性能：生长快，瘦肉率高，眼肌面积大，杂交效果良好等优点；缺点是发情不明显，繁殖力低。

（5）皮特兰。

①体型外貌：毛色灰白，并夹有黑色斑块；体躯宽而较短，耳中等大而前倾，肌肉特别发达。

②生产性能：背膘薄，胴体瘦肉率高，并能通过杂交显著提高杂种商品肉猪胴体瘦肉率；缺点是90千克后生长显著减慢，肌纤维较粗，应激性强。

三、猪的生物学特性

（一）繁殖效力高

1. 性成熟早

猪一般4~5月龄性成熟，6~8月龄就可以配种。

2. 妊娠期短

平均为114天，一般年产两胎或两年三胎。

3. 繁殖力高

每胎平均产仔9~12头。

4. 世代间隔短

正常情况下为1.5年，若从第一胎留种，可短到一年。

（二）生长速度快

猪初生重小，平均1~1.5千克。30日龄时体重达初生重的5~6倍，60日龄时体重达18~20千克，160~170日龄时体重可达90~110千克。

（三）杂食性强，饲料转化率高

猪能广泛地利用植物性、动物性与矿物质饲料，而且对饲料的利用率较高，一般猪的料重比为（3∶1）~（3.5∶1）。

（四）定居漫游，群体位次明显

猪在开放式饲养情况下，在外自由活动或放牧运动，能顺利地回到固定的圈舍，表现出定居漫游的习性。但在圈养时又表现出一定的群居性和明显的位次秩序。

（五）嗅觉和听觉灵敏，视觉不发达

猪对气味的识别能力比狗高一倍，仔猪在生后几小时便能依靠嗅觉辨别气味，依靠嗅觉寻找乳头、识别同群内的个体、辨别自己的圈舍并对外来的仔猪迅速识别，加以驱逐；发情母猪闻到公猪特有的气味，即使公猪不在场，也会表现"呆立"反应。

猪听相当发达，即使很微弱的声音都能敏锐地觉察到。对各种口令、呼唤等声音的刺激容易建立条件反射。只是视觉较差。猪对光的强弱有反应，对光的颜色变化反应不大。强光可以使猪兴奋，弱光能使猪安静。

（六）对温度反应敏感

小猪怕冷、怕潮湿，大猪怕热当环境温度降低时，猪体会改变体位来减少体热的散发；当遇高温时，猪的呼吸频率增高，喜欢躺在泥水中，在眨眼时，鼻子总是朝向来风的方向。所以，在饲养管理过程中，对小猪重点应做好防寒、保温工作，对大猪重点应做好防暑、降温工作。

（七）喜清洁，易调教

猪能自觉地分为采食、躺卧、排泄粪尿等区域。生产中要注意猪的饲养密度，并通过适度调教以培养猪群采食、躺卧和排泄粪尿"三点定位"的良好习性。

哺乳仔猪：从出生到断奶前的仔猪。仔猪断奶一般为28~45日龄。

育成猪：从断奶到4月龄留作种用的小猪。

后备猪：从 4 月龄到开始配种前的留作种用的猪。
种公猪：已正式参加配种的公猪。
种母猪：已配种的母猪。
肥育猪：专门用来肥育供肉食的猪。

四、猪的一般饲养管理

（一）合理分群饲养

在养猪多的情况下，一般成年公猪、妊娠后期的母猪、哺乳母猪都是单圈饲养。妊娠前期的母猪可 2～3 头一圈。后备猪、肉猪按体重大小分群喂养，群的大小按猪舍大小与饲养条件而定，一般 6～10 头为宜。饲养当中发现发育差的猪，及时调出来另组一群。

（二）合理调制饲料，科学配制日粮

常用的饲料加工方法：将青绿多汁饲料切碎、切短、浆，将高淀粉类饲料煮熟，将高能量的籽实料粉碎等。

猪体需要各种营养物质，各种饲料中所含营养物质成分与含量不同，而在单一饲料中，往往营养物质不全面，不能满足猪的生长发育与繁殖等方面的需要。为此，必须选择多种饲料合理搭配，科学配制日粮。

（三）正确饲养

1. 定时、定量、定质饲喂

（1）定时。就是每天喂猪的时间、次数要固定。饲喂精料较多的猪场，每天可喂 2～3 次。仔猪的胃肠容积小，消化能力差，每天最好饲喂 4～6 次；生长猪每天可喂 4 次。

（2）定量。要根据气候、饲料种类、猪的食欲、生理状态、食量等情况随时调整。每天喂量以掌握在猪吃到八九成饱为宜。

（3）定质。配制饲料的种类与比例要保持相对稳定，不可变动太大。禁止饲喂发霉、变质、腐烂及冰冻的饲料。

2. 合理的饲喂方法

（1）饲喂方式。

生饲：好处是可提高饲料的蛋白质转化率，提高饲料中维生素的利用率。节燃料，预防饲料中毒等。其缺点是猪对高淀粉类饲料的消化率低于煮熟方式，长期生饲易感染寄生虫病。

熟饲：好处是可以用高温杀灭饲料中的寄生虫卵，还可以利用高温来软化饲料中的纤维素，提高淀粉类饲料的转化率。其缺点是降低了饲料中蛋白质的转化率，降低了饲料中纤维素的含量，浪费燃料等。

（2）饲喂的料型。

①干粉料：就是将各种饲料原料的形态通过粉碎、混合加工成全价饲料来喂猪。其优点是饲料混合均匀，猪在采食时不易偏食。其缺点是易造成粉尘飞扬和猪的上呼吸道炎症。

②颗粒饲料：就是将干粉料经过高温湿热和高压处理，制成颗粒，用来喂猪。此料适口性好，缺点是成本较高。

③湿拌料：加水比例为 1∶1。优点是适口性好，猪舍内空气的浑浊度小，猪不易偏食等。其缺点是饲喂时不利于机械化操作，也容易形成冰霜饲料和变质饲料。

④稀粥料：一般料水比为（1∶5）~（1∶2）。其优点是食量大；缺点是采食后体热散失多，同时大量饮水将会冲淡胃液。

（四）科学管理

1. 保障充足的饮水

猪冬季每采食1千克干饲料需水1.9~2.5千克；夏季则为4~4.5千克。每头猪每天最低给水量：体重20~1 000千克的生长猪为1~6千克，妊娠母猪为4千克，哺乳母猪为12~21千克。

供水方法　一般在圈内或运动场设置水槽。水要勤换，水槽要勤刷、勤消毒。有条件时最好安装自动饮水器。

2. 精心管理猪群

（1）合理分群。原则是"留弱不留强（弱小的猪留原圈，体质较强的猪留转走）、拆多不拆少（群体较大的猪转走，群体较小的猪留原圈）、夜合昼不合（夜间合圈比白天合圈好）"。

针对猪的视觉较差而嗅觉灵敏的特性，对合群的猪可喷洒药液（如来苏尔），消除气味差异，便于合群。分群后，经过一段时间的饲养，可能又会出现体重大小悬殊的现象，必须及时进行调整。

（2）加强调教、搞好卫生。从小就应该加强对猪的调教，使其养成"三点定位"的习惯。猪圈应每天打扫1~2次，猪体要经常刷拭，这样既可减少猪病，又有利于提高猪的日增重和饲料利用率。

（3）定期消毒。猪舍每月应清扫消毒一次，夏天结合消灭蚊蝇，每5~10天消毒1次；春秋两季，可结合清圈进行大消毒。

（4）适当运动。运动可以增强猪的新陈代谢、结实肌肉、促进食欲、增强体质。运动方式有场内自由运动、驱赶运动、放牧运动、运动跑道运动、游水（洗澡）等。

3. 生活环境调控

（1）温度。低温季节应注意保温，高温条件下应采取降温措施。

一般猪舍适宜温度。哺乳仔猪为25~30℃，育成猪为20~23℃，成年猪（100千克以上）为15~18℃，体重60千克以前的肉猪为16~22℃（最低14℃），体重60千克的肉猪为14~20℃（最低12℃），体重90千克以上的肉猪为12~16℃（最低为10℃）。

（2）湿度。相对湿度以40%~73%为宜。

（3）光照。猪舍的光照因光源不同可分为自然光照和人工光照。

一般情况下，光照对肉猪的生产性能影响不大。但强烈的光照会影响猪的休息与睡眠。所以育肥猪舍一般采取暗光照管理。

（4）空气新鲜度。猪舍要求设计合理，注意通风换气，特别是封闭式猪舍更应如此。猪舍要每天清扫，以保持猪舍空气新鲜。

4. 合理安排圈舍饲养密度

小猪为20~30头/群，肥育阶段为10~12头/群。每头仔猪占有0.5平方米，每头大猪应占有1平方米的有效面积。

5. 建立可靠的防疫治病程序

生产上需要预防的重要传染病有猪瘟、猪丹毒、猪肺疫、猪副伤寒、口蹄疫、仔猪黄痢、仔猪白痢及红痢、细小病毒病和一些常见的寄生虫病等。

6. 稳定的饲养管理制度

五、猪的饲养管理

（一）种公猪的饲养与管理

1. 种公猪的选择

（1）具有良好的繁殖力、产肉性能和健康的体质。

（2）具有雄相，体质紧凑，背腰稍短而深广，后躯坚实，四肢粗壮，睾丸发育良好。

优良的种公猪应具备两个最基本的能力：能产生优良精子和有旺盛的性欲。

2. 饲养

（1）科学的饲喂技术。种公猪的日粮最好使用专用的公猪料。

饲喂公猪要定时定量：在120千克体重时，供应约2.4千克/日，150千克以上日喂量2.5~3.0千克，配种高峰日均增0.1~0.2千克，以湿拌或干粉均可。要求公猪日粮有良好的适口性，并且体积不宜过大，以免把公猪喂成大肚，影响配种。

冬季气温在15℃以下时，采食量随气温下降10℃而增加3%的消化能，每头每日加喂1枚鸡蛋，夏季每头每日喂青饲料1.5千克。采用湿拌料，调制均匀，日喂3次，保证充足的饮水，食槽内剩水剩料要及时清理更换。

（2）不同的饲养方式。根据全年配种任务的集中与分散，分为两种饲养方式。

①始终采用高营养浓度均衡饲养的方式：母猪实行全年均衡分娩，公种需常年负担配种任务，全年都要均衡地保持公种配种所需要的高营养水平。

②按配种强度区别饲养方式：母猪季节产仔，在配种季节开始前一个月，对公猪逐渐增加营养，保持较高的营养水平；配种季节过后，逐步降低营养水平，供给公猪维持种用体况的营养水平。

3. 管理

（1）运动。两天不参加配种的公猪，要场内运动800~1 000米。可以通过试情来完成，让其在配种怀孕舍走道中来回走动，可促进母猪发情，提高体力，避免发胖。种公猪的运动适合食后半小时进行。

（2）保持圈舍和猪体的清洁卫生。每天清扫圈舍两次，猪体刷拭一次。

（3）定期检查精液品质。每天检查一次，以便调整营养、运动及配种强度。精液活力在0.8以上才能使用。对不经常使用的公猪再次使用前也要进行精液检查。

（4）定期称重。成年猪体重应维持相对稳定，幼龄公猪应逐渐增加。

（5）防寒防暑。种公猪最适宜的生活温度是18~20℃。

（6）单圈饲养。对公猪态度要和蔼，严禁恫吓。

（7）在配种射精过程中，不得给予任何刺激。

4. 种公猪的合理使用

（1）适宜初配年龄与体重。

①我国地方品种公猪：一般在生后3~4月龄达性成熟，应在8~10月龄，体重75千克以上时才可参加配种。

②国外引入品种与培育品种：一般在生后4~5月龄达性成熟，应在10~12月龄，体重达100千克以上时初配。

（2）配种强度。

①青年公猪：每周配种2~3次。

②成年公猪：每天配种1~2次，配2次时，应间隔8小时。连配一周休息一天。喂前喂后一小时内不应配种，配种后严禁立即饮水或洗澡。

（3）公母猪比例。

①实行季节产仔与本交的，1头公猪一年可配母猪30~40头。

②实行常年产仔与本交的，1头公猪一年可配母猪40~60头。

③实行人工授精的猪场，1头公猪一年可配母猪600~1 000头。

配种前要有半月的试情训练，检查两次精液。

5. 数据统计及淘汰

每季度统计一次每头公猪的使用情况、交配母猪数、生产性能（与配母猪产仔情况），并提出公猪的淘汰申请报告。种公猪年淘汰率25%~50%。对3次发情仍未受孕的母猪，要及时提出淘汰请求，预以处理。

（二）种母猪的饲养管理

1. 配种前母猪的饲养

（1）短期优饲。适宜初配前的后备母猪。配种前10~14天，在原日粮的基础上，适当增加精料喂量，可增加排卵数1~2枚。

管理上尽可能减少每圈头数，以防抢食。每天坚持刷试猪体，使之性情温顺，易于接近。

经产母猪从仔猪断奶到再次配种的短期内加料，可提高卵子的质量。对仅产过一胎的母猪，在配种前加料可提高受胎率。

（2）配种优饲。适于断奶后过瘦，10天内不能正常发情和排卵的经产母猪。即配种前加强营养，适当多喂饼类饲料与青绿多汁饲料，时间约为1个月，甚至更长。

2. 正确管理

空怀母猪有单栏饲养和群养两种方式。小群饲养是将同期断奶的母猪养在同一栏内，可以自由运动。当群内出现发情母猪后，由于爬跨和外激素的刺激，可引诱其他空怀母猪发情。

3. 促进母猪发情排卵的措施

（1）改善饲养管理。母猪在仔猪断奶后10天内迟迟不发情的原因是日粮过于单纯，蛋白质不足或品质不良，或缺乏维生素、矿物质。因此，要加强营养，供给平衡日粮，使母猪正常发情与排卵。

（2）诱情。用试情公猪爬跨不发情的空怀母猪，通过公猪的外激素、气味和接触刺激，促进母猪发情排卵。方法是每天早、晚用公猪追逐或爬跨，把不发情的母猪关到公猪圈内，或用发情母猪的爬跨来诱情。

（3）乳房按摩。每天早晨喂食后表层按摩乳房两侧前后10分钟。当母猪出现发情表现后，改为表层和深层按摩各5分钟，配种当天早晨，全部进行10分钟的深层按摩，即在每个乳房周围用五个手指捏摩。

4. 母猪的配种

我国地方良种、小型猪在7~8月龄，体重60~80千克；培育品种8~10月龄，体重80~100千克开始配种较合适。

（1）母猪发情与排卵规律。

①发情规律：

发情周期：由这次发情开始到下一次发情开始的时间间隔。一般为19～23天，平均21天。

发情持续期：2～5天，平均为2.5天。春季短，秋冬季稍长；国外引入品种稍短，我国地方品种稍长；老年母猪稍短，青年母猪稍长。

产后发情：多数母猪在仔猪断奶后3～10天内发情，平均7天。

②排卵规律：一般在发情开始后的24～30小时，有的长达70小时，初配母猪要晚4小时左右。一般初次发情排卵数较少。现代国外猪种母猪在每个发情期内的排卵数一般为20枚左右，排卵持续时间为6小时；地方品种猪每次发情排卵为25枚左右，排卵持续时间10～15小时。

（2）母猪发情表现。开始时兴奋不安，有时哼叫，食欲稍减退。之后阴门肿胀明显，微湿润，跳栏，喜爬跨其他猪，这是交配欲的开始时期。发情旺期喜欢接近公猪，其臀部往往趋近人的身边，推之不去。过后，性欲渐降，阴门充血肿胀逐渐消退，慕雄性亦渐弱，阴门变淡红、微皱、较干，常粘有垫草，表情迟滞，喜欢静伏，这是配种适期。

（3）适时配种。交配期应在母猪发情开始后的22～34小时。老年母猪一般在发情当天配种，中年母猪一般在发情后的第二天配种，小母猪一般在发情后的第三天配种。即"老配早、小配晚、不老不少配中间"。

另外，我国地方品种配种时间稍晚，一般在发情后的第三天。培育品种时间稍早，一般在发情后的第二天。杂种猪时间中等，一般在发情后的第二天下午到第三天上午进行。

（4）配种方法。

①人工辅助交配：生产中多采用此法。交配时间应在公母猪饲喂养前后2小时进行。用0.1%的高锰酸钾水溶液擦洗母猪肛门、阴门及臀部，并擦洗公猪包皮周围，最后用清水擦拭一遍即可。当公猪爬上母猪臀部后，再把母猪的尾巴拉向一侧，用另一只手握住公猪包皮内的阴茎，将阴茎导入母猪阴道内。然后根据公猪肛门收缩与波动情况，判断公猪是否射精及射精时间的长短。

母猪配种后，应立即慢慢地回原地休息，以防精液倒流。交配后要及时做好配种记录，以作为饲养人员进行正确饲养管理的依据。

②人工授精：在一个发情期内最好输精两次，时隔7～8小时，这样可大大提高母猪的受胎率与产仔数，且仔猪健康、整齐。

（5）配种方式。

①单次配种：在母猪一个发情期内，只配一次。这种方式如果掌握不好配种时间，会降低受胎率，一般不用。

②重复配种：在一个发情期内，用一头公猪相隔8～16小时前后配两次。这样可提高受胎率与产仔数，保持纯种。在生产中多用。

③多次配种：在一个发情期内，用不同品种或同一品种的两头公猪，前后相隔10～15分钟各配一次。此法适合于初产母猪或某些刚引入的国外品种。

5. 妊娠母猪的饲养管理

（1）妊娠诊断。

①外部观察法：母猪配种后经21天左右，如不再发情，贪睡、食欲旺、易上膘、皮毛

光、性温顺、行动稳、夹尾走、阴门缩，则表明已妊娠。

②激素测定法：在母猪配种后 16~18 天注射 1 毫克的乙烯雌酚，未孕猪一般经 2~3 天后出现明显发情表现，怀孕母猪则无反应。采用此法，时间必须准确，尤其不能过早。

③超声波诊断：在母猪配种后 20~29 天进行。准确率约为 80%，40 天后为 100%。

（2）妊娠母猪的饲养。

①抓两头带中间饲养方式：适合配种时较瘦弱的经产母猪。妊娠前期（1~40 天），一般在妊娠后的 20~40 天，可适当增加蛋白质较多的精饲料，每日每头 1.5 千克。妊娠中期（41~90 天），可适当增加一些品质好的青绿多汁饲料与粗饲料每日每头 1 千克。妊娠后期（91~114 天），胎儿生长十分迅速，母猪体重增加较快，此时应把精料量加到最大。每日每头 2 千克。

②前粗后精饲养方式：适合配种前膘情较好的经产母猪。妊娠前期（1~60 天）可按一般的营养水平饲喂，青、绿、粗饲料可适当多一些，每日每头 0.75 千克。妊娠后期（91~114 天）可适当增加精料，1.25~1.5 千克/日/头。

③步步高饲养方式：适合初产母猪与繁殖力高的母猪。妊娠前期每日每头 1.25 千克，中期 1.5 千克，后期 2 千克。

（3）妊娠母猪的管理。

①单栏或小群饲养：母猪从妊娠到产仔前均在限位栏内或将配种期相近、体重大小和性情强弱相近的 3~5 头母猪放在同一栏内。

②适当运动：妊娠中后期适当运动，有利于增强母猪体质和胎儿发育，但产前一周要停止运动。

③注重青绿多汁饲料的供应。

④供给充足的饮水。

⑤做好日常管理，防止流产。

（4）母猪的分娩（预产期的推算）。母猪妊娠期平均为 114 天，范围是 111~117 天。

①"三三三"推算法：3 个月 3 周零 3 天。

②计算法：月份加 4，日期减 6，再减大月数，过 2 月加 2（闰年加 1）。

（5）母猪的接产。当母猪安稳地侧卧后，发现母猪阴道内有羊水流出，母猪阵缩频率加快且持续时间变长，并伴有努责时，接产人员应进入分娩栏内。若在网床上分娩，应打开后门，接产人员应蹲在或站立在母猪臀后。

①分娩前的准备：

分娩舍（产房）：母猪转入产房前 5~10 天做好准备。地面、圈栏可用 2% 火碱水溶液刷洗消毒，母猪进产房前用清水冲洗。产房温度控制在 15~22℃。

猪体的清洁与消毒：分娩前 3~5 天转入产房，将母猪后躯、外阴和乳房用 0.1% 的高锰酸钾溶液擦洗消毒，并清除体表污物，然后用 0.1% 高锰酸钾溶液消毒乳头。

接产用具准备：临产母猪、仔猪箱、5% 碘酊、75% 酒精、0.1% 高锰酸钾溶液、洁净毛巾或拭布、剪刀、耳号钳、剪牙钳、凡士林油、结扎线、秤及产仔记录簿等。

②观察母猪临产征状：

乳房的变化：乳头从前向后渐渐能挤出乳汁，前面的乳头能挤出乳汁时，约 24 小时内产仔，中间乳头能挤出乳汁时，约 12 小时内产仔，最后一对乳头能挤出乳汁时，在 4~6 小时内产仔或即将产仔。

外阴变化：母猪产前3~5天阴户红肿，尾根两侧下陷，是骨盆开张的标志。

行为表现：产前15~20天，行动不安，起卧频繁，粪尿频繁，阴部流出稀薄粘液，当母猪四肢伸直，阵缩时间缩短，呼吸急促时，表明即将产仔。

③接产技术：

三擦一破：仔猪产出后，接产人员一只手抓住仔猪的头颈部，另一只手的拇指和食指用擦布立即将其口腔内黏液抠出，迅速擦干其口、鼻、全身的黏液。如果发现胎儿包在胎衣内产出，应立即撕破胎衣，再抢救仔猪。

断脐：接产者把仔猪脐带内血液向仔猪腹部方向挤压，一只手抓握住仔猪的肩背部，另一只手的大拇指将脐带距离脐根部4~5厘米处捏压在食指的中间节上，利用大拇指指甲将脐带掐断，并涂上5%的碘酊。如果脐带内有血液流出，应用手指捏数分钟，再涂以5%的碘酊或用在碘酒中浸泡过的结扎线结扎。

及时保温：擦干黏液和断脐后，尽早放入护仔箱，箱内温度在30~32℃。

剪牙：仔猪出生时带有2对隅齿和2对犬齿，容易咬伤乳头。用左（右）手把握住仔猪的额头部，并用拇指和食指用力捏住仔猪上下颌的嘴角处，将仔猪嘴捏开，然后用右（左）手持剪刀在齿龈处，将上下左右所有的乳齿全部剪断。操作时注意剪平。

早吃初乳：吃初乳前应挤出几滴初乳弃掉，防止初生仔猪食入乳头管内的脏物。尽早吃初乳，能使仔猪获得抗体和营养物质。

仔猪编号、称重及记录。

假死猪急救：仔猪产出后呼吸基本停止，但心脏与脐动脉仍在跳动叫假死。先将仔猪口、鼻内的黏液与羊水用力甩出并擦干。方法如下。

人工呼吸：左手托仔猪于垫草上，右手屈伸两前肢或前后肢，促其呼吸。

吹气法：用一个塑料小漏斗向仔猪口或鼻内用力吹气促其呼吸。

倒提拍背法：提起仔猪肉后腿，拍胸或拍背，促其呼吸。

仔猪全部产出后约30分钟排出胎衣。

接产完毕，将分娩栏打扫干净。用温度35~38℃的0.1%高锰酸钾溶液或0.1%的洗必泰溶液，将母猪、地面、圈栏等擦洗消毒，接产人员用3%来苏儿洗手后，再用清水将手洗净。

（6）防止母猪流产。

①流产原因：营养性流产、疾病性流产和管理不当造成流产

②措施：在妊娠母猪饲粮配合上，应根据其饲养标准结合当地饲料资源情况科学地进行配合。根据本地区传染病流行情况，及时接种一些疫苗进行预防。加强猪场内部管理，猪舍内禁止突然高声喊叫和异常声响。禁止母猪在光滑的水泥地面上或冰雪道上行走或运动。预防早产。

（7）难产处理。用双手按摩前边3对乳房5~8分钟；按摩乳房无效可肌内注射催产素；如果注射催产素助产失败或产道异常、胎儿过大、胎位不正等，应实施手掏术。

（三）泌乳母猪的饲养与管理

1. 泌乳母猪的饲养

（1）产后的头几天不宜喂得过多、过饱，应少喂勤添。

（2）饲料配合应多样化。

（3）适当多喂动物性饲料。

（4）饲料品质要优良。

（5）供给充足饮水。

（6）仔猪断奶前后的处理　断奶前3～5天逐渐减少精料、青绿多汁料与饮水，断奶前一天停食、停水。对膘情差的可少减料或不减料。

在断奶后的2～3天内，对母猪不应急于加料。当发现母猪乳房出现皱褶（已回乳）时再加料，以促其早发情，及时配上种。一般在正常饲养条件下，仔猪断奶后的10天内，母猪就能发情配种。

2. 泌乳母猪的管理

（1）安静舒适的环境。圈内应干燥清洁，通风换气良好，冬季注意保温，防止贼风侵袭；夏季注意防暑。舍温过高时，可给哺乳母猪颈部滴水，降温效果较好。定期消毒和灭蝇。

（2）适当运动。产后3天让母猪带领仔猪到运动场内自由活动。

（3）每天清点仔猪。当仔猪大群补饲时，每天晚饲后仔猪回窝时注意清点各母猪的仔猪数。

（4）保护母猪。

（四）哺乳仔猪的饲养与管理

1. 哺乳仔猪生理特点

哺乳仔猪的主要特点是生长发育快和生理方面不成熟，从而造成难饲养成活率低。其主要生理特点如下。

（1）无先天免疫力，容易得病。

（2）调节体温能力差，怕冷。

（3）消化道不发达，消化机能不完善。

（4）生长发育快，新陈代谢旺盛。

（5）体内铁少，易患贫血症。

2. 哺乳仔猪的饲养管理

（1）抓奶食、过好初生关。及早吃足初乳，固定乳头；采取保暖、防压措施；加强看护；仔猪并窝和寄养。

（2）抓料食、过好补料关。

开始补料的时间：7日龄左右。

补料方法：5～10日龄喂煮熟的黄豆、高粱、破碎玉米与破碎甘薯干等混合料；10～20日龄吃湿拌料，每天4～6次；20～40日龄喂量加大，每天4～6次。

注意铁、铜、硒的补充。

（3）断乳关。

断乳日龄：自然断乳为8～12周龄，现在逐渐缩至4～5周龄。

断乳方法：一次断乳、分批断乳、逐渐断乳和早期断乳法。

（4）预防接种。合理制定免疫程序，确保疫苗质量，免疫前后精心饲养。

（5）控制仔猪下痢。加强妊娠、泌乳母猪的饲养管理；加强妊娠、防止各种应激因素；搞好预防措施；采取综合措施及时治疗。

（6）仔猪网床培育。

（五）断奶仔猪的饲养与管理

1. 营养需要

（1）能量。10~20千克的仔猪每千克日粮中的消化能不低于13.85兆焦。

（2）矿物质。10~20千克的仔猪饲料中应含钙0.64%、磷0.54%，钙与磷的比例为(1.5∶1)~(2∶1)。每千克日粮中含铁与锌各78毫克，碘与硒各0.14毫克。

（3）蛋白质。10~20千克的断乳仔猪日粮中应含粗蛋白质19%、赖氨酸0.78%、蛋氨酸加胱氨酸0.51%。20~60千克分别加粗蛋白16%、赖氨酸0.75%、蛋氨酸加胱氨酸0.38%。

（4）维生素。10~20千克的断乳仔猪，每千克日粮中维生素A、维生素D、维生素E的含量分别为1 700IU、200IU、11IU；20~60千克的生长肥育猪每千克分别含1 250IU、190IU、10IU。

2. 断奶仔猪饲养

（1）合理配合饲粮。

（2）少喂勤添，定时定量。一般每天喂4~6次，每次喂八九成饱。夜间21—22时可加喂一次。

（3）供给充足、清洁的饮水。饮水量：冬季为饲料量的2~3倍，春秋季为饲料量的4倍，夏季为饲料量的5倍。

（4）注意饲喂方法。

3. 断奶仔猪的管理

（1）合理分群。应使体重相差不超过2~3千克的仔猪合为一群；体重小、体质弱的应单独组群，给予细致护理，特别照顾。

（2）创造舒适的小环境。利用仔猪培育栏。要阳光充足、温度适宜（22℃左右），清洁干燥。

（3）有足够的占地面积与饲槽。每头0.5~0.8平方米，每群10头左右。并设有足够的食槽与水槽。

（4）防寒保温。入冬前要维修好猪圈，有条件的可修建暖圈或塑料大棚。

（5）细心调教。训练仔猪定点排便、采食、睡卧"三点定位"。

（6）预防水肿病。减少应激，特别是断乳后一周内尽量不更换日粮。断乳前一周和断乳后1~2周，在其日粮中加喂抗生素和各种维生素及微量元素。

4. 断乳仔猪的选择

在选择断乳仔猪留种时，应从其父母品质优秀、同窝仔猪多而均匀、断乳窝重大的窝内选留体重与断乳体重大的个体。如做肉猪用，应选择那些身长体高、皮光毛顺、眼大有神、活泼好动、食欲旺盛、健康无病的个体。

5. 防止僵猪产生

所谓僵猪，是指由某种原因造成仔猪生长发育严重受阻的猪，俗称"小老猪"。

（1）僵猪产生的原因。妊娠母猪饲养管理不当；泌乳母猪饲养管理欠佳或泌乳性能降低；仔猪开食晚；仔猪补料差；初配母猪年龄或体重偏小。

（2）防止僵猪产生的措施。加强母猪妊娠期和泌乳期的饲养管理；搞好仔猪的养育和护理；搞好圈舍卫生和消毒工作；科学免疫接种和用药；做好选种选配工作。

（六）后备猪的培育

1. 后备猪的选择

（1）符合本品种特征。毛色、体形、头形、耳形要一致。

（2）生长发育正常。精神活泼，健康无病，膘情适中。

（3）后备公猪选择。首先查找生长发育记录和生产性能报告，根据资料记载情况进行排队，然后结合体型外貌做出选择，最后选择的数量应是现有种公猪数量的30%左右。

生产性能：要求生长速度快，一般要求瘦肉型公猪体重达100千克的日龄在175天以下；背膘薄，饲料转化率高，生长育肥期料重比在3.0以下。

体型外貌：要体长、体质结实、强壮、四肢和蹄部良好、臀部丰满，不要直腿和高弓形背。活泼爱动，反应灵敏。睾丸发育良好，左右对称、松紧适度，阴茎包皮正常，性欲旺盛，精液品质良好，同窝猪的产仔数在10头以上。严禁单睾、隐睾、睾丸不对称、疝气、包皮肥大的后备公猪入选。乳头数要有6对以上，排列整齐，无异常乳头。

（4）后备母猪选择。未来的母猪应该是正常地发情排卵、发情征兆明显，能正常参加配种，能够产出数量多质量好的仔猪；能够哺育好全窝仔猪；体质结实，在背膘和生长速度上具有良好的遗传素质。具体选择如下：

①外生殖器发育较大、下垂，正常乳头6对以上且排列整齐。

②健壮的体质，四肢结实，肢势正常。

③应选生长速度快、饲料转化率高、背膘薄的后备母猪。

④不要选择外生殖器发育较小且上翘、瞎乳头、翻转乳头、肢蹄运动有障碍的后备母猪。

⑤选择数量应为现有基础母猪数量的25%左右。

后备公、母猪都应选自繁殖性能好的家系内，如产仔数多，母性强，哺乳性能好，仔猪断奶窝重大等。

2. 后备猪的培育要求和原则

（1）营养控制。要喂给全价日粮，注意能量和蛋白质的比例，特别要满足矿物质、维生素和必需氨基酸的供给。一般采用前期自由采食，后期限量饲喂。育成期日粮喂给量应占体重的2.5%~3.0%，体重到80千克后，喂量占体重的2.5%以下。瘦肉型猪种生后5月龄体重应控制在70~80千克，6月龄控制在90~100千克。

（2）合理分群。要按体重大小、强弱和不同性别分群饲养。体重的差异最好不要超过2.5~4千克，以免影响育成率。仔猪转入后备群时，每圈可饲养4~6头，随着年龄的增长，逐渐减少每圈内的头数。断奶后日喂5~6次。小公猪4月龄后实行单独饲养。

（3）调教和驱虫工作。调教从小养成在指定地点吃食、睡觉和排泄粪尿的习惯，并保持性情温顺，人畜亲和。保持良好的生活规律，便于以后的采精、配种、接产、哺乳等操作管理和生长发育。当猪体重达到1.5~2.0千克时进行驱虫，以后每隔1.5~2个月驱虫一次。

（4）加强运动。后备猪每天应不少于2小时。

（5）其他管理工作。要统计饲料消耗和称重。要观察母猪发情情况并做好记录。注意防寒保暖和防暑降温，保持干燥和清洁的环境。

3. 后备猪的利用

地方猪种的后备公猪，在6~7月龄、体重60~70千克时开始利用；晚熟的培育品种和引进猪种的公猪要在 8~10 月龄、体重 110~130 千克时开始配种。早熟的地方品种 6~8 月龄、体重 50~60 千克时配种；晚熟的大型品种及其杂种猪 8~9 月龄、体重 110~120 千克时配种使用为宜。

六、肉猪生产

（一）肉猪生产前的准备

1. 圈舍的准备

（1）适宜的饲养密度。

（2）圈舍的维修、清扫和消毒。

2. 选好猪苗

外购猪苗要注意 3 点：一是尽可能从非疫区选购猪苗；二是选购的猪苗要有免疫接种证明和产地检疫证明；三是采用"窝选"，即选购体重大、群体发育整齐的整窝断奶仔猪。

3. 合理组群

肉猪组群时，应根据其来源、体重、体质、性情和采食特性等方面合理组群，在大规模集约化猪场，还应考虑猪的性别差异。一般情况下，群体内的个体体重差异不得超过 3~5 千克。

4. 驱虫、去势和免疫接种

（1）驱虫。一般要进行 2~3 次驱虫：第一次在仔猪断奶后约 1 周；第二次在生长肥育阶段，体重达 50~60 千克，必要时，可分别在仔猪断奶前或 135 日龄左右增加一次驱虫。

（2）去势。一般只对小公猪去势而小母猪不去势，去势时间一般在生后 7 日龄内或断奶前的 10~15 日龄。

（3）免疫接种。商品仔猪在 70 日龄前必须完成各种疫苗的预防接种工作，做到头头接种，防止漏免。

（二）饲养

1. 确定适宜的营养水平

（1）能量水平。高能量水平对猪增重有利，但对胴体品质不利。

（2）蛋白质和氨基酸水平。影响肉猪增重速度、饲料转化率和胴体品质。

（3）矿物质、维生素和粗纤维水平。对肉猪的增重速度、饲料转化率和肉猪健康影响较大，肉猪饲料中的粗纤维含量为 5%~7% 时，增重效果最好。

2. 设计适宜肉猪的饲粮配方

3. 选择科学的肉猪肥育方式

采取"前敞后限"的饲养方式。体重 60 千克以后，低能低蛋白。目前多应用阶段肥育法：育肥前期自由采食，育肥后期限量饲喂。

（1）两阶段肥育法。20~60 千克为肥育前期；60~100 千克为肥育后期。

（2）三阶段肥育法。20~35 千克为肥育前期；35~60 千克为肥育中期；60~100 千克为肥育后期。

4. 科学的饲喂

（1）自由采食。生长肥育前期（60 千克前）采用三元杂交猪，从断奶开始到 100 千克出栏上市，全期进行自由采食。

（2）限制饲喂。日粮给量应为自由采食量的75%~80%。限饲情况下，合理确定饲喂次数和饲喂量。

（三）管理

1. 加强调教

肉猪在分群和调群后，要及时进行调教。

（1）防止强夺弱食措施。分槽位采食、均匀投放饲料。

（2）"三点定位"划分。采食区、休息区、排泄区。关键是定点排泄。

2. 及时调群

原则是"留弱不留强、拆多不拆少、夜合昼不合"。

3. 供给充足清洁的饮水

春秋季节为采食饲料干重的4倍，占体重的16%左右，夏季约为6倍或体重的23%，冬季可减半。供水方式采用自动饮水器或设置水槽。

4. 创造适宜的环境条件

（1）温度和湿度。适宜温度20℃左右、相对湿度为50%~70%，可以获得较高的肉猪日增重和饲料转化率。

（2）光照。适度的光照能够促进肉猪的新陈代谢，提高肉猪的增重速度和胴体瘦肉率，增强猪的抗应激能力和抗病力。

（3）通风和噪声。与肉猪增重和饲料转化率有关，而且也与肉猪健康关系密切。

（4）有害气体和尘埃。氨气、硫化氢和二氧化碳、尘埃等要及时排出。

（5）措施。加强通风换气；及时清除粪尿废水；确定合理的饲养密度；保持猪舍一定的湿度；建立有效的喷雾消毒制度。

5. 防疫、驱虫

认真检疫、药物防治及做好免疫接种工作。在整个肥育期间应驱虫两次，第一次在断乳后一周左右进行，第二次在肥育中期进行。

6. 去势

小公猪一般在生后7日龄内进行。去势时要严格消毒，并保持圈舍卫生，防止或减少刀口感染。对有破伤风的猪场去势时要做预防接种。

7. 适时出栏

二元商品杂交猪为85~95千克；三元商品杂交猪为95~105千克；配套系杂优猪为115~120千克。

依据胴体瘦肉率高低，结合其增重速度、饲料转化率、屠宰率、胴体品质以及商品肉猪市场价格、日饲养费用、种猪饲养成本分摊等方面进行综合经济分析。

七、现代化养猪生产

（一）概念

即工厂化养猪。把配种、妊娠、分娩、哺乳、生长和育肥六个生产环节组成一条生产线进行流水式生产，正如工厂生产产品一样，养猪场的一栋猪舍相当于一个生产车间，从一道工序转移到下一道工序，由配种至育肥各个生产工艺逐道工序进行。

这样的养猪生产，分工明细、具体，设备使用熟悉，饲料利用规范，符合技术要求，能实现高效生产。

(二) 特点

1. 基本特征

(1) 生产规模大，饲养密度大。现代养猪的规模以年产肉猪头数或活重总量来表示。一般以万头作单位：年产15万头以上为大型，5万～10万头为中型，1万～3万头为小型。

(2) 实行密闭饲养。猪被关闭在生产车间里饲养。不接触或很少接触土壤；不直接接触或很少接触阳光；不运动或很少运动；不喂青饲料或很少喂青饲料。

(3) 生产工序化，生产效率高。大型猪场有一日制的，即每天都有一批肉猪出栏，相应的每天都有一批母猪配种、产仔、断奶和有一批仔猪育成并转入肥育群。

一般中小型猪场 有3、7、21、42日制的，生产节律十分明显。

现代养猪实行集约化、机械化，因而劳动定额和劳动效率都很高。

一般场家的劳动定额：种公猪100头/人，空怀及妊娠母猪800头/人，哺乳母猪40头/人，育成猪1 400头/人，肉猪1 000头以上/人。

(4) 具有独特的生产管理方式。

①生产单元：车间。

②流水作业：全进全出。

③批量连续生产。

2. 条件

现代化养猪之所以生产水平高，劳动生产率高，主要表现在以下7个方面。

(1) 种猪优良。三元杂交、合成系四系杂交。

(2) 繁育技术先进。控制母猪发情，实行分批同步发情，同期配种，早期断奶，分批"全进全出"分娩、转群、出栏。

(3) 使用全价配合饲料。实行标准化饲养，生产规格化的产品。

(4) 合理的猪舍。猪场的布局合理，猪舍设计合理。

(5) 先进的设备。供水、供料、通风、调温、粪尿处理等设备先进合理，母猪产仔和仔猪保育采用高床式，提高了仔猪成活率。

(6) 防病措施得力。严格的程序化兽医卫生防疫措施。

(7) 科学的经营管理。严格档案制度以管理猪群，推行计划管理和经济责任制。

3. 工艺流程

现代养猪多把生产过程分成若干单元，并划成车间，使配种、妊娠、分娩、哺乳、育仔、培育等生产环节，按流水作业、全进全出的生产方式，有节律、按日计算进行运作，这一整套的生产程序即为生产工艺流程。

(1) 猪场生产方向及规模。种猪和商品猪合一。基础母猪100头，商品猪1 500头以上。

(2) 生产指标。

①母猪年产仔平均两窝以上，每窝产活仔10头以上。

②仔猪35日龄断奶，成活率达90%以上。

③仔猪断奶后转到育成猪舍再养35～40天，此期成活率在95%以上。

④育成猪70日龄转入育肥猪群，育肥105天（15周），平均体重达90千克左右时出

售，育肥期成活率为98%，饲料转化率为3.5以内。

4. 猪群组成

基础母猪100头；后背母猪经常保持10头；成年公猪两头，后背公猪1头；哺乳仔猪230头；育成猪216头；育肥猪510头；存栏总数为1 069头。

5. 饲养方式

空怀、妊娠母猪采用单栏小群饲养（4~5头/栏）。

公猪单栏饲养（1头/栏）。

产仔母猪扣笼单栏饲养（1头/栏）。

育成猪网上同窝或两窝为一群。

育肥猪由育成舍同栏转群（10~20头/栏）。

八、养猪生产对环境的污染及对策

（一）养猪生产对环境的污染

工厂化养猪规模大，集约化程度高。环境污染问题日益凸出，已成为世界性公害。

1. 养猪生产的环境污染来源

养猪生产主要污染是所排放的粪尿、污水、有害气体、尘埃、微生物、死尸等。

例如，一个10万头猪场日产鲜粪80吨、污水260吨，每小时向大气中排放150万个细菌、159千克氨气、14.5千克硫化氢、25.9千克饲料粉尘，随风可传播4.5~5.0千米。

同时，广大农村抛弃在沟壑、水渠内的畜禽尸体也是不可忽视的污染源。

2. 粪尿、污水的为害

（1）污染水体，造成周围河流、湖泊富营养化，污染饮用水源，大量的有机物进入鱼塘导致鱼类缺氧死亡。

（2）产生氨、甲基硫醇、二甲硫、硫化氢及挥发性脂肪酸等恶臭气体，造成大气污染，影响周围居民生活。

3. 集约化猪场污水的特性

（1）污水量大。每条年产1万头生猪的生产线以全冲洗方式计，清洁地面和冲洗粪沟以及猪饮水时浪费等，平均每天产生的污水100~150立方米，夏天较冬天多。

（2）污染物浓度高。猪场污水的主要污染源来自粪便，粪便溶入水中的量直接影响污水浓度。全冲洗方式产生的污水比捡粪方式产生的污水污染物浓度高，其中含有大量的病原微生物及其他有害物质。

（3）氮、磷含量高。污水中氮、磷来自饲料中未被消化吸收的氮、磷以及尿中氮、磷，排放后很容易造成水体富营养化，使湖泊、河流等水体理化特性发生改变。

（二）防止污染的对策

1. 合理规划，适度规模，注重生态效益

这是解决污染的先决条件。一是场址要远离水源、城市、工矿区和旅游区等人口密集的地方净化；二是要控制规模，以所产粪污能就地消化、分解为宜。

2. 提倡农牧结合，生态养殖，根治氮磷污染

农牧结合及生态养殖，就是利用生物之间生态平衡的原理。

（1）实行养猪积肥。

（2）实行综合养殖，办生态猪场。

(3) 猪粪尿导入沼气池制取沼气。

3. 控制和减少污染物的排出

为了减少粪尿对环境的污染，提高蛋白质和氨基酸利用率，降低氮和磷排出量，是减轻氮、磷污染的有效措施。控制一些微量元素如铜、砷制剂等超量添加。

4. 生物除臭，净化空气

生产中采取一些除臭方法，如用微生物活菌制剂等加入饲料中，不仅有促进生长、提高抗病能力等作用，而且也能明显减少粪的臭味，净化了空气。

猪场绿化也能有效净化空气。

第二节　奶牛养殖

一、牛场建设与管理

（一）场址

地势平坦、高燥、水质良好、背风向阳、有适当坡度、水源充足、无有害污染源，并且远离学校、公共场所、居民区、生活饮用水源保护区及国家、地方法律法规规定需特殊保护的区域。交通、供电、饲料供应等方便。最好能有一定面积的饲料地，以解决青饲料、青贮饲料所需。

（二）布局与设施

(1) 管理区、生产区处在上风向；兽医室、病牛隔离房、粪污处理区应处在下风向。

(2) 生产区净道和污道应分开，污道在下风向。

(3) 场区内的道路应坚硬、平坦、无积水。牛舍、运动场、道路以外地带应绿化。

(4) 场区牛舍应坐北朝南，坚固耐用，宽敞明亮，排水通畅，通风良好，能有效地排出潮湿和污浊的空气，夏季有防暑降温的设施，地面和墙壁应选用便于清洗消毒的材料。

生产区门口地面设有长、宽、深分别不低于3.8米、3.0米、0.1米的消毒池，人员进入生产区应通过消毒通道，消毒通道应有地面消毒与紫外线消毒设施。

(5) 场区内应设有牛粪尿处理设施，处理后应符合有关规定。

(6) 场区内必须设有更衣室、厕所、淋浴室、休息室。更衣室内应按人数配备衣柜。厕所内应有冲水装置、非手动开关的洗手设施和洗手用的清洗剂。

(7) 场内必须设有与生产能力相适应的微生物和产品质量检验室，并配备工作所需的仪器设备和经培训后由动物防疫监督机构考核认证的检验人员。

(8) 场内需设置危险品专用库房、橱柜，存放有毒、有害物品，并贴有醒目的"有害"标记。在使用危险品时需经专门管理部门核准并在指定人员的严格监督下使用。

（三）牛舍建设

1. 栓系式

建筑形式有钟楼式、半钟楼式和双坡式3种。牛的排列分单列式、双列式和四列式等。20头以下可采用单列式，20头以上采用双列式。双列式又分为牛头向墙的对尾式和牛头相向的对头式两种。其中对尾式应用较广。

2. 散放式

除挤奶外均不栓系，一般包括休息区、饲喂区、待挤区和挤奶区。每头占地2~3平方米，床地铺有褥草。分单列式和双列式两种，双列式又分双列对尾和双列对头。温暖地区可建造棚舍式或前棚式，炎热地区则可建造开放式。

（四）场区的供、排水系统

（1）场区内应有足够的生产用水，水压和水温均应满足生产要求。若配备贮水设施的，应有防污染措施，并定期清洗、消毒。

（2）场区内应具有良好的排水系统，并不得污染供水系统。

（五）动物卫生条件

奶牛场必须在取得动物防疫监督机构核发的《动物防疫合格证》后方可生产与经营。

（六）工作人员的健康与卫生

（1）场内工作人员每年进行健康检查。场内有关部门应建立职工健康档案。

（2）挤奶员工作时不得佩带饰物和涂抹化妆品，并经常修剪指甲。手部受刀伤和其他开放性外伤的，伤口未愈前不能挤奶。

（3）饲养、挤奶人员的工作帽、工作服、工作鞋（靴）应经常清洗，使用前进行消毒；对更衣室、淋浴室、休息室、厕所等公共场所要经常清扫、清洗、消毒。

（七）鲜奶盛装、贮藏与运输卫生

（1）鲜奶应设单间存放，与牛舍隔离，并且有防尘、防蝇、防鼠的设施。

（2）鲜奶必须由过滤器或多层纱布进行过滤才能装入容器，2小时内冷却到0~4℃。

（3）装运鲜奶的奶槽车或桶要卫生。

（4）鲜奶从挤出至加工前防止污染。

（八）免疫与消毒

（1）严格按国家规定实施免疫。但不得免疫接种布氏杆菌疫苗。

（2）建立健全消毒制度。

（九）监测与净化

（1）奶牛场每年应依法接受县级以上动物防疫监督机构的定期监测，对检出的结核病、布鲁氏菌病等疫病阳性奶牛及其产品要坚决予以销毁。

（2）动物防疫监督机构对临床检查未见异常且监测合格的奶牛发放奶牛健康合格证。

（3）建立奶牛健康档案，如实记录每头健康情况、用药情况、免疫情况、监测情况等。

（十）饲养管理

（1）饲草要铡短，扬弃泥土，清除异物；块根、块茎类饲料需清洗、切碎，冬季防冷冻。

（2）按饲养规范饲喂，不堆槽、不空槽，不喂发霉变质和冰冻饲草饲料。

（3）每天要清洗牛舍槽道、地面、墙壁，除去褥草、污物、粪便。清洗工作结束后要及时将粪便及污物运送到贮粪场。运动场牛粪派专人每天清扫，集中到贮粪场。

（4）加强防疫管理。定期灭蚊、灭蝇、灭鼠，清除杂草，定期消毒。所用药液不得直接触及牛体和盛奶用具；每年进行寄生虫病的检查和驱虫；定期对母牛进行乳腺炎检验，对病牛进行有效的治疗。发现可疑疫情时，依照有关规定处理并及时上报。

（5）场内不得饲养其他家畜、家禽，并防止周围其他畜禽进入场区。

（6）定期对牛群进行临床健康检查。

二、优良奶牛的选择与选配

(一) 选择

1. 外貌特征

体格健壮,结构匀称,毛色黑白花。胸部发育好,体躯长,宽而深,背腰结合好,尻长、宽而平。乳房体大,乳腺发育良好,乳静脉粗大而弯曲,乳井大而深,四肢健壮,肢势良好。大型牛,第三胎母牛重700千克以上,体高136厘米;中型,体重600~700千克,体高133~136厘米;小型500~600千克,体高130~133厘米。公牛体重1 000~1 200千克,体高150厘米以上。

2. 生产性能

全泌乳期平均产乳量为4 921.8千克,最高可达8 000千克以上,乳脂率为3.5%,有的第三胎产乳量达1万多千克。

(二) 选配

1. 初配年龄

一般为18~24月龄。如果饲养条件较好且生长发育良好,可适当早些。

2. 适配时间

母牛一般在发情盛期末,最好配两次,第一次配后8~12小时再配一次。上午发情的,当日傍晚配一次,第二天早上再配一次;下午发情的,第二天早上配一次,下午或傍晚再配一次。母牛产犊后,一般是40~60天发情配种。

三、奶牛的发情鉴定与人工授精

(一) 发情鉴定

1. 直接观察法

表现不安,食欲减退,时常哞叫,拱腰举尾,频频排尿;接受它牛爬垮,由烦燥转为安静;外阴潮红肿胀并有黏液流出。

2. 阴道检查法

子宫颈口呈大蒜瓣状、粉红或带紫褐、湿润、开张良好。

3. 直肠检查法

触摸两侧卵巢上的卵泡发育情况,根据卵泡是否突出于卵巢表面及大小、弹性、波动性和排卵来判断。发情初期卵巢有所增大,卵泡部分凸出于卵巢表面,其直径在8毫米以下,较硬;到卵泡成熟期,卵泡呈球突出于卵巢表面,其直径可达10~24毫米,卵泡壁变薄,富有弹性,有一触即破之感。

(二) 人工授精

1. 人工授精的优点

(1) 扩大良种公牛的配种效果及利用率。采用人工授精技术,一次射精的精液可给数头到数百头母牛授精。同时使更多的优秀公牛的精液得以保存,增加优良家畜数量。

(2) 节省了牧场饲养种公牛的费用,并消除危险性。

(3) 与活畜运输相比,精液运输费用更低。

(4) 不受种公牛生命的限制,有利于优良品种资源的保存与有效合理的利用。

（5）不受时间和地域的限制，可跨国、跨地区的流通。

（6）可防止生殖道传染性疾病和寄生虫病（弧菌病、毛滴虫病）的感染与传播。

（7）在一个性周期内可多次输精，增加受孕的机会。同时通过输精可使一些患有生殖道疾病如阴道炎、子宫颈炎、子宫颈口紧等的母牛受精，提高受胎率。

（8）具有长远的累积性效益。

2. 人工授精的配种适期

从发情开始后的12～18小时内，即从发情开始后6小时到发情结束后6小时的24小时内。成年母牛通常在18小时。

"早发晚配""晚发早配"的规则。为保证一定的受胎率，采用一个情期输精两次，间隔时间为8～12小时。一个情期内输两次精比一次的受胎率可提高2%～14%。

四、提高母牛繁殖率

（一）搞好饲养管理

（1）饲料种类多样化，日粮配合科学化，要满足母牛对能量、蛋白质、矿物质和维生素的需要。

（2）管理好牛群，特别是基础母牛群；适当运动；采用正确的挤奶方法和规律的挤奶时间；固定挤奶人员，保持牛舍卫生。

（二）做好保健工作

建立健全有关的规章制度，严格执行各项各项操作规程；抓好保胎工作，防止母牛流产。

（三）环境条件

应具备凉爽的气候、适宜的温度和湿度、较长的日照和丰富的营养等。

（四）改进繁殖技术

一般母牛产犊后第一次发情就应抓紧配种，否则易造成不孕。高产乳用母牛，可适当延迟到第二次发情才配种。严格执行人工授精操作规程。有条件的，可应用同期发情、超数排卵、胚胎移植、诱发发情及冷冻精液等技术。

（五）利用外源激素

母牛输精后5～7分钟肌内注射催产素40IU，可促进精子向受精部位运行；对不孕母牛，产后可向子宫注射5%葡萄糖溶液和青霉素50万IU。对屡配不孕的青年母牛，配种前后肌内注射促性腺激素10毫克。

五、奶牛的饲养管理

（一）围产期的饲养管理

1. 围产期特点

围产期是指奶牛临产前15天到分娩后15天这段时期。按传统的划分方法，临产前15天属于干奶期，产后15天属于泌乳初期。这一阶段因母牛刚分娩结束，消化机能较弱，食欲差，生殖器官处于恢复状态，身体怠倦。

2. 围产期的饲养

（1）围产前期（产前15天）注意保胎。日喂精料3～4千克。瘦弱牛或高产牛可每天增加0.25千克，到产前1周时达到5.0~5.5千克。但最大量不要超过体重的1%。有条件的可提供优质干草，保持牛产前有良好的食欲和较大的采食量。干草占体重的0.5%以上。饲粮的干物质精粗比为40∶60，蛋白质为13%，粗纤维为20%，钙的饲喂量是产前低产后高。

对于肥胖的母牛，应严格控制精料的喂量，同时每头每天添加烟酸6克，以预防产后胎衣不下和难产。

（2）围产期（产后15天）恢复体质。产后应给于充足的温热饮水。母牛体质较弱，食欲较差，要喂易消化、适口性好的饲料，视食欲、消化、恶露、乳房等情况逐步增加，控制青贮、青绿、块根类和糟渣类饲料的喂量，而干草任其自由采食。

一般提倡最初3天以优质干草为主，少喂精料，视情况自2~3天开始加料，幅度为每天增加0.5~1千克，15天达到饲养标准。若牛产后食欲正常，乳房水肿轻微，则产后经一天就可喂给4.0~6.0千克精料，5千克青贮料，逐渐增加喂量，到产后7天达到精料日喂8千克，青贮玉米10千克，块根类饲料5千克，优质干草4千克。

（3）母牛分娩后1~2小时，第一次挤奶不易太多，只要犊牛够吃即可，以后每次挤奶量逐步增加，到第三天后可以挤净乳房中的奶，否则可造成奶牛体内一时性的血钙降低而发生产后瘫痪。高产牛如果产后乳房无水肿迹象，而且是低产牛，在产后第一天可以挤干奶。

3. 围产期的管理

（1）产房和母牛消毒。有条件的应设立产房和产床。产房要求干燥、通风、安静。在产前7、10天，将母牛转入产房，并加强护理。在转入前，母牛后躯及四肢用2%~3%来苏儿溶液洗刷消毒，产房用2%火碱水喷洒消毒，并在产房内铺上清洁干燥的垫草。遇其他异常情况，如难产等应由兽医处理。在胎儿产出后5~6小时胎衣应该排出，应仔细观察完整情况，如胎儿产出12小时以上，胎衣尚未完全排出，应请兽医处理。如胎儿产出后母牛仍进行努责，则有双胎的可能，应作好下一胎儿的接产准备。

（2）饲养工艺。

①栓系饲养：有固定牛床及栓系设施，牛平时在舍外运动场自由运动，不能自由进出牛舍。采食、刷拭和挤奶在舍内进行。按生长发育阶段和成母牛泌乳期、泌乳量等分群饲养。

②散栏饲养：按照奶牛的自然和生理需要，不拴系，无固定床位，自由采食，自由饮水，自由运动，并与挤奶厅集中挤奶、TMR日粮相结合。需要牛舍、挤奶设备、搅拌车、铲车等设备设施配套才能发挥作用。

成母牛群的散栏饲养一般将牛群分成五种，即头胎牛群、泌乳盛期群、泌乳中期群、泌乳末期群和干奶牛群。

后备牛的散栏饲养可根据牛群规模分群，对各群牛分别提供相应日粮。

（二）犊牛的饲养管理

饲养犊牛必须做到"五定"：定质、定时、定量、定温、定人。

1. 尽早吃初乳

新生犊牛出生后必须尽快吃到初乳，1千克/10千克体重/天，2~3次/天，并应持续饲喂初乳3天以上；每次喂完奶后擦干嘴部。

人工哺乳的要把初乳温度掌握在38℃左右；常乳哺喂的，必须每天补饲20毫升鱼肝油，另给少量蓖麻油以代替初乳的轻泻作用。也可喂给人工初乳，配方是鸡蛋2~3个，食盐9~10克，鱼肝油15克，加到1千克奶中，充分振荡中，搅拌均匀，食盐溶解后，加热到38℃喂给。

2. 补饲，以促进瘤胃发育

一周以后开始应在犊牛栏中加些优质干草，任其自由采食，10～15日龄开始训练吃精料。初期在喂完奶后用少量精料涂抹在其鼻镜和嘴唇上，或撒少许于奶桶上任其舔食。经3～4天的调教后，犊牛已有采食少量精料的能力，这时可将精料投放到食槽内，让其自由舔食。1月龄时采食250～300克，2月龄时500～600克。从2月龄开始喂些青贮饲料，到3月龄时喂量达到1.5～2千克。

3. 饮水

保证犊牛有充足、新鲜、清洁卫生的饮水。生后当天，在每次喂奶后1～2小时，饮35～38℃清洁开水0.5千克，生后5～10天则有意饮用，生后15～20天饮凉开水，逐渐过渡到饮生水。冬季饮温水5～8千克/头/天。

4. 卫生应做到"四勤"

勤打扫、勤换垫草、勤观察、勤消毒。犊牛的生活环境要求清洁、干燥、宽敞、阳光充足、冬暖夏凉。哺乳期犊牛应做到一牛一栏单独饲养，犊牛转出后应及时更换犊牛栏褥草、彻底消毒。犊牛舍每周消毒一次，运动场每15天消毒一次。

5. 运动

犊牛从10～15日龄开始，每天进行一次运动，开始为10～20分钟，以后逐渐增加到2～4小时。有条件的可结合放牧进行运动。

6. 刷拭

既能保持体表清洁，促进血液循环，又可调教和驯服犊牛。每天用软刷刷拭1～2次。

7. 去副乳

去副乳头在犊牛6月龄之内进行，最佳时间在2～6周，最好避开夏季。先清洗消毒副乳头周围，再轻拉副乳头，沿着基部剪除副乳头，用2%碘酒消毒。

（三）犊牛的断乳

1. 常规断乳

一般全期哺乳量控制在300～400千克，喂乳期45～60天。

犊牛料配方（%）：玉米50，豆饼35，麸皮9，饲用酵母粉3，磷酸氢钙1，碳酸钙1，食盐1（0～90日龄，每千克饲料内加0～0.5克多种维生素）。粗饲料用青干草和玉米青贮各50%（按风干计算），每3千克玉米青贮折合1千克干草。

60天350千克喂奶量饲养方案（千克/天/头）0～30日龄奶6，犊牛料和粗料各0.1；31～50日龄奶6，犊牛料0.2，粗料0.25；51～60日龄奶5，犊牛料0.4，粗料0.45；61～90日龄，犊牛料与粗料各1.5。4～6月龄犊牛料2，粗料2.5。

2. 早期断乳

哺乳期30～45天，上半年出生的犊牛为30天，下半年出生的可延长到50天。当犊牛日增重达到500～600克，进食量高于500克时即可断乳。

饲养方案（千克/天/头）1～10日龄奶4，犊牛料5～8日开食，训练吃干草；11～20日龄奶3，犊牛料、粗料各0.2；21～30日龄奶2，犊牛料、粗料各0.5；31～40日龄奶3，犊牛料0.8，粗料1；41～50日龄奶2，犊牛料、粗料各1.5；51～60日龄奶2，犊牛料、粗料各1.8；4～6月龄奶2，犊牛料、粗料各2。

犊牛料配方（%）：玉米50，豆饼30，麸皮12，饲用酵母粉5，磷酸氢钙1，石粉1，食盐1（30～60日龄，每千克饲料内加0～0.5克多种维生素）。按1∶1的比例加水拌匀后，再加等量干草或5倍的青贮料搅拌均匀后喂给。

（四）育成牛饲养管理

1. 饲养

应用大量粗饲料和多汁饲料，少量精料，以促进乳用母牛高产性能的发挥。

（1）0～6月龄。供给优质饲草，精饲料2.5千克/天，干草自由采食。

（2）6～12月龄。除给予优质的牧草、干草和多汁饲料外，必须补充精饲料。从9～11月龄开始，可掺喂一些秸秆和谷糠类，其给量一般占粗饲料的30%～40%。

（3）12～18月龄。日粮以粗饲料和多汁饲料为主，其比例占日粮的75%，其余25%为混合饲料，以补充能量和蛋白质的不足。

（4）18～24月龄。以品质优良的干草、青草、青贮料和块根类作为基本饲料。这些饲料在日粮中所占比例要大，精料可以少喂或不喂。但到妊娠后期，须补充精料2～3千克/天。

干物质采食量每头每天应逐步达到8千克，日增重为0.77～0.82千克。

2. 管理

适宜采取散放饲养、分群管理。

（1）加强运动。在舍饲条件下，每天至少自由运动2小时以上。

（2）按摩乳房。6～18月龄每天一次，18月龄以上每天两次，每次5～10分钟。每次按摩时用热毛巾轻擦揉乳房，产前一个月停止按摩。

（3）刷拭与调教。每天应刷拭1～2次，每次5～10分钟。

（4）称重。6月龄、12月龄、18月龄进行体尺、体重测定，了解其生长发育情况并记入档案，作为选种育种的基本资料。

（5）初配。一般15～18月龄初配，或体重达到成年母牛体重的70%时。

应保证充足、新鲜、清洁卫生的饮水。及时调整日粮结构，以确保17月龄前达到参配体重（≥380千克），保持适宜体况。并注意观察发情，做好发情记录，以便适时配种。

（五）泌乳期的饲养管理

1. 饲养

主要饲料是干草、多汁饲料和精料，另外补充一些必要的矿物质饲料。一般每百千克体重最多可喂优质干草3～4千克。如日粮中增加多汁饲料，可少喂干草。但是每头牛采食量最低6千克。精料的喂量，一般每产3～5千克奶，则在基础日料上另给1千克精料。如基本饲料为豆科干草、禾本科青贮或混合干草，则精料中要加10%的豆饼或油饼类饲料；如基本饲料为混合干草和禾本科青贮，饼类饲料应占到30%；如基本饲料为混合干草、杂草和块根青贮，饼类应占40%。

饲喂时要定时、定量、少喂、勤添；更换青粗料时，应有7～10天的过渡期；饲喂顺序：先粗后精，先干后湿，先喂后饮。最好的方法是精粗料混喂。

2. 泌乳期各阶段的饲养管理

（1）泌乳初期。指产后15～20天。

①挤奶：每天挤奶4次以上，第一天每次只挤2千克左右，不能将奶全部挤完，只要够喂犊牛即可；第二天约挤日产量的1/3；第三天挤1/2；第四天挤3/4或全部挤完。每次挤奶前要按摩和热敷乳房10～20分钟。

②饲养：产后3天内，可自由采食优质干草和少量麸皮，4～5天后，日粮中增加少量青草、青贮饲料和块根饲料，以4～5千克为宜，6天后加入精料0.5～1千克，以后每隔2～3天增加0.5～1千克。一般奶牛产后15～20天体质可得到恢复，此时日粮可增加到产奶标准。

③管理：一周内专人值班，如发现疾病应及时治疗。夏季24小时、冬季48小时后，如胎衣不下，应手术剥离。产后一周内饮温水（30℃左右），舍内严防穿堂风，牛床上应有清洁干燥的褥草。

(2) 泌乳盛期。指产后21～60天，高产牛可延缓到3个月。

①饲养：在给足干草的情况下，补喂营养丰富的精饲料和多汁饲料，精心调制，提高适口性，促进食欲增进消化机能。还要注意矿物质和维生素的供给。饮水要充足，母牛每产1千克奶需水2.5～4千克。

②管理：细心观察，严防乳房炎、代谢性疾病等的发生。产后40～50天出现第一次发情，必须注意，避免发生漏配。

(3) 泌乳中期。指产犊2～3个月后。此期要喂给足够的优质干草，多汁饲料、精饲料和喂量要适当减少。在母牛妊娠6个月左右，开始喂给充足的维生素和矿物质饲料及浓厚的蛋白质饲料。精料不宜过多，以免发生难产。妊娠后期喂给体积小、适口性强、易消化、含蛋白质丰富的饲料。

(4) 泌乳后期。即干乳前一个月。此时母牛已到妊娠后期，产奶量急剧下降，体况瘦弱的要增加营养，使其比泌乳高峰期的体重增加10%～15%；对于体况较好的适当降低营养，以免发生难产等。

3. 挤奶技术

(1) 挤奶次数。一般日产奶15千克以下的2次/天，15千克以上的3次/天。时间间隔尽可能保持均等。

(2) 乳房按摩。挤乳前最好用53～66℃的热水用毛巾洗1～2次，要要清洗整个乳房，然后擦干。挤奶地的整个过程要按摩乳房3次：第一次是清洗后挤奶前，第二次是部分奶挤完后，第三次是挤奶快结束时。

(3) 方法。分手工挤奶与机器挤奶两种。

①手工挤奶：正直地坐在牛的右侧，小凳高度要适宜，将奶桶夹在两腿之间，拇指和食指先压紧乳头基部，余指顺序压挤乳头，把奶挤出。因为排乳反射时间短，所以要一气挤完，要求一分钟压榨乳头80～120次，每头挤完需6～8分钟。

②机器挤奶：利用机器所产生的交替真空将奶从乳头中吸出。

挤奶前用温水清洗乳房和乳头，并用一次性纸巾擦干。挤奶后用消毒液喷淋乳头。

挤奶前检查奶牛是否患病。对病牛或使用抗生素后未过休药期的牛，转入手工挤奶，并将挤出的奶单独存放，另行处理。

贮奶罐及挤奶机用前应消毒，使用时保持性能良好，使用后应及时清洗干净。

(4) 注意事项。要定人、定时、定次、定顺序。使牛形成良好的条件反射。第一、二把奶中细菌很多，应弃在一个容器中，不要挤在牛床及垫草上，以免污染环境。挤奶中要随时观察乳房情况，如发现肿块、红肿、乳汁的色泽或气味异常，要及时处理；凡患有结核、寄生虫病及皮肤病的人不得挤奶。

（六）干奶期母牛的饲养管理

干奶期指停止挤奶至分娩前 15 天。一般为 45～75 天。

奶牛一般在产犊前 46～90 内停止挤奶。实践证明，在 46～90 天范围内，干奶期每缩短或延长一天，下胎次 305 天产奶量就会增加或减少 15～13 千克；干奶期越长，相关程度越明显，产奶量越低。

1. 干奶方法

（1）逐渐干奶法。即在干奶前的 10～20 天，先停止对乳房的按摩，逐渐减少精料，多汁饲料和饮水量，但要增加干草的喂量，减少挤乳次数，每天由 3 次挤奶改为 2 次、1 次、隔日或隔 2～3 日 1 次，最后停止挤奶。每次挤乳时要完全挤净，对高产牛要完全停喂精料，只喂些干草。此法适合于高产奶牛或过去停奶较难以及患过乳房炎的母牛。

（2）快速干乳法。从进行干乳之日起，在 4～7 天内完成。方法是：从干奶的第一天开始适当减少精料，停喂青绿多汁饲料，控制饮水，加强运动，减少挤奶次数和打乱挤奶时间。第一天由挤奶 3 次改为 2 次，次日挤 1 次或隔日挤 1 次。当日产奶量降到 8～10 千克以下时就停止挤奶。最后一次挤乳时要完全挤净。此法一般多应用于中、低产母牛。

（3）一次快速干乳法。在干乳当天的最后一次挤奶，加强乳房按摩，彻底榨干乳汁。然后对每个乳头用 5% 碘酒浸泡一次，并注入抗菌药物，封闭乳头。

2. 饲养管理

（1）干奶前期。指干乳开始到产犊前 2～3 周。此期对营养不良的母牛，要丰富营养，使其产前有中上等体况，即体重比产乳盛期大 10%～15%。一般可按产奶 10～15 千克时的饲养标准，日给优质干草 8～10 千克，多汁饲料 10～20 千克，混合精料 3～4 千克。若营养良好，只给优质粗料即可。食盐和矿物质任其自由舔食。

（2）干奶后期。产前 2～3 周到分娩。此期要提高精料水平，以准备即将来临的泌乳。产前 4～7 天，如果乳房过度膨胀或水肿过大时，可适当减少或停喂精料与多汁饲料。产前 2～3 天，日料中应加入小麦麸等轻泻饲料，以防便秘。

干乳牛要每天适当运动，加强刷拭并进行乳房按摩，可在干乳后第 10 天左右开始，在产前 10 天左右停止。

（七）高产奶牛的饲养管理

1. 生理特点

（1）采食与反刍。新陈代谢旺盛，所需养分多。采食和反刍的时间较长，瘤胃蠕动次数也相应增加。反刍后，每分钟咀嚼 60 次左右。因此，在安排生产时，应给高产奶牛充分的休息时间和舒适的环境，以保证正常反刍。

（2）饮水量。高产奶牛由于采食量大，消化食物所需的水大量增加，而且维持泌乳所需的水分也增加。因此高产奶牛不但饮水时间长，而且饮水量大，次数多，每头每昼夜饮水量为 50～75 千克，平均是 62.5 千克，泌乳高峰期可增加到 100 千克/头/天。

（3）消化代谢。健康奶牛瘤胃每分钟收缩 1 次或 2 次。这种收缩可使瘤胃中的饲料混合。瘤胃蠕动次数越多，说明消化机能活动越旺盛，同时说明奶牛消化器官负担较重。高产奶牛瘤胃生物合成菌体蛋白数量有限，单靠饲料日粮中降解蛋白质不能满足泌乳的要求，还必须供给充足的瘤胃非降解蛋白质。

（4）泌乳速度。高产奶牛比低产奶牛乳头松弛，排乳速度较快。其日产奶量比低产牛高30%～50%，因此每日挤奶时间比低产牛长。

（5）饲料利用率。高产奶牛能有效地把各种饲料的营养物质消化，饲料利用率高。这主要是由于高产奶牛将采食的绝大部分饲料营养物质送往乳腺转化成牛奶的各种成分的能力特别高，而低产奶牛这种能力差。

（6）神经内分泌特点。高产奶牛神经内分泌活动频率高，神经活动过程属于强的、均衡过程，垂体分泌生乳素的反射活动较强，高产奶牛挤奶时间长，产奶量高，产乳曲线平稳。

（7）生理与生化指标。心跳、呼吸等显著增快，血液碱贮量高、血钙、血糖、血清总蛋白和血清总脂含量也均高于中低产牛。这些都充分反映了高产奶牛机体功能强，代谢旺盛。

（8）肝脏功能。肝脏参与淀粉、脂肪、蛋白质的代谢和转化，并参与激素、维生素和免疫抗体等生成，肝脏是解毒器官，分泌的胆汁又参与肠道内容物的消化吸收。实践证明，高产奶牛喂大量精料会出现酮病等，因此对高产奶牛应加大粗饲料比例，在围产前期和围产后期，增加生物制剂，能有效减轻肝脏功能负荷，达到高产奶牛健康、高产、长寿。

（9）体型。高产奶牛的乳用特征明显，头部清秀，颈部偏细，背部平直，四肢健壮，无卧系。体型前窄后宽，腹围大，成梯形。乳房像浴盆，前伸后延、附着紧凑，乳静脉粗大、弯曲发达。体高1.4米以上，体长1.7米以上。高产奶牛两眼大而有神，呼吸频率均匀有力。

2. 饲养

重点是尽量降低营养负平衡，保证瘤胃机能正常，获得稳定生产。

（1）加强干乳期的饲养。干乳后期要增加精饲料喂量，以补偿前一泌乳期的营养消耗，同时也能保证泌乳期获得充足的能量，防止泌乳高峰期内过多分解体脂肪，发生代谢疾病。

（2）提高干物质的营养浓度。母牛在泌乳初期及高峰期，受采食量、营养浓度及消化率等方面的限制，不得不动用体内的营养物质以满足产乳需要。一般高产乳牛在泌乳盛期过后，体重要降低35～45千克，甚至更多，这是体蛋白质、脂肪和矿物质消耗的结果。如下降过多或下降持续时间较长，易出现酮血症或性机能障碍。

3. 管理

（1）适当延长干乳期。高产奶牛为了维持高产，在泌乳期必须采食大量精料，使消化代谢长期处于紧张状态。实践证明，将高产奶牛的干乳期延长到60天左右，可以使瘤胃有充足的时间恢复正常机能，有利于下一个泌乳周期的高产和奶牛健康。

（2）适当延长挤乳时间。高产奶牛的日产乳量比中低产牛高30%～50%。虽然高产奶牛泌乳速度快，但泌乳所需时间也要比中低产奶牛长。因此，如果采用机械挤奶，应适当延长挤奶时间；如果采用手工挤奶，可采用双人挤奶，能有效提高泌乳量。

（3）适当延长采食时间，增加饲喂次数。高产奶牛吃足饲料，每天至少要有8小时的采食时间。采食时间不够，会导致干物质采食量不足，影响奶牛健康和泌乳潜力的发挥。因此，一般要求奶牛每天能自由接触日粮不少于20小时，饲喂5～6次/天。

（4）保证充足的饮水。一头日产50千克乳、采食25千克干物质的奶牛每天需水45千克，需要75～125千克水来代谢饲料。所以，每天水的基础需要量就高达120～170千克，热天需要量更多。有条件的牛场最好安装自动饮水器。无条件的每天饮水要在5次以上。同时，在运动场设置饮水槽，供其自由饮用，并及时更换。

（5）控制日粮水分含量。

（6）加强发情观察，适当延迟产后配种时间。高产奶牛在泌乳盛期的发情表现往往不很明显，必须密切观察发情表现，以免错过发情期，延误配种。与中低产奶牛相比，高产奶牛的繁殖性能较低，产后配种的受胎率较低。产后适当延长配种，可有效提高配种的受胎率，避免多次配种造成的生殖道感染。适宜的初次配种时间为产后60天左右。延迟配种虽然会延长产犊间隔，但有利于提高整个利用年限内的总泌乳量。

（7）建立稳定可靠的优质青饲料供应体系。

六、奶牛全日粮混合（TMR）

（一）概念

根据奶牛在不同泌乳期所需营养成分的数量和比例，把切成适当长度的粗饲料与精料、矿物质饲料、饲料添加剂等，在饲料搅拌机内充分混合而得到的一种营养全面且相对平衡的日粮，由发料车发料，让散放牛群自由采食的饲养技术。

（二）特点

1. 优点

（1）提高了劳动生产率。实现分群管理和机械饲喂，饲养人员不需要多次分发不同的饲料，可使人工效率由传统饲养的10～15头/人提高到40～50头/人，大大降低了管理成本。

（2）能保证饲料营养均衡。精、粗饲料混合均匀，改善饲料适口性，避免了奶牛挑食与营养失衡。将干草、秸秆等粗饲料全部切短、破碎、揉搓，也增加了奶牛的采食量。

（3）能提高产奶量和牛奶质量。该技术在维护奶牛瘤胃健康的前提下，增加了奶牛的干物质采食量，提高了饲料营养物质的转化率，可提高产奶量5%～15%，乳脂率0.1%～0.2%。

（4）增强瘤胃的机能。全混日粮为瘤胃微生物提供均衡的营养物质，保证了瘤胃内环境（如pH值）的相对稳定，更适合瘤胃的发酵、微生物生长繁殖，增加了氮的利用率（包括非蛋白氮），使瘤胃生产出更多的微生物。还能减少奶牛消化道疾病和代谢病。

（5）降低饲料成本。全混日粮可充分利用农副产品和一些适口性差的饲料原料，根据饲料品质、价格灵活调整日粮。

（6）能简化饲喂程序，减少饲养的随意性。将切铡的干草、青贮、精料、糟渣充分混合，在搅拌机中一次完成，而且能做到均匀一致，使饲养管理的精确程度大大提高。

（7）实现一定区域内小规模牛场的日粮统一配送，提高了乳业生产的专业化程度。

2. 缺点

无法实行个体饲养管理，产奶量与体况决定于个体采食量；对一些特殊牛的照顾无法进行（如高产牛与食欲不好的个体，精粗料的喂给量不同）。同群牛若产奶量差异较大（7千克），或体重体况差异较大，就可能导致饲料效率下降，造成采食不足或过量。

（三）饲料的选择

1. 选择

要求质量稳定，货源充足，营养浓度高（能量值和蛋白质含量），价格相对合理，便于采购和贮存，尽量选择当地生产的饲料原料。必须知道所使用饲料的营养指标（干物质，粗蛋白，净能等）。饲料营养成分最好以干物质表示，对水分变异较大的饲料如青贮饲料、啤酒糟等至少要进行干物质的测定。

2. 水分微波炉测定法

取待测饲料样品100克左右，全株青贮中玉米粒用针穿破，天平称重（初重），样品平摊放入炉中，根据饲料水分高低选择时间，称量并记录重量，重复烘烤，称重记录，选择火力以样品不糊为准，直到样品重量减少小于1克时，此时样品重量作为末重。若不慎样品焦糊，以上一次样品重量为末重。

$$样品干物质（\%）= 末重/初重$$

$$样品水分（\%）=（初重-末重）/初重$$

（四）日粮配制的一般原则

1. 满足最大干物质采食量

奶牛多采食1千克干物质，可多产奶2千克左右。估算公式：

泌乳牛1.8%×体重（千克）+产奶量（千克）×0.305；干奶牛：1.8%×体重（千克）

2. 保证粗料的比例

一般为50%~45%。干草与青贮各占采食粗料干物质的（40:60）~（50:50）。精料最大采食量（以干物质计）低于日粮的60%。产奶量35千克以下时，奶料比3:1；35千克以上为3.5:1。泌乳早期日粮蛋白质为干物质的17%~19%。

3. 维持瘤胃能量和氮平衡，最大发挥瘤胃的生产效率

日粮脂肪不要超过日粮干物质7%，添加动物脂肪、植物油或惰性脂肪（直接通过瘤胃的脂肪）不要超过日粮干物质2%。食盐占精料补充料的1%；钙磷补充料在精补料中占1%~2%（磷酸氢钙和石粉）；维生素A、维生素D、维生素E和微量元素应符合营养需要。产奶牛日粮使用缓冲剂（氧化镁和小苏打，分别占精补料的0.3%和0.7%），可以缓解瘤胃酸度。

4. 日粮设计方法

具体设计日粮时，根据牛群的体重、产奶量、环境等参数，核算出各种营养素的需要量。先确定粗饲料（干草、青贮等）的干物质用量，汇总粗饲料营养成分计算出尚缺多少营养需要，然后用精料（谷物、饼粕等）、副产品（酒糟、山芋等）进行补差。最后进行钙磷、食盐、缓冲剂、维生素、微量元素的平衡。

5. 全混日粮中各种饲料成分的比例配制原则

（1）全混日粮的营养要求日粮中产奶净能应在1.6~1.7千卡/千克。

（2）粗蛋白含量应在15%~18%。

（3）青贮占40%~50%，精饲料占20%，干草占10%~20%，其他粗饲料占10%。

（4）精料按产奶量分群（高、中、低）供给，每产1千克奶给300克精料。

（五）全混日粮配制工具的选用与注意事项

1. 搅拌机

选用塔徒唛自走式卧式饲料搅拌车，尤其是MBS-30立方。该型号饲料搅拌车的设计专门用于大中型牧场，使饲料搅拌的更加均匀，一个混合搅拌过程大概可以喂200头牛，一次

搅拌约 15 分钟。

2. 注意事项

(1) 掌握适宜的装载量。通常装载量占容量的 60%~75%。

(2) 严格按日粮配方取料。定期校正日粮电子称量控制器。

(3) 全混日粮的含水量控制在 45% 以下。

(4) 控制车速和投料速度，以保证投料均匀。

(5) 日喂 2~3 次，固定饲喂顺序。每次投料时，饲槽要有 3%~5% 的剩料。

(6) 防止铁器、石块、包装绳等杂物混入搅拌车，造成车辆损坏或牛误食造成疾病。

(7) 现喂现配。

（六）全混日粮分群饲喂原则

1. 分群

千头规模牛场需分 2~3 个产奶群、1 个干奶群、1 个后备群，同群牛的产奶差距应尽可能小。分群要考虑到体况、年龄、胎次、配种情况以及高产牛和头胎牛等。

2. 饲喂

在分群饲养中，可根据牛的个体情况及牛群规模灵活掌握，适时调整，也可在正常饲喂全混日粮的基础上，对部分奶牛额外补加粗料或干草。

（七）TMR 体系所需要的条件

(1) 设备投资和运行、维护费用。

(2) 改造牛舍。适应 TMR 车的发料。

(3) 分群饲喂。要求一定的牛群规模和牛舍设施。

(4) 配方合理。要时常监控日粮和饲料原料，尤其是含水量不稳定的青贮等原料。

(5) 严格遵守规程。避免降低饲料利用率。

(6) 固定式 TMR，需要增加一次饲料装卸过程。

(7) 100 头以下的牛场，不建议购买设备生产 TMR。

（八）TMR 的选型

TMR 设备有不同的容积，运行方式有固定式、移动式、自走式，外观有卧式、立式。各牧场在选用时，根据牧场的情况正确选择。国内生产的多为卧式，小容积的固定式 TMR 设备，其优点是价格经济，零配件便宜；国外产品规格较多，质量稳定，价格较高。

七、奶牛饲料的加工

（一）青干草的制作与贮藏

1. 青干草的制作

加工调制方法有地面干燥法、草架干燥法、高温快速干燥等。

(1) 地面干燥法。牧草在刈割以后，先在草场就地干燥 6~10 小时，使之凋萎，大约含水 40%~50%（茎开始凋萎，叶子还柔软，不易脱落）；用搂草机搂成松散的草垄，使牧草在草垄上继续干燥 4~5 小时，含水 35%~40%（叶子开始脱落以前）；用集草器集成小草堆，牧草在草堆中干燥 1.5~2 天就可制成干草（含水 15%~18%）。

(2) 草架干燥法。若收割时遇多雨季节，为防止干草变褐，变黑，发霉或腐烂，可采用草架干燥法来晒制。首先把割下来的牧草在地面上干燥半天或一天，使其含水量降至

45%~50%，无论天气好坏都要及时用草叉将草自上而下上架。最底层应高出地面，不与地面接触，这样既有利于通风，也避免与地面接触吸潮。在堆放完毕后应将草架两侧牧草整理平顺，这样遇雨时，雨水可沿其侧面流至地表，减少雨水浸入草内。

架上干燥可以大大地提高牧草的干燥速度，保证干草品质，减少各种营养物质的损失。用此法调制的干草，其营养物质总获得量比地面干燥法多得多。

（3）高温快速干燥。将切碎的青草（长约25毫米）快速通过高温干燥机，再由粉碎机粉碎成粒状或直接压制成草块。此法主要用来生产草粉或干草饼。

2. 青干草的堆垛与贮藏

青干草调制成后，必须及时堆垛和贮藏，堆垛贮藏的青干草水分含量不应超过18%，否则容易发霉、腐烂。另外，草垛应坚实、均匀、尽量缩小受雨面积。

（1）青干草的堆垛。

①垛址：宜选择地势平坦、干燥、排水良好的地方堆垛，同时要求离舍不宜太远。

②垛底：用石块、木头、秸秆等垫起铺平，高出地面40~50厘米，四周有排水沟。垛的形式和大小：一般多采用圆形和长方形两种，不论哪种形式，其外形均应由下向上逐渐扩大，顶部收缩成圆顶，形成下狭、中间大、上圆的形状。草垛的大小，圆形一般直径为4~5米，高6~6.5米；长方形的一般宽4.5~5米，高6~6.5米，长8~10米。

③草垛的堆积：先在垛底中部放置30~60厘米高的石块。堆时分层进行，每层由外及里摆放牧草，使之成为外部稍低，中间隆起的弧形，每层30~60厘米厚，草垛堆到一定程度后，进行扩大和收缩，直至成圆顶。堆成一段后，再向前移动，直到草垛全部堆成。

④封顶：一般用干燥杂草和麦秸覆盖顶部并逐层铺压。垛顶不应有凹陷和裂缝。草垛顶脊必须用草绳或泥土封压坚固，以防大风吹刮。

（2）青干草的贮藏。为保证垛藏干草的品质，在干草的贮藏中须做到以下几点。

①草垛应用木栅或刺线围成圈，在四周挖畜沟和打防火道，并经常注意做好四防（防畜、防火、防雨、防雪水）工作。

②对草垛要定期检查和做好维护工作，如发现垛形不正或漏缝，应当及时整修。

③注意发酵产热引起的高温，及时采取散热措施，防止自燃。

④为防止青干草在堆贮过程中因水分含量过高而引起发霉变质，要使用防腐剂。例如丙酸和丙酸盐、液态氨和氢氧化物（氨和钠）等。用量以丙酸为例，占草重的1%~2.5%。

（二）块根茎等多汁饲料的调制和饲喂

1. 块根茎等多汁饲料的加工

常见的有胡萝卜、马铃薯、甜菜、南瓜、甘薯、木薯等。这类饲料的主要特性：水分高达75%~90%；含大量淀粉和糖，属能量饲料；在干物质中无氮浸出物占50%~85%；粗纤维含5%~11%；粗蛋白质4%~12%；矿物质为0.8%~1.8%，缺乏B族维生素。适口性好，消化率高，且干物质的代谢能高。

2. 块根茎等多汁饲料的贮藏

（1）块根饲料的贮藏。生产实践中，除应控制低温、低氧和适当的二氧化碳来抑制萌发外，甜菜、胡萝卜、萝卜等块根类饲料，常采用切除生长点的办法，使其失去发芽能力。贮藏块根类必须保持低温（0~3℃）和适宜的湿度（85%）。例如窖藏，胡萝卜堆高0.8~1米，甜菜1.2~1.5米，可在堆内每隔1.5~2米设一通风口。

（2）块茎饲料的贮藏。马铃薯的休眠期长，一般在较低的温度条件下（4℃左右）贮藏，可大大延长休眠期；如果长时间光照或萌发时，茄碱素增高，当超过正常含量，可能引起不同程度的中毒。

促进块茎的木栓层变厚，伤口愈合，一般要经过10天以上的预藏，保持温度在10～15℃，湿度90%时，通风处理。窖藏时温度3～5℃，相对湿度80%～85%。

防止发霉的措施：药物处理、辐射处理、喷青鲜素等。

3. 饲喂

（1）甘薯。含有生氰糖甙，又称木薯毒甙，在亚麻苦甙酶作用下水解成氢氰酸，引起动物中毒。含胰蛋白酶抑制因子。甘薯保存不当可生芽、腐烂或出现黑斑，有苦味。食后易引起哮喘病，重者死亡。牛可代替其他50%能量饲料。

去毒方法：煮熟、水浸、加工薯干或粉，新鲜青贮。

（2）木薯。含木薯毒甙，包括亚麻苦甙和百脉根甙，这种糖甙在酶作用下释放出氢氰酸，具有毒性作用。饲用前测定氢氰酸含量，牛日粮中可用30%。

去毒方法：加热、去皮、水浸或晒干。或加0.2%蛋氨酸或0.25%硫代硫酸钠。

（3）马铃薯。动物生喂、熟食均可。脱水后是较好的能量饲料源。

使用注意事项：马铃薯含有一种配糖体，叫龙葵素（茄素），是有毒物质，未成熟、发芽或腐烂后毒素含量高，采食过多时可引起中毒。不用未成熟、霉烂的原料；青贮发酵，热水浸泡或煮熟后饲用等。

（4）胡萝卜。营养价值高，无氮浸出物高，含有蔗糖与果糖，有甜味。胡萝卜素含量丰富，是泌乳牛良好的饲料源。对种畜精子生成、母畜排卵受孕怀胎均有利。生吃为好。

（5）甜菜。主要糖分是蔗糖，少量是淀粉与果糖。宜新鲜饲用，但防止亚硝酸盐中毒。

（三）精饲料的调制和饲喂

1. 精饲料（精料）的调制

精饲料消化率高。每千克干物质含消化能11 077千焦以上，粗纤维含量低于18%，天然水分低于45%。精饲料包括能量饲料、蛋白质饲料、矿物质饲料、微量（常量）元素和维生素。

（1）颗粒化。是将饲料粉碎后，根据家畜的营养需要，按一定的饲料配合比例充分混合，用饲料压缩机加工成一定的颗粒形状。颗粒饲料一般为圆柱形，以直径4～5毫米、长10～15毫米为宜，可以直接用来喂肉牛。饲料颗粒化喂肉牛有以下优点。

①饲喂方便，有利于机械化饲养。

②饲养上的科研成果能及时得到应用。

③颗粒饲料适口性好，咀嚼时间长，有利于消化。

④可以增加采食量，且营养齐全，能防止产生营养性疾病。

⑤能充分利用饲料资源，减少饲料损失。

（2）机械加工。

①磨碎与压扁：质地坚硬或有皮壳的饲料，喂前需要磨碎或压扁，否则难以消化，造成浪费。牛喂整粒玉米，就会出现这种现象。但也不必磨得太细，直径1～2毫米为宜。

②湿润及浸泡：湿润一般用于尘粉多的饲料，也能预防粉尘呛入气管而造成呼吸道疾病。而浸泡多用于硬实的籽实或油饼使之软化或用于溶去有毒物质。

③焙炒：焙炒可使饲料中的淀粉部分转化为糊精而产生香味，将其磨碎后撒在拌湿的青饲料上，能提高粗饲料的适口性，增进食欲。

④糖化：此法适用于含淀粉的饲料，其中所含的淀粉能充分转化为糊精和麦芽糖，含量可从1%增长到10%。糖化后的饲料有甜味，牛喜欢吃。

⑤发酵：主要利用饲料本身所含的微生物或外加酵母，使饲料在适当的温度、湿度和空气条件下，分解碳水化合物，产生乳酸、醋酸、乙酸等，成为具有芳香和微酸的发酵饲料。饲料经发酵后，可以改善适口性，提高消化率和粗蛋白的利用率，并增加维生素B族的含量。

2. 精饲料的饲喂

（1）能量饲料。主要有禾本科籽实、块根块茎类和糠麸类，占精饲料的60%~70%。

①禾本科籽实：是精料的主要部分。有玉米、大麦、燕麦、高粱等，这类饲料的共同优点是淀粉含量丰富，含能量高，粗纤维含量较低，适口性好，消化率高。但粗蛋白质含量较低，一般在8%~12%，品质不够好，氨基酸不平衡，钙磷比例不协调，表现为钙少、磷多，维生素总量低。

玉米：有黄玉米、白玉米之分。黄玉米中含有较多的胡萝卜素、叶黄素。玉米粒直接喂牛消化率低，通过粉碎压扁、湿磨等方法加工后喂牛，可提高消化率。

大麦：是极好的能量饲料，脂肪含量低，饱和脂肪酸含量高，可采用蒸汽压扁法、粉碎法、蒸煮法等加工手段，提高消化吸收率。

高粱：含有丹宁，必须经过加工，破坏淀粉的结构和胚芽中蛋白质与淀粉的结合性，提高利用率。加工方法有碾碎、压片、挤压等。另外，将高粱和玉米混合使用，效果明显优于单一使用。

②块根块茎类：常用作饲料的有甘薯、马铃薯、木薯、甜菜、胡萝卜等，它们的共同特点是在自然状况下含水量较高。干物质的组成中淀粉和糖的含量丰富，粗纤维含量低，且不含木质素。但蛋白质含量少，富含钾而钙磷含量低。维生素组成变化较大，大部分都缺乏维生素D，除马铃薯外，新鲜的原料中一般都含有较丰富的B族维生素，尤以胡萝卜中所含维生素的量最高。这类饲料适口性极好，消化率高。

这类饲料在饲喂时，要洗净污泥，注意补充维生素和矿物质元素。同时，还要考虑到饲料中可能含有的有毒成分，以免造成中毒。如喂甘薯时要防止黑斑病中毒，发芽的马铃薯中含有龙葵素毒素，饲喂木薯时，要防止氰氢酸中毒等。为了防止块根茎过大造成食管堵塞等意外事故，要简单切碎饲喂。

③糠麸类：是粮食加工的副产品，由籽实的种皮及胚芽等组成。最常用的有麦麸和米糠，它们含脂肪都较高，不耐贮存，能量比籽实低，粗纤维含量比籽实高，矿物质中磷多钙少。因此，这类饲料在饲喂时，要注意钙的补充。

米糠：是大米加工的副产品，有脱脂米糠和未脱脂米糠两种，以脱脂米糠的饲喂效果好。米糠是水稻产区重要的粮食副产品，价格便宜，应加以很好采用。有人认为米糠中含脂肪较高，在饲料中用量不宜超过10%~15%，否则会引起消化道疾病如腹泻等。

麸皮：是面粉加工的副产品，含蛋白质量高于玉米，含有镁盐较多，具有一定轻泻性，常用于养牛生产。但麸皮中磷、镁含量过高，不能多喂。

（2）蛋白质类饲料。在奶牛生产中，用得最多的是植物性蛋白质饲料，即各种饼粕类，包括棉籽饼粕、菜籽饼粕、葵花籽饼和花生饼等。饼粕类蛋白质饲料中，可消化粗蛋白质含量常达到30%~40%，氨基酸组成较全面，特别是禾本科籽实中缺乏的赖氨酸含量较丰富。粗纤维含量低。

①棉籽饼粕：是棉籽经榨油后的副产品，同时兼有蛋白质饲料、能量饲料和粗饲料

（体积大）的特点，这是其他饲料所没有的。但存在游离棉酚这种有毒成分，需要去毒。

②菜籽饼：是菜籽榨油加工后的副产品，因其中含有芥子毒，可去毒后饲喂，或和其他饲料按一定比例混合青贮（相当于坑埋法）后喂牛。

③葵花籽饼：它是一种蛋白质补充饲料，但要注意葵花籽饼中含有的增重净能低，要和其他能量饲料搭配使用。贮藏时，由于葵花籽饼中残留的脂肪易燃烧，要注意通风防火。

④花生饼：是花生榨油后的副产品，有带壳和去壳花生饼两种。去壳花生仁饼中含蛋白质比例高，适口性好，粗纤维含量低，营养价值较高。但所含脂肪较多，贮存时要注意保持环境干燥，在潮湿环境下很容易发霉变质，产生大量的黄曲霉毒素。

⑤亚麻仁饼：又称胡麻饼，粗蛋白质含量在34%～38%，但缺乏赖氨酸。亚麻仁饼中含有黏性物质，可吸收大量水分膨胀，从而使饲料在瘤胃中停留较长时间，有利于微生物对饲料进行消化。

⑥大豆饼粕：是植物性蛋白品质最好的、营养价值高、消化率高的蛋白质饲料。但是，由于它的价格高，主要在犊牛饲养中使用。实际饲喂中，棉籽饼（粕）、豆饼（粕）、花生饼最大日喂量不宜超过3千克。

（四）青贮饲料的调制和饲喂

1. 青贮饲料的制作原理

青贮饲料是指青绿饲料在厌氧条件下，经过乳酸菌发酵调制和保存的一种青绿多汁、气味芳香、营养丰富的饲料。

（1）青贮制作原理。青贮过程的实质是将新鲜的青绿饲料紧实地堆积在密闭的容器中，通过微生物（主要是乳酸菌）的厌氧发酵，使原料中所含的糖分变为有机酸（主要为乳酸），同时酸度提高，当青贮物中得pH值下降到3.8～4.2时，就能抑制微生物的活动，防止原料中养分继续被微生物分解或消耗，从而达到保存青绿饲料营养价值的目的。

（2）发酵过程。可划分为3个阶段。

①植物细胞有氧呼吸：刚被刈割的植物，在切碎、装窖的过程中，植物细胞尚未死亡，仍然进行着有氧呼吸作用，不断分解可溶性糖，并产生热量。此时空气越充足，分解作用就越激烈，温度上升越高，养分损失也越大。

②微生物作用：青贮料在重压下更加紧实，并逐渐排出空气，氧气被二氧化碳取代，好气性细菌停止活动，此时在厌气性乳酸菌作用下进行糖酵解产生乳酸，同时作为青贮原料的玉米植株上本身就附着大量微生物，如乳酸菌、腐生菌、酵母菌、丁酸菌等，这些微生物利用切碎秸秆渗出的汁液作为养分，进行生长繁殖，发酵过程开始。

③青贮完成：当青贮原料内乳酸累积达到一定含量，使pH值下降到3.8～4.2时，就能够抑制细菌活动，包括乳酸菌自身，此时青贮饲料中不再发生变化，青贮完成。

2. 青贮的制作

（1）青贮的准备。

①选择建造青贮容器：制作青贮饲料需要有一定的容器，如青贮窖（坑）、青贮塔、青贮缸和青贮饲料袋等，这些都要提前选择、购置或建造。根据青贮原料的品种和数量确定容器的容量。青贮窖（坑）最好是用砖砌、水泥抹面，并选择地势高燥、地下水位低和土质坚硬向阳的地方，以防渗水、倒塌。挖好窖后，应晾晒1～2天，以减少窖壁水分，增加窖壁硬度，窖的四周应有掉水沟，以防雨水流入窖内。

②青贮原料：有易青贮和不易青贮两种原料。易青贮的原料：通常含有丰富的可溶性碳水化合物，如玉米、高粱及大多数禾本科牧草和饲料作物。不易青贮的原料：这类原料碳水化合物含量较低，调制颇为困难，需加入其他糖分含量较高的原料混合贮存，或加入某些添加剂方能贮存成功，各种豆科饲料作物、牧草均属此类。

（2）青贮的步骤及要求。首先将青贮原料切短，长度在2~5厘米；然后装窖，每次填入窖内约20厘米厚，用人力或机械充分压紧踏实，以后每填一次压紧一遍，直至装到超过窖口0.5米以上；最后封顶，先盖一层切短的秸秆或软草（厚约20~30厘米）或铺盖塑料薄膜，再覆盖厚约0.5米的泥土。北方寒冷地区可覆盖1米，将顶做成半圆形，以利排水。以后经常检查有无裂缝，随时加土覆盖，以防空气进入或雨水渗入。

（3）青贮时添加剂的使用。甲醛、甲酸、矿酸等可以抑制微生物的活动；如果原料中含蛋白质并不高，装窖时向原料中均匀地撒上尿素或硫酸铵混合物0.3%~0.5%，可使每千克青贮料中可消化蛋白质含量增加8~11克。玉米青贮料加0.2%~0.3%的硫酸钠，可使含硫氨基酸增加2倍。添加0.5%~0.7%的尿素，亦可提高青贮料中粗蛋白质含量。因添加物通过青贮微生物的利用形成了菌体蛋白质。

（4）青贮饲料的饲喂。

①判断品质：颜色青绿或收获时为黄色，贮后变黄褐色，气味带有酒香，质地柔软湿润者为最佳；如果颜色发黑（或褐色），气味酸中带臭，质地粗硬者为劣。发霉的不应喂用。

②取用：青贮饲料一般在调制后30~50天即可开窖饲用。取用时应逐层、逐段，从上往下分层取用，每天按牛实际采食量取出，切勿全面打开或掏洞取用，尽量减少与空气的接触，以防霉烂变质。结冰的青贮饲料应慎喂，以免引起消化不良，母畜流产。

③喂法：应与干草、秸秆和精料搭配使用。青贮饲料具有酸味，宜由少到多，让牛逐渐习惯采食。对乳牛最好挤奶后饲喂，以免影响牛乳气味。饲喂妊娠动物用量不宜过大，以免引起流产，尤其产前产后20~30天不宜饲喂。对幼牛及五月龄内的犊牛，要少喂。

④喂量：犊牛第一个月起可饲喂100~200克/天，5~6个月8~15千克。产奶牛30~40千克。

⑤密封窖口：青贮饲料取出后应及时密封窖口，以防青贮饲料长期暴露在空气中变质。

八、粪、尿、污水处理及利用

（一）机械清除

清粪机械包括人力小推车、地上轨道车、牵引刮板、电动铲车等。当粪便与垫料混合或粪尿分离，呈半干状态时，常用此法。采用机械清粪时，为使粪尿与生产污水分离，通常在牛舍中设置污水排出系统，液形物经排水系统流入粪水池贮存，而固形物则借助人或机械直接运至堆放场。这种排水系统一般由排尿沟、降口、地下排出管及粪水池组成。

1. 排尿沟

排尿沟用于接受畜舍地面流来的粪尿及污水，一般设在畜栏的后端，紧靠除粪道，一般为方形或半圆形。乳牛舍宜用方形，也可用双重尿沟，排尿沟向降口处要有1%~1.5%的坡度，但在降口处的深度不可过大，一般要求牛舍不大于15厘米。

2. 降口

通称水漏，是排尿沟与地下排出管的衔接部分。为了防止粪草落入堵塞，上面应有铁箅子，铁箅应与尿沟同高。在降口下部有沉淀井，用以沉淀粪水中的固形物，防止管道堵塞。在降口中可设水封，用以阻止粪水池中的臭气经由地下排出管进入舍内。

3. 地下排出管

与排尿管呈垂直方向，用于将由降口流下来的尿及污水导入畜舍外的粪水池中。因此需向粪水池有3%～5%的坡度。在寒冷地区，对地下排出管的舍外部分需采取防冻措施，以免管中污液结冰。

4. 粪水池

设在舍外地势较低且与运动场相反的一侧。距畜舍外墙不小于5米，不透水。一般按贮积20～30天、容积20～30平方米来修建。粪水池一定要离开饮水井100米以外。

（二）水冲清除

多在不使用垫草、采用漏缝地面时应用。其优点是省工省时、效率高。缺点是漏缝地面下不便消毒，不利于防止疾病在舍内传播；土建工程复杂；投资大、耗水多、粪水贮存、管理、处理工艺复杂；粪水的处理、利用困难；易于造成环境污染。此外，采用漏缝地面、水冲清粪易导致舍内空气湿度升高、地面卫生状况恶化，有时出现恶臭、冷风倒灌现象，甚至造成各舍之间空气串通。这种清粪系统，由下述几部分组成。

1. 漏缝地面

在地面上留出很多缝隙，粪尿落到地面上，液体物从缝隙流入地面下的粪沟，固形的粪便被家畜踩入沟内，少量残粪用人工略加冲洗清理。漏缝地面比传统式清粪方式，可大大节省人工，提高劳动效率。

漏缝地面可用混凝土，经久耐用，便于清洗消毒，比较合适。粪沟位于漏缝地面下方，其宽度不等，视漏缝地面的宽度为0.8～2米；其深度为0.7～0.8米；倾向粪水池的坡度为0.5%～1%。此外，也可采用水泥盖板侧缝形式，即在地下粪沟上盖以混凝土预制平板，平板稍高于粪沟边缘的地面，因而与粪沟边缘形成侧缝。家畜排的粪便，用水冲入粪沟。

2. 粪水池（或罐）

分地下式、半地下式及地上式三种。要防止渗漏，以免污染地下水源。此外实行水冲清粪不仅必须用污水泵，同时还需用专用槽车运载。而一旦有传染病或寄生虫病发生，如此大量的粪水无害化处理将成为一个难题。而粪水处理费用庞大。

（三）污物处理措施

（1）土地还原法。牛粪尿以无害处理还田为根本出路。牛粪尿经土壤、水和大气等物理、化学及生物形式的分解、稀释和扩散，逐渐得以净化，并通过微生物、动植物的同化作用和异化作用，又重新形成动、植物的糖类、蛋白质和脂肪等，从而再度变为饲料。

（2）发酵法。牛场的粪尿利用沼气池或沼气罐厌氧发酵，1立方米牛粪尿可产生多达1.32立方米的沼气（采用发酵罐），产生的沼气可供应1 400户职工烧菜做饭。经厌氧发酵后的沼渣含有丰富的氮、磷、钾及维生素，是种植业的优质有机肥。沼液可用于养鱼或用于牧草灌溉等。

（3）人工湿地处理。可与鱼塘结合，鱼塘种的水生植物（水葫芦、细绿萍）根系吸附的微生物以污水中有机物质为食物，它们排泄的物质又成为水生植物的养料，水生动物、菌藻以及水生植物再作为鱼的饲料。这样通过微生物、水生植物及鱼的共生作用，使污水得以净化。

（4）生态工程处理。通过分离器或池分离固、液厩肥，固体厩肥作为有机肥还田或食用菌培养基，液态厩肥进入厌氧发酵池。净化后的水回归自然或直接回收用于冲刷牛舍等。此外，牛场的污物还可以通过干燥处理、粪便饲料化以及营养调控等。

九、奶牛场数字化管理

（一）记录、统计与管理

1. 记录与统计

（1）初生犊牛。断脐与喂初乳后称重并打耳号，3天内左、右、头各照相片一张并存档。犊牛卡片填写内容包括父号、母号、性别、出生胎次、接产人员、难产顺产、胎衣下落、母牛健康状况（包括乳房情况、是否瘫痪、饮食）。

（2）体尺测定。初生、6月龄、12月龄、18月龄及1胎、3胎、5胎的体尺。测定内容包括体重、体高、腹围、尻宽、胸围、管围及体斜长，其中体高用丈尺测量，腹围、尻宽、胸围、管围及体斜长用软皮尺测量。并填写到牛只谱系上，电脑及书面各存一份，分析后及时更改管理措施，有本身因素发育不良的牛只及早淘汰。

（3）产奶量与牛奶质量。根据产房出产牛只情况随时调整牛群，分析牛奶产量与质量并填写日报表，内容包括牛号、三班产量、乳脂、乳蛋白、干物质、细菌数，以便及时调整配方与日粮，更好地促进牛奶生产，达到稳产、高产的目的。

（4）发情、配种与产犊。发情记录表内容：车间号、饲养员、牛号、发情时间、表现（包括饮食、爬跨、外阴黏液分泌）。配种日志有车间、牛号、胎次、上次产犊时间、产后天数、输精时间、公牛号、解冻方法、上次配种时间、子宫卵巢情况、配种员、精液号、配种次数等，凡屡配不孕的另行造册登记，及时治疗并做好病例登记。

（5）饲料配方。奶牛进行分群饲养，泌乳牛分高、中、低3个配方，干奶前期一个配方，干奶后期（围产前期）和围产后期各一配方，育成牛分大育成牛、小育成牛、断奶犊牛3个配方，共计9种饲料配方。精饲料配方随时调整，每月底检查配方情况，若饲料供应基本稳定不轻易更改。

2. 管理

（1）饲养。配制营养均衡的日粮，监测采食情况，合理安排饲喂时间，保证日粮供给。

（2）兽医。做好疾病防治和监控工作，保证牛群健康。

（3）挤奶厅。必须关注操作人员、挤奶机械的性能、奶牛乳房情况、原料奶质量等。

（4）犊牛。犊牛从出生就决定了产奶性能，保证犊牛的健康才能保证泌乳牛健康。

（5）信息化管理。奶牛完整、准确的信息记录与分析是规模化牧场管理者的眼睛。

（6）行政管理。采用绩效考核制度，明确各部门职责，责任到人，每周每月评估。

（二）生产定额与人力资源管理

（1）建立健全岗位责任制。做到分工明确，奖罚落实，用料有计划，生产有安排，生产指标能及时检查，生产成本可随时核算，出现亏损可及时纠正。同时有利于提高工效。

（2）生产定额。有劳动定额、人员配备定额、饲料贮备定额、机械设备定额、物资贮备定额、产品定额、财务定额等。

（3）制定生产定额。定额偏低，不仅保守，而且会造成人力、物力及财力的浪费；定额偏高，脱离实际，也不能实现，且影响员工的生产积极性。奶牛场主要生产定额的制定包括：人员配备定额、劳动定额、饲料消耗定额和成本定额。

（4）定额的修订与管理。每年编制计划前，必须对定额进行一次全面的收集、调查、整理、分析，对不符合新情况、新条件的进行修订；管理定额即具体工作落实到人，专人专职。

（5）劳动组织形式。有一班制和二班制两种。一班制是饲喂、挤奶、刷拭、清除粪便、打扫牛舍等工作全部由一名饲养员包干，每人管 8~12 头；二班制是由 2 名饲养员分别在白天和晚间轮流值班，适用于多次挤奶（四五次）的牛场，一般管理 12~16 头或更多些。

（6）工作日程。依劳动组织形式、母牛挤奶和饲喂次数而不同。分为两次上槽，2~3 次挤奶；3 次上槽或自由采食，3 次挤奶。

（三）经济管理与经济效益评价

1. 提高单产、降低饲养成本

（1）一个奶牛场，牛乳生产的收入占总收入的 90%，饲料消耗费用一般占总生产费用的 64%~65%。饲料费用的高低，直接影响牛乳成本和经济效果。因此，必须高度重视饲料的采购、送输和保管。

（2）确定饲料消耗定额。严格按照饲养标准。在饲养过程中，既要尽可能满足其营养需求，使其多产乳；又要考虑因过量投料所造成的浪费。

（3）努力提高青绿饲料自给水平，实行合理搭配，均衡供应，有效提高饲料利用率。

（4）出售种牛、低产乳牛、发育劣等牛和公牛犊。这样既可以提高牛群质量、优化牛群、降低饲养成本、节约其他费用，又可提高经济效益。

2. 压缩经营费用、减少设备投资

牛舍及设备要依本场的资金情况进行安排，或逐步更新、改造现有房舍，也可利用旧料建造。同时应加强保护和维修，尽晕延长房舍和仪器设备的使用年限。

3. 重视记录与记账工作

通过对账簿中资料的统计分析，可以比较经营成绩，不断总结经营过程中的优点和缺点。乳牛场每经一定时期（月终或年终）应进行结账与决算。

（1）财产。包括固定资产（土地、建筑物、机具设备等）、动资产（牛群、饲料、低值易耗物品、器械等）、日杂用品（职工伙食、修缮原料、杂用物品、劳保等）和现金信用（现金、存折、支票、债券等），应有固定资产登记簿、流动资产登记簿、现金流水账等。

（2）劳动。主要包括固定工、临时工、合同工、机械动力和奶牛的使用情况。

（3）饲料。包括各年龄段乳牛每天、每月各种饲料的用量与价格，以便核算成本。

（4）生产。主要指奶牛场的产乳记录和繁殖记录。

（5）用品。包括消费品和非消费品记录。

（6）乳牛群育种资料。

（7）乳牛疾病及其防治。

4. 经济效益

（1）成本。固定资产、贷款利息、饲料、劳动力、维修保养、水费电费环保费、防疫检疫、配种与疾病治疗、档案记录及检测化验、运输与管理（办公、招待、培训、车辆、待摊费等）、税、其他费用。

（2）收入。出售鲜奶、牛粪、犊公牛、育成牛、青年牛、成年牛（个别）及淘汰奶牛。

（3）评价。牛奶是奶牛、饲料、劳动力、房屋等诸要素的组合而生产出来的。

效益＝收入－成本。

（4）影响因素。成本任务、收入任务、管理水平等。

5．经营管理要点

根据市场需求，确定全年牛奶的产量和质量、成本、利润及牛群扩繁等目标，并制定实施计划、措施和办法。目标管理是经营管理的核心，内容主要有全年产量和质量目标、全年各项技术指标、成本控制。

第三节　肉牛生产

一、选购

最好选 2 岁左右、体重在 250～300 千克的架子牛，这是育肥的最适合期。这类牛采食能力好，消化能力较强，上膘快，屠宰率高，能提早出栏。夏洛来牛、西门塔尔牛、利木赞牛或其改良牛的适应性较强，易育肥，增重快，牛肉品质好。另外，公牛的生长速度和饲料饲料饲料利用率均明显高于阉牛。但对 24 月龄以上的公牛，肥育前宜先去势，否则肌纤维粗糙且有膻味。

具体讲：要选购符合本品种特征、体型良好、被毛细而有光泽、皮肤柔软而有弹性、体质健壮的架子牛。要体格高大、前躯宽深、后躯宽长、嘴大口裂深、四肢粗壮、间距宽。切忌头大、肚大、颈部细、体短肢长、部小、身窄体浅、屁股尖。

二、观察适应期饲养管理

（一）饲养

新进肉牛第一天喂清洁水，并加适量盐（每头牛约 30 克）；第二天喂干净草，最好饲喂青干草，并逐渐开始加喂酒糟或青贮料，使用少量精料；至 5～7 天时，可增加到正常量。2～3 周观察期结束，无异常时调入育肥牛舍。

（二）管理

牛在观察期内要特别注意食欲、饮水、大小便情况，发现异常及时报告。

三、驱虫

要及时驱除架子肉牛体内外寄生虫。对新购进的牛只从入场第五天起驱虫 1 次，以后每隔两个月同法一次。常用的驱虫药有丙硫咪唑、阿维菌素、伊维菌素、敌百虫。驱虫 3 天后内服人工盐 60～100 克健胃。

四、犊牛的饲养管理

（一）早喂初乳

初乳是母牛产犊后 5～7 天内所分泌的乳。犊牛生后在 0.5～1 小时内喂给初乳，量要足，3～4 次/天，1.5～2 千克/次，日喂量占体重的 15%。

（二）饲喂常乳

在没有同期分娩母牛初乳的情况下，可喂给牛群中的常乳，但每天需补饲20毫升鱼肝油，另给50毫升植物油以代替初乳的轻泻作用。5周龄内日喂3次；6周龄以后日喂2次。

（1）随母哺乳法。让犊牛和其生母在一起，一直自然哺乳。为了给犊牛早期补饲，促进犊牛发育和诱发母牛发情，可在母牛栏的旁边设一犊牛补饲间，短期使大母牛与犊牛隔开。

（2）保姆牛法。选择健康无病、气质安静、乳及乳头健康、产奶量中下等的奶牛做保姆牛，4～4.5千克/头/天。将犊牛和保姆牛放在隔有犊牛栏的同一牛舍内，每日定时哺乳3次。犊牛栏内要设置饲槽和饮水器，以利于补饲。

（3）人工哺乳法。若找不到合适的保姆牛，新生犊牛结束5～7天的初乳期后，可先将装有牛乳的奶壶放在热水中进行加热消毒（不能直接放在锅内煮沸，以防蛋白凝固和酶失活性），待冷却至38～40℃时再喂。

（三）补饲

6～7月龄断奶。为促进瘤胃发育和补充养分，犊牛应提早补饲。人工哺乳时，要根据饲养标准配合日粮，早让犊牛采食。

（1）从7～10日龄开始，在犊牛栏的草架上放优质干草，供其采食咀嚼。

（2）15～20日龄，开始训练其采食精饲料。初喂精饲料时，可在犊牛喂完奶后，将犊牛料涂在犊牛嘴唇上诱其舔食，经2～3日后，可在犊牛栏内放饲料盘，任其自由舔食。

五、哺乳期（0～60日龄）的饲养管理

（一）"五定"

定质、定时、定量、定温、定人，每次喂完奶后擦干嘴。

（二）"四勤"

勤打扫、勤换垫草、勤观察、勤消毒。犊牛的生活环境要求清洁、干燥、宽敞、阳光充足、冬暖夏凉。哺乳期犊牛应做到一牛一栏单独饲养，犊牛转出后应及时更换犊牛栏褥草、彻底消毒。犊牛舍每周消毒一次，运动场每15天消毒1次。

（三）去角

犊牛出生后，在20～30天去角（用电烙铁或药物去角）。

（四）去副乳

去副乳头在犊牛6月龄之内进行，最佳时间在2～6周，最好避开夏季。先清洗消毒副乳头周围，再轻拉副乳头，沿着基部剪除副乳头，用2%碘酒消毒。

六、断奶期（断奶至6月龄）的饲养管理

（一）饲养

犊牛的营养来源主要依靠精饲料供给。随着月龄的增长，逐渐增加优质粗饲料的喂量，选择优质干草、苜蓿供犊牛自由采食，4月龄前禁止饲喂青贮等发酵饲料。干物质采食量逐步达到每头每天4.5千克。

（二）管理

断奶后犊牛按月龄体重分群散放饲养，自由采食。应保证充足、新鲜、清洁卫生的饮水，冬季饮温水。保持圈舍清洁卫生、干燥，定期消毒，预防疾病发生。

七、育成期（7~15月龄）饲养管理

（一）幼年强度肥育

也叫直线肥育。即采用高水平营养饲喂，使其日增重保持在1.2千克以上，一周龄时结束肥育，活重达400千克以上出栏。

1. 饲养

日粮可根据牛体重的预期日增重进行配制。随着体重的不断增加，日粮应每月调整一次。当气温低于0℃或高于25℃时，每升降5℃应加喂精料10%，粗饲料不限量。精料配方（参考）：玉米40%，麸皮20%，棉籽饼38%，骨粉1.5%，食盐0.5%。

2. 管理

尽量限制牛的活动，可短缰栓系（缰绳长50~70厘米），定时喂料，自由饮水，冬天水温不低于20℃；保持环境安静、干燥。

（二）架子牛肥育

架子牛是指8~16个月的育成牛，这些牛未经肥育或不够屠宰体况且不做种用，其骨架和消化器官得到充分发育，即"吊架子"。体重300千克以上，但膘情较差，净肉率低。

1. 饲养

（1）肥育前期或适应期。从购进到20天，先用药物驱除体内外寄生虫，让牛自由采食氨化秸秆或玉米青贮料，供应充足饮水，第二天开始加喂精料，以后逐渐增加精料比例，直至精粗料50：50。精料配方：玉米45%，麸皮40%，饼类10%，骨粉2%，尿素2%，食盐1%。每千克精料加2粒鱼肝油。

（2）育肥中期或过渡期。21~60~90天，日粮粗蛋白11%~12%，精粗比逐渐增至60：40。精料配方同（1）或玉米59%，麸皮10%，豆粕11%，棉粕15%，食盐1%，小苏打1.5%，骨粉2.5%。

（3）育肥后期或催肥期。出栏前。日粮粗蛋白可降至10%，精粗料比70：30。精料配方：玉米65%，大麦20%，麸皮5%，饼类10%，尿素2%，食盐30克，预混料100克。

喂高精料日粮时，为防止牛体酸中毒，每头每天喂给3~5克瘤胃素或精料量1%~2%的碳酸氢钠。尿素要与精料混合均匀或制作成尿素青贮料，不要单独喂给，也不能溶于水饮用。喂养量要由少到多。

2. 管理

（1）封闭式棚舍，前后设有窗户，无运动场，通槽饲养。适宜环境温度为7~27℃。

（2）定时喂料、饮水，每天刷拭牛体1~2次，每月称重一次。栓系饲养，限制运动。

（3）饮水要清洁、充足、水质良好，冬春季不能低于20℃。

（4）每天要逐个观察精神、食欲、反刍、粪便等，发现异常，及时采取措施。

（5）每出栏一批，对牛舍彻底清扫消毒一次。对新购进的要全面检疫，购入后立即进行口蹄疫、布鲁菌病等的免疫，并驱除体内外的寄生虫。

八、育肥期（16~18月龄）饲养管理

（一）饲喂

日喂2次，早晚各1次。先粗后精，最后饮水：常温10升/100千克体重，25℃以上12升/100千克体重，晚间增加饮水1次；饲料中添加尿素时，喂料前后0.5~1小时杜绝饮水。每班工喂料前后要清洗食槽。

(1) 前期15天左右。氨化秸秆或青贮玉米秸秆自由采食，从第二天开始逐渐加喂精料，到前期结束时，每天饲喂精料可达2千克左右；或混合精料按体重0.8%投给，平均每天约1.5千克。过渡期初粗精料比3∶1，中期2∶1，保持4~5千克/天/头。

(2) 中期30天左右。粗精比2∶1，保持4~5千克/天/头。

(3) 后期45天左右。粗精料比1∶1，1∶2，直到1∶3，6~7千克/天/头。适当增加每天饲喂次数，22时左右还要添加夜草。

（二）管理

1. 五看五注意

看吃料注意食欲；看肚子注意吃饱；看动态注意精神；看粪便注意消化；看反刍注意异常，发现情况及时向技术员汇报。

2. 凡购进牛必须全部换缰绳，编号，牛绳以0.4米为宜，并经常检查是否结实

3. 定期驱虫

包括体内、外驱虫，分观察期和育肥前2次。

4. 清洁卫生

(1) 每天上、下午刷拭牛体1次。

(2) 牛粪及时清运到粪场，清扫牛床；清洗牛床，夏季上下午各1次，冬季上午1次。

(3) 下班前清扫料道、粪道，保持清洁整齐。

(4) 工具每天下班应清洗干净，集中堆放整齐，清粪、喂料工具严格分开，定期消毒。

(5) 牛舍周围应保持整洁，定期清扫，清除野杂草。

(6) 牛最适宜的环境温度为5~21℃。夏季注意防暑降温，冬季做好防寒保暖。

(7) 保持牛舍环境安静。

当架子牛经2~3个月肥育，体重达500千克以上时要停止育肥，及时出栏，具体判断方法：一是发现牛采食量逐渐减少，经调饲后仍未恢复；二是用手触及腰角或用手手握住耳根有脂肪感时。

九、妊娠期母牛饲养管理

（一）饲养

母牛怀孕前5个月，以粗饲料为主，适当搭配少量精料。如果有足够的青草供应，可不喂精料。母牛妊娠到中后期，尤其是妊娠的最后2~3个月，应按照饲养标准配合日粮，以青饲料为主，适当搭配精料，满足蛋白质、矿物质和维生素的营养需要。蛋白质以豆饼质量最好。棉籽饼、菜籽饼含有毒成分不宜喂妊娠母牛。矿物质要满足钙、磷的需要。同时，应注意防止妊娠母牛过肥，尤其是头胎青年母牛，以免发生难产。

（二）管理

母牛在管理上要加强刷拭和运动，特别是头胎母牛，还要进行乳房按摩，以利产后犊牛

哺乳。舍饲妊娠母牛每日运动2小时左右。妊娠后期要注意做好保胎，单独饲养，严防母牛之间挤撞。雨天不放牧，不鞭打母牛，不急赶母牛，不让牛采食幼嫩的豆科牧草，不在有露水和霜冻的草场上放牧，不采食霉变饲料，不饮脏水和消冰水。

第四节 猪牛常见病防治

一、猪病防治

（一）猪瘟

1. 概述

俗称"烂肠瘟"，又称猪霍乱，是由猪瘟病毒引起的一种急性接触性高度传染性病毒病。本病在自然条件下只感染猪，不同年龄、性别、品种的猪和野猪都易感，主要通过直接接触，或由于接触污染的媒介物而发病。消化道、鼻腔黏膜和破裂的皮肤均是感染途径。此外，患病和弱毒株感染的母猪也可以经胎盘垂直感染胎儿，产生弱仔猪、死胎、木乃伊胎等。本病一年四季都可发生，以春夏多雨季节为多。

特征：急性呈败血性变化，实质器官出血，坏死和梗死；慢性呈纤维素性坏死性肠炎，后期常有副伤寒及巴氏杆菌病继发。

2. 症状

潜伏期一般为5~7天，根据临床症状可分为最急性、急性、慢性和温和型。

（1）急性型。一般症状为发烧，体温达40.5~41℃，精神萎顿，被毛粗乱，畏寒打抖，食欲减退，喜喝脏水，常钻垫草。初期耳根、腹部、股内侧的皮肤常有许多点状出血或较大红点，揩压时不褪色。病猪先便秘，后下痢，恶臭，带有黏液和脓血；有脓性眼屎；公猪包皮发炎，阴鞘积尿，用手挤压时有恶臭浑浊液体射出。腹股沟淋巴结肿大。小猪可出现神经症状，表现磨牙、后退、转圈、强直、侧卧及游泳状，甚至昏迷等。病程一般为1~2周，最后绝大多数死亡。

剖检 急性型以出血性病变为主，常见肾皮质和膀胱黏膜中有小点出血；肠系膜淋巴结肿胀，常出现出血性肠炎，以大肠黏膜中的钮扣状溃疡为典型。

（2）亚急性型。常见于本病流行地区，病程可延至2~3周；有的转为慢性，常拖延1~2个月。表现黏膜苍白，眼睑有出血点。皮肤出现紫斑，病猪极度消瘦。死亡以仔猪为多，成年猪有的可以耐过。非典型病猪临诊症状不明显，呈慢性，常见于"架子猪"。

（3）慢性型。主要表现为坏死性肠炎，全身性出血变化不明显。

（4）缓和型。又称非典型，主要发生较多的是断奶后的仔猪及架子猪，表现症状轻微，不典型，病情缓和，病理变化不明显，病程较长，体温稽留在40℃左右，皮肤无出血小点，但有淤血和坏死，食欲时好时坏，粪便时干时稀，病猪十分瘦弱，致死率较高，也有耐过的，但生长发育严重受阻。

3. 防制

（1）平时的预防措施。

①坚持自繁自养，全进全出的饲养管理制度。

②按血凝试验等方法开展免疫抗体监测并进行免疫接种。

③及时淘汰隐性感染带毒种猪。

④做好猪场、猪舍的隔离、卫生、消毒和杀虫工作，减少猪瘟病毒的侵入。

（2）发病后的处理措施。

①立即报告，及时诊断。

②划定疫点。

③封锁疫点、疫区。

④处理病猪，做无害化处理。

⑤紧急预防接种。疫区里的假定健康猪和受威胁地区的生猪即接种猪瘟免弱毒疫苗。

⑥消毒，认真消毒被污染的场地、圈舍、用具等，粪便堆积发酵、无害化处理。

（3）猪瘟疫苗。主要有三种：乳兔苗、细胞苗和淋脾苗。肌肉或皮下注射。

（4）注意事项。

①以上三种疫苗在没有猪瘟流行的地区，断奶后无母源抗体的仔猪，注射1次即可。

②在有疫情威胁时，仔猪可在21～30日龄和65日龄左右各注射1次。

③被注射疫苗的猪必须健康无病，如猪体质瘦弱、有病，体温升高或食欲不振等均不应注射。

④注射免疫工具，须在用前消毒。每注射1头猪，必须更换一次针头，严禁打"飞针"。

⑤注射部位应先剪毛，然后用碘酒消毒，再进行注射。

⑥以上三种疫苗如果在有猪瘟发生的地区使用，必须由兽医严格指导，注射后防疫人员应在1周内进行逐日观察。

4. 治疗

目前尚无特效药物。发病初期可注射抗猪瘟血清。

（二）猪丹毒

1. 概述

猪丹毒是由猪丹毒杆菌引起的猪的一种急性热性传染病，人也可以感染本病，称为类丹毒。

其主要特征为高热、急性败血症、皮肤疹块（亚急性）、慢性疣状心内膜炎及皮肤坏死与多发性非化脓性关节炎（慢性）。夏秋两季发生较多，急性死亡率高。猪丹毒一年四季都有发生，有些地方以炎热多雨季节流行得最盛。本病常为散发性或地方流行性传染，有时也发生暴发性流行。

2. 病因

病猪、带菌猪以及其他带菌动物（分泌物、排泄物）排出菌体污染饲料、饮水、土壤、用具和场舍等，经消化道传染给易感猪。本病也可以通过损伤皮肤及蚊、蝇、虱、蝉等吸血昆虫传播。屠宰场、加工场的废料、废水，食堂的残羹，动物性蛋白质饲料（如鱼粉、肉粉等）喂猪常常引起发病。不空舍消毒、猪只应激、温度突变或夏季高温也可诱发本病。也可继发于繁殖呼吸综合征或流感。

3. 症状

一般潜伏期为3～5天，4～9月龄的猪发病多。

（1）急性型。此型常见，以突然暴发、急性经过和高死亡为特征。病猪精神不振、高烧不退；不食、呕吐；结膜充血；粪便干硬，附有黏液。小猪后期下痢。耳、颈、背皮肤潮红、发紫。临死前腋下、股内、腹内有不规则鲜红色斑块，指压褪色后融合一起。常于3～

4天内死亡。病死率80%左右,不死者转为疹块型或慢性型。

哺乳仔猪和刚断乳仔猪一般突然发病,表现神经症状,抽搐,倒地而死,病程一天。

(2)亚急性型(疹块型)。病较轻,头一两天在身体不同部位,尤其胸侧、背部、颈部至全身出现界限明显,圆形、四边形,有热感的疹块,俗称"打火印",指压退色。疹块突出皮肤2~3毫米,大小一至数厘米,从几个到几十个不等,干枯后形成棕色痂皮。病猪口渴、便秘、呕吐、体温高。疹块发生后,体温开始下降,病势减轻,经数日以至旬余自行康复。也有不少病猪在发病过程中,症状恶化而转变为败血型而死。病程1~2周。

(3)慢性型。由急性型或亚急性型转变而来,也有原发性,常见的有慢性关节炎、慢性心内膜炎和皮肤坏死等几种。

①关节炎型:主要表现为四肢关节(腕、跗关节较膝、髋关节最为常见)的炎性肿胀,病腿僵硬、疼痛。以后急性症状消失,而以关节变形为主,呈现一肢或两肢的破行或卧地不起。病猪食欲正常,但生长缓慢,体质虚弱,消瘦。病程数周或数月。

②心内膜炎型:主要表现消瘦、贫血、全身衰弱,喜卧、厌走动,强使行走,则举止缓慢,全身摇晃。听诊心脏有杂音,心跳加速、亢进,心律不齐、呼吸急促。此种病猪不能治愈,通常由于心脏麻痹突然倒地死亡。溃疡性或椰菜样疣状赘生性心内膜炎。心律不齐、呼吸困难、贫血。病程数周至数月。

③皮肤坏死:常发生于背、肩、耳、蹄和尾等部。局部皮肤肿胀、隆起、坏死、色黑、干硬、似皮革。逐渐与其下层新生组织分离,犹如一层甲壳。坏死区有时范围很大,可以占整个背部皮肤;有时可在部分耳壳、尾巴、末梢、各蹄壳发生坏死。经2~3个月坏死皮肤脱落,遗留一片无毛、色淡的疤痕而愈。如有继发感染,则病情复杂,病程延长。

4. 预防

每年春、秋季注射三联苗或猪丹毒氢氧化铝甲醛菌苗。未注射的猪可随时补注射进行预防。发生猪丹毒后,立即报告当地兽医站,并隔离病猪。

(1)疫病流行期间,预防性投药,全群用清开灵颗粒1千克/吨料、70%水溶性阿莫西林600克/吨料,均匀拌料,连用5天。

(2)加强饲养管理,保持栏舍清洁卫生和通风干燥,避免高温高湿,加强定期消毒。

(3)未发病猪用青霉素注射,每日二次,连用3~4天。

5. 治疗

发病猪只隔离,肌内注射青霉素1万~2万IU/千克体重,每天2次,直至猪体温恢复正常后1~3天;或用链霉素10~15毫克/千克体重,20%磺胺嘧啶钠液0.1~0.2克/千克体重,用法同青霉素。

在发病后24~36小时内,同群猪用青霉素类(阿莫西林)、头孢类(头孢噻呋钠)拌料,疗效理想。也可用清开灵颗粒1千克/吨料、70%水溶性阿莫西林800克/吨料,连用3~5天。对该细菌应一次性给予足够药量,以迅速达到有效血药浓度。

(三)猪肺疫

1. 概述

又称锁喉风,是由巴氏杆菌引起的一种急性传染病,多发于夏、秋季节,中、小猪容易感染,一般呈散发或地方性流行。本病多经呼吸道感染。死亡率常高达100%。

多杀性巴氏杆菌对多种动物和人均有致病性,以猪最易感,它是一种条件性病原菌,当猪处在不良的外界环境中,如寒冷、闷热、气候剧变、潮湿、拥挤、通风不良、营养缺乏、疲劳、长途运输等，其抵抗力下降，这时病原菌大量增殖并引起发病。另外病猪经分泌物、排泄物等排菌，污染饮水、饲料、用具及外界环境，经消化道而传染给健康猪。也可由咳嗽、喷嚏排出病原，通过飞沫经呼吸道传染。此外，吸血昆虫叮咬皮肤及黏膜伤口都可传染。

2. 症状

潜伏期1~5天。

（1）最急性型。晚间还正常吃食，次日清晨即已死亡，常看不到任何症状，病程稍长，体温41~42℃，食欲废绝，全身衰弱，卧地不起，呼吸困难，呈犬坐姿势，口鼻流出泡沫，病程1~2日，死亡率100%。

（2）急性型（胸膜肺炎型）。体温41~42℃，不吃食，被毛粗乱，呼吸困难，张嘴喘气，呈犬坐姿势，有时可发出喘鸣声，口鼻流出白色泡沫，有时带有血色。痉挛性干咳，排出黏液性或脓性痰液，后成湿、痛咳，初便秘，后腹泻。皮肤出现暗红色斑块，手指按压时不能完全褪色。眼结膜紫绀（呈紫蓝色）。若治疗不及时，往往窒息（闭气）而死亡。病程5~8天。不死者转为慢性。

（3）慢性型。主要表现为肺炎和慢性胃肠炎。时有持续性咳嗽和呼吸困难，有少许黏液性或脓性鼻液。食欲不振，极度消瘦，经常腹泻，有痂样湿疹，关节肿胀，发育停止，病程2周以上，病死率60%~70%。

3. 防制

（1）增强机体的抗病力。加强饲养管理，消除可能降低抗病能力因素和致病诱因，如圈舍拥挤、通风采光差、潮湿、受寒等。圈舍、环境定期消毒。新引进猪隔离观察一个月后健康方可合群。

（2）预防接种。每年春秋两季定期用猪肺疫氢氧化铝甲醛菌苗或猪肺疫口服弱毒菌苗进行两次免疫接种。也可选用猪丹毒、猪肺疫氢氧化铝二联苗，猪瘟、猪丹毒、猪肺疫弱毒三联苗。未注射的猪随时补注。接种疫苗前几天和后7天内，禁用抗菌药物。

发生本病时，应将病猪隔离、封锁、严密消毒。同栏的猪，用血清或用疫苗紧急预防。对散发病猪应隔离治疗，消毒猪舍。

4. 治疗

可肌内注射青霉素20万~100万IU，链霉素50万~100万IU，每日2次；或20%磺胺嘧啶钠液0.1~0.2克/千克体重；或内服土霉素或四环素，每次0.5克。

抗生素与磺胺药合用疗效更佳。914对本病也有一定疗效，一般急性病例注射1次即可，如有必要可隔2~3天，重复用药1次。

在治疗上特别要强调的是，本菌极易产生抗药性，因此有条件的应做药敏试验，选择敏感药物治疗。

（四）猪繁殖与呼吸综合征

1. 概述

本病又称蓝耳病，是由猪生殖与呼吸综合征病毒引起的、以成年母猪生殖障碍、流产、死胎和产木乃伊胎及仔猪呼吸异常为特征的一种传染病。

本病传播迅速，污染严重，是一种高度接触性传染病。病猪和带毒猪是主要传染源。病猪的鼻液、粪便、尿液均含病毒。耐过的猪可长期带毒和排毒。传播途径为直接接触和空气传播，经呼吸道感染。鸟类、野生动物及运输工具也可传播本病。也可经孕畜垂直传播。不同年龄、性别和品种的猪均可感染，但以母猪和仔猪易感，症状也较严重。

2. 症状

潜伏期通常为14天。

（1）繁殖母猪。体温40～41℃，厌食和嗜睡，呼吸迫促呈腹式呼吸或过度呼吸。少数母猪耳朵、乳头、外阴、尾部和腿发绀，尤以耳部最明显（故称蓝耳病）。妊娠晚期发生流产、早产、死胎、木乃伊和弱仔。

（2）仔猪。呼吸困难（腹式呼吸），肌肉震颤，共济失调。刚出生仔猪，耳朵和躯体末端皮肤发绀。以2～28日龄仔猪感染后症状最明显，死亡率高达80%。耐过仔猪因体质弱或易继发感染而不易饲养。

（3）公猪。咳嗽、厌食和嗜睡，呼吸急促，运动障碍。

（4）育肥猪。发病率低，表现为高热、咳嗽、气喘、腹泻。

3. 诊断

仅感染猪，不同年龄、性别和品种的猪均可感染，但以母猪和仔猪易感，妊娠母猪繁殖障碍，仔猪呼吸困难。

4. 防制

（1）把好种猪引进关，加强检疫；防止拥挤、缺水和发病时转群、混群；育肥猪坚持"全进全出"，猪出栏后猪舍彻底消毒。

（2）当怀疑有本病发生时，应尽快确诊，全群检疫，隔离病猪，加强猪舍和猪群的卫生消毒，进行疫苗的紧急预防接种。对死亡的仔猪和所产死胎、木乃伊胎，应挖坑深埋，以防病原扩散。

（3）疫苗免疫。种公猪和妊娠母猪禁止使用弱毒苗，一般只建议3～8周仔猪使用，免疫期3个月左右。灭活苗很安全，应在猪瘟疫苗免疫两周后进行。

①未免母猪所产仔猪：用猪繁殖和呼吸综合征乳油剂灭活苗在12日龄时首免1/2头份，30日龄二免一头份。

②已免母猪所产仔猪：25～35日龄接种灭活苗1头份。

③后备母猪：配种前2个月首免1头份，间隔1个月二免1头份。

④成年母猪：每次配种前15天免疫一次，种用公猪每年免疫两次，均肌内注射2毫升。

5. 治疗

目前尚无有效治疗方法，主要采取预防措施。

（五）仔猪副伤寒

1. 概述

本病又称猪沙门氏菌病。是仔猪的一种较常见的肠道传染病。主要侵害2～4月龄的仔猪。病猪和带菌猪是主要传染源。病菌常存在于病猪的脏器和粪便中，健康猪经采食污染的饲料、饮水等感染；存在于健康猪体内的病菌，在猪抵抗力降低时乘机繁殖，毒力增强而导致内源性感染。

2. 症状

（1）急性型（败血症）。多见断奶后不久的仔猪。病猪精神不振，厌食，体温41～42℃；病初便秘，后下痢，粪便恶臭，有时带血；腹痛，弓腰尖叫；耳、腰部及四肢皮肤呈紫红色，后期呈青紫色；最后呼吸困难，体温下降；偶尔咳嗽、痉挛，一般4～10天死亡，不死者转为慢性。

（2）慢性型（结肠炎型）。最常见。精神不振，体温略升高，长期腹泻，排出淡黄色或暗绿色粪便，粪便形同稀粥，有时带血和组织碎片。皮肤出现痂状湿疹。后期消瘦，病程长达2~3周，最后衰竭死亡。与肠炎型猪瘟相似。

3. 防制措施

（1）平时的预防措施。改善饲养管理和卫生条件，增强仔猪抵抗力。

①饲具要经常洗刷，圈舍要清洁，经常保持干燥，勤换垫草，及时清除粪便。

②仔猪提早补料，防止乱吃脏物。

③断乳仔猪根据体质强弱分槽饲养。给以优质而易消化的多样化饲料，适当补充维生素E和锌，防止突然更换饲料。

④疫苗接种：20~30日龄的仔猪用副伤寒疫苗免疫。

（2）发病时的扑灭措施。

①肌内注射乳酸环丙沙星注射液，2.5~5毫克/千克体重，2次/日。

②肌内注射盐酸土霉素50万~100万IU，或用土霉素粉（片）按0.04%~0.06%的浓度拌料，连喂7天。

③分2~3次口服新霉素5~15/千克体重/天。

④磺胺甲基异恶唑或磺胺嘧啶，20~40毫克/千克体重，加甲氧苄氨嘧啶，4~8毫克/千克体重，混合后分两次内服连用一周。

⑤肌内注射复方新诺明0.2毫升/千克体重，或内服其粉剂70毫克/千克体重。首次用量加倍。连用3~7天。

⑥分两次口服痢特灵20~40毫克/千克体重，连服3~5天后，剂量减半，继续服3~5天。

（六）仔猪白痢

1. 概述

仔猪白痢是由致病性大肠杆菌引起的哺乳仔猪传染病，多发生在20日龄以内的仔猪。本病多由消化道感染，一年四季均可发生。

本病诱因众多，如大风雪、阴雨连绵、气温突变、突然更换饲料、饲料变质腐败、猪栏阴暗潮湿污秽；母猪泌乳不足，乳汁过浓或母猪过肥或患有乳房炎等都可使乳猪抵抗力下降，促进了本病的发生。

2. 症状

初期拉灰白色或黄白色腥臭带泡沫的稀粪，常混有粘液而呈糊状。严重时，粪便顺肛门流下。病猪被毛逆乱干枯，呼吸加快，体温升高，精神萎顿，消瘦，怕冷，脱水，有的腹部胀大，有时并发肺炎，呼吸困难，一般经5~6天或稍长时间即死亡。

3. 防制

（1）搞好猪舍清洁卫生，防寒保暖，保证通风良好，光线充足，定期消毒。

（2）加强运动，增强体质。

（3）母猪怀孕100天左右，肌内注射大肠杆菌四价或多价基因工程苗2头份。

（4）早补料（铁）。仔猪7日龄，肌内注射大肠杆菌二价基因工程苗2毫升（1支）。

（5）良种猪场可在乳猪8~9日龄时，每头内服促免一号5克，（用打湿的手指头涂抹在仔猪舌中部和口腔内），对本病和其他感染性疾病都有较好的预防作用。

4. 治疗

可用抗生素、磺胺类药物，常与健胃和收敛药物合用。磺胺脒 0.1/千克体重，鞣酸蛋白 2～5 克/天；口服痢特灵，90 毫克头/天，分 3 次灌服；土霉素 2～3 次/头/天，0.25～0.5 克/次；盐酸黄连素，2～3 次/头/天，0.05～0.1 克/次；氯霉素，5 毫克/头，2 次/天。

（七）仔猪红痢

1. 概述

又称出血性肠炎或传染性坏死性肠炎，由 C 型魏氏梭菌引起的初生仔猪的急性传染病。主要发生于 3 日龄以内的仔猪。本病多由消化道感染。在流行地区，仔猪发病率很高，发病急剧，病程短促，死亡率可达 100%。

2. 症状

发病很快，感染后几小时至十几小时就出现症状。病猪精神不振，吃奶减少，开始排黏液状白粪，随后的排出浅红或红褐色稀粪，并混有坏死组织碎片，粪腥臭伴有多量小气泡，很快出现虚弱症状，最后衰竭死亡，从发病到死亡很少超过 3 天。最急性病例常常还不见症状就死亡了。

3. 防治

目前尚无有效的治疗方法，主要是采取预防措施。

（1）预防。

①母猪：产前一个月肌内注射 C 型魏氏梭菌菌苗 5 毫升，临产前半个月再注射 10 毫升；临产前体表及接生用具均应严格消毒；加强饲养管理，注意猪舍环境卫生，定期消毒。

②仔猪：出生后禁止哺乳，每头仔猪用 0.5 克泻利宁、8 万～10 万 IU 青霉素和 80～100 毫克链霉素调成糊状，抹入仔猪舌根部，然后自行哺乳。

（2）治疗。肠毒痢克是猪同源精制免疫球蛋白和生物肽类冻干粉的结合，是针对病毒性腹泻的特效产品。

一套肠毒痢克（一支液体，一支粉）可以治疗 100 千克体重，每天一次，连用 2 天。对于腹泻严重的猪可以让猪口服鞣酸蛋白酵母粉，修复肠黏膜。治愈率 90% 以上。

（八）仔猪黄痢

1. 概述

是由埃希氏大肠杆菌所致的一种急性传染病，本病多由消化道感染。发病率和死亡率可高达 90%～100%。

2. 症状

仔猪出生后 2～3 小时就可发生腹泻，通常一窝中只有 1～2 头发病，但很快遍及全窝以及临近产仔栏的仔猪。病初主要排黄色稀粪，肛门松弛，排粪失禁，肛门、阴门呈红色；口渴，精神不振，皮肤蓝灰色、质地干燥，不吃奶，很快消瘦，脱水，眼球下陷。

3. 诊断

仔猪黄痢病应与传染性胃肠炎、流行性腹泻、球虫及仔猪红痢等病相区别。一般黄痢病的腹泻液呈碱性，而流行性腹泻、传染性胃肠炎的腹泻液呈酸性。确诊需作实验室分离病原。

4. 防治

（1）预防措施。主要是改善环境卫生，保暖保洁，经常做好消毒工作。目前黄痢菌苗主要用于母猪，在临产前21天肌内注射1次，使仔猪通过吸吮初乳来防止本病发生。

（2）治疗。

①庆大霉素5毫升+硫酸黄连素5毫升灌服3头仔猪。

②肌注5%蒽诺沙星1～1.5毫升/头。

③腹腔注射5%葡萄糖氯化钠溶液20～40毫升/头。

注：第三种治疗方法可与第一或第二种方法配合使用。

（九）猪喘气病

1. 概述

又称猪霉形体肺炎、猪地方性流行性肺炎，是由猪肺炎支原体引起的一种急性或慢性接触性传染病。不同品系、年龄、性别的猪都易感，在寒冷的冬天和冷热多变的季节发病较多。主要通过呼吸道传染。种母猪感染后，也可传给后代，在一般情况下本病死亡率不高，但在流行的初期以及饲养管理条件不良时，引起继发性感染。

2. 症状

主要症状为咳嗽和气喘，病初短声连咳，继而痛咳，气喘严重时咳嗽不明显。气喘症状多在患病中期出现，病猪呼吸次数明显增加，呈明显的腹式呼吸，急促而有力，严重的张口喘气，像拉风箱似的，有喘鸣音。体温一般无明显变化；随病情发展，气喘严重，食欲下降或不食，后期常张口气喘，不愿走动。生长发育不良，病程式可持续2～3个月。常由于抵抗力降低而并发猪肺炎，这是促使喘气病猪死亡的主要原因。

3. 病理变化

主要在肺，有不同程度的水肿和气肿，两肺的尖叶和心叶呈对称性、融合性支气管肺炎病变。常发生于尖叶、心叶、中间叶下垂部和膈叶前部下缘，出现淡红色或浅紫色呈"虾肉样"病变，肺门和纵膈淋巴结明显肿大、质硬、灰白色切面。

4. 防制措施

（1）坚持自繁自养，必须引进种猪时，应远离生产区隔离饲养3个月，并经检疫证明无疫病，方可混群饲养；并给种猪和新生仔猪接种猪喘气病弱毒疫苗或灭活疫苗。

（2）加强饲养管理，保持猪群合理、均衡的营养水平，加强消毒，保持栏舍清洁、干燥通风，减少各种应激因素。

（3）通过在严格消毒下剖腹取胎，并在严格隔离条件下人工哺乳，培育和建立无特定病原（SPF）猪群，以新培育的健康母猪取代原来的母猪；采取综合性措施，净化猪场。

5. 防治

（1）可用土霉素或卡那霉素注射液20～40毫克/千克体重，每日注射1次，连用5天。

（2）20%土霉素油剂隔两日注射1次，连用5天。也可用泰妙灵（泰乐菌素）15毫克/千克体重，连续注射3天。

（3）霉素碱油剂按每千克40毫克，即土霉素碱25克，加入花生油100毫升，鸡蛋白5毫升，混合均匀，在颈、背两侧深部肌肉分点轮流注射，小猪2毫升，中猪5毫升，大猪8毫升，每隔3天一次，5次为一疗程，重病猪可进行2～3疗程，并肌内注射氨茶碱0.5～1克。

（4）肌注林肯霉素4万IU/千克体重，2次/天，连用5天。病重的进行2～3个疗程。

（5）每吨饲料中添加50～200克金霉素喂猪可预防猪喘气病，或在每吨饲料中加入200克林肯可霉素，连用3周，有一定效果。

（6）洁霉素药渣干粉，按2%～4%的比例混入饲料中喂饲，不仅对本病具有预防和治疗作用，而且还能明显提高日增重和饲料报酬。

（十）消化不良

1. 概述

消化系统器官功能受到扰乱或障碍，胃肠消化、吸收功能减退，食欲减少或无食欲，统称为消化不良。主要是因为突然变换饲料，或喂给变质饲料，长期运输等。

2. 症状

不爱吃食，生长迟缓，喜饮水，表现腹痛、胀肚、呕吐、粪便干燥，有时拉稀，粪内混有未消化的颗粒，体温正常。

3. 防治

健胃止泻。乳酶生、胃蛋白酶各2～5克混合，仔猪一次内服。拉稀时内服磺胺呱片5～15克，首次服用量加倍，每日2次；鞣酸蛋白5～10克，每日2次。

（十一）坏死性口炎

1. 概述

是坏死杆菌引起的一种慢性细菌性传染病，多发生于仔猪，一窝中有一头或几头发病，多呈散发性。本病一般是猪皮肤黏膜创伤或咬伤，病菌乘机侵入引起的，一年四季均发。

2. 症状

病初病猪不安，吃乳减少。生长速度减缓，坏死溃疡的常发部位是眼下方的面颊部，损伤常为双侧性，溃疡缓慢扩张，不久被一层紧紧粘着的棕黑色痂所覆盖。当损害侵入口腔时，可能有一种明显的气味，偶见乳齿露出唇外，死亡率比较低。

3. 防治

先将病变组织刮去，随后用过氧化氢稀释液擦拭，喷上抗生素，而后注射青霉素、链霉素或其他抗生素。本病治疗越早越好。

（十二）猪亚硝酸盐中毒

1. 概述

本病是由于菜类等青绿饲料的贮存、调制方法不当（慢火焖煮），在适宜的温度和酸碱度条件下，经微生物作用，大量的硝酸盐还原成剧毒的亚硝酸盐，猪采食后中毒。

2. 症状

食后一小时左右突然发病，患猪突然不安，呼吸困难，呆立不动，四肢无力，走路摇摆，转圈，口吐白沫、流涎，皮肤、耳尖、鼻盘开始苍白，可视黏膜发绀，呈紫色或紫褐色，针刺放出血液呈酱油色、凝固不良。体温低于正常，四肢和耳尖冰凉，随后四肢麻痹，神经紊乱。多在发病后1～2小时窒息而死。还可引起妊娠母猪早产、弱胎及死胎。

3. 防治

（1）预防。改善饲养管理，不喂存放不当的青绿多汁饲料，最好鲜喂；如需煮熟，应揭开锅盖，迅速烧开，不断搅拌，不能焖在锅内过夜。

（2）治疗。

①症状较轻的，投服适量的糖水或牛奶即可。

②静脉或肌内注射1%美兰溶液1毫升/千克体重，或甲苯胺蓝5毫克/千克体重，并内服或注射维生素C 10～20毫克/千克体重，10%～25%葡萄糖液300～500毫升。

③对症治疗。若呼吸困难、喘息不止，可注射尼可刹米；对心脏衰弱者可注射安钠咖、强尔心等；严重溶血的，放血后输液并口服或静脉滴注肾上腺皮质激素，同时内服碳酸氢钠等碱化尿液。

④严重病例，要尽快剪耳、断尾放血，再行治疗。

二、奶牛常见病防治

（一）口蹄疫

1. 概述

本病又称流行性口疮，俗称口疮蹄癀，是由口蹄疫病毒引起的急性热性高度接触性传染病。病牛和带毒牛是本病的主要传染源。病牛的各组织器官，尤以水疱皮和水疱液中含量最多。病牛可通过水疱液、唾液、乳汁、精液等和汗、尿、粪等污染车辆、饲料和水源等，还可通过空气、来往人员及动物传播。一年四季均可发生。流行迅猛，在2~3天内即可波及全群，及至整片地区。

2. 症状

潜伏期2~5天，特征症状为口腔黏膜、鼻镜、蹄冠与趾间皮肤及至乳房皮肤发生水疱和烂斑等。

病初体温高达40~41℃，精神委靡不振，食欲下降，闭口流涎。经1~2天，在唇、舌、齿龈和颊部黏膜上突起蚕豆大至核桃大小的水疱，口角流涎增多，嘴边挂满条状白色泡沫，食欲废绝，反刍停止，泌乳量下降。2~3天后，水疱破溃，形成边缘不整的红色浅表糜烂区。体温降至常温时，糜烂面开始愈合并留有瘢痕。病牛全身状况也逐渐好转。

在口腔形成水疱的同时或稍后，在蹄趾间及蹄冠等皮肤上呈现红、肿、热、痛和水疱，并迅速破溃、糜烂成烂斑，呈现跛行。继发细菌感染时，局部化脓、坏死、蹄匣脱落而卧地。

犊牛感染后，病毒侵害心肌，引发急性心肌炎。病牛全身肌肉颤抖，心跳加快，节律不齐，步态不稳，突然倒地而死。

3. 防制

（1）禁止从污染地区输入牲畜及其畜产品；发生后应立即向上级有关部门报告，划定疫区界限，严格封锁。对病牛或可疑动物应一律就地宰杀、深埋或焚毁。

（2）怀疑受污染或已污染的圈舍、饲料、用具、运输车辆、粪、尿等，应用2%氢氧化钠液彻底消毒，严格限制疫区人、畜的流动。必须在最后一头病牛痊愈或死亡14天后、又无新病牛发生，经彻底消毒并请示上级批准后，方能解除封锁。

（3）疫区邻近地区尚未感染的牛群，应立即接种疫苗，每半年接种一次。

（二）布鲁氏菌病

1. 概述

又称传染性流产。是由布鲁氏菌引起的人畜共患的一种慢性传染病。病牛和带菌牛是本病的主要传染源，病母牛流产胎儿、胎衣、羊水及乳汁、阴道分泌物、粪便和病公牛精液均含有大量病原菌，污染环境。传播途径主要是消化道，其次是生殖系统、呼吸道、皮肤和黏膜等。临床上以母牛流产和不孕、公牛睾丸炎、不育及关节炎等为特征。

诱发因素：牛群拥挤，日照不足，通风不畅，寒冷潮湿，卫生条件差，营养不良等。

2. 症状

潜伏期为14天至半年不等。病原侵害生殖系统，引发子宫、胎膜、关节、睾丸等炎症。

（1）妊娠母牛。流产，且多发生在怀孕5~8个月，以产下死胎为主。有时也产下弱犊。病母牛在流产后常有胎衣不下和慢性化脓性子宫内膜炎。

（2）关节炎和滑液囊炎。以膝滑液囊炎较为常见。关节肿痛、跛行、长期卧地。

（3）病公牛。发生睾丸炎和附睾丸炎。睾丸肿大、化脓、触压疼痛，局部淋巴结肿大，阴茎潮红，间或伴发小结节。配种性能明显降低。

3. 防治

（1）预防。引进奶牛时一定要隔离观察30天以上，并进行两次检疫。对阳性牛快速隔离并淘汰。

对流产病牛应隔离饲养，取流产胎儿真胃内容物做细菌分离、鉴定，阳性牛也必须处理。

全面消毒：对流产的胎儿、胎衣及其污染的环境、饲料、饮水、用具及病牛分泌物、排泄物、毛皮、乳汁及其制品等，一律进行灭菌处理。

对病牛所生的犊牛，应立即与母牛分开，饲喂3~5天初乳，转入中间站饲喂，在5~9个月内，进行两次检疫，凡阴性反应的，可进行布鲁氏菌19号苗、猪2号苗或羊5号苗接种后，再归入健康牛群。

（2）治疗。病公牛无治疗价值，应予淘汰。治疗母牛子宫内膜炎，在剥脱停滞的胎衣后，可用温生理盐水反复冲洗子宫，直到流出清亮的洗液为止，而后肌内注射链霉素20毫克/千克体重，盐酸土霉素10毫克/千克体重，或四环素10毫克/千克体重，连用2周以上。

（三）乳房炎

乳房炎为乳房实质、间质的炎症。临床型乳房炎，产奶量明显下降，所产的乳废弃，继而乳区化脓坏疽，失去泌乳能力。

1. 病因

（1）主要原因是细菌感染：一是血源性的，即细菌经过血液转移而引起，常继发于结核病、布病、胎衣不下、子宫内膜炎、创伤性心包炎等；二是外源性的，即细菌由外界侵入。

（2）机械挤乳。挤奶不当（如抽力过大，引起乳头皲裂和出血）；电压不稳，抽力忽大忽小；频率不稳；乳杯大小不合适、机械配套不全、内壁弹性太低、机器清洗不净等。

（3）没有严格按操作规定挤奶：挤奶手法不对，乳头拉得过长，或过度压迫乳头管等。

（4）乳房或乳头有外伤，环境卫生太差；挤奶用具消毒不严，洗乳房的水不清洁；突然更换挤奶员等。

2. 临床型乳房炎的症状

（1）浆液性乳房炎。往往发生在乳腺的一叶，也有乳房一半的。病势比较重，病程发展快。乳叶肿胀增大，乳房皮肤充血发红而且紧张，触诊有热痛反应，乳房的实质坚硬。体温40℃以上，食欲减退或废绝，精神沉郁。

（2）卡他性乳房炎。病原菌是链球菌、葡萄球菌以及大肠杆菌。当乳头黏膜受到损伤，乳头括约肌松弛，乳房受冻的时侯，病菌就侵入到乳房里而导致发病。

（3）乳房脓肿。乳房皮肤出现紧张、颜色发红，触诊有热感，病牛有疼痛感。同时，往往出现全身症状，比如体温升高，食欲下降，站立和行走时表现外展。

(4) 乳房坏疽。乳房皮肤出现暗红色或紫色圆形病灶。随后，患部组织逐渐腐败分解，流出污秽、有臭味的分泌物。病侧淋巴结增大，泌乳停止或只挤出少量脓样分泌物。

3. 预防

(1) 搞好环境和牛体卫生。牛场要干燥、平整，经常刷拭牛体。

(2) 固定挤乳人员，搞好挤奶卫生。挤奶前把手洗净，并用温0.1%高锰酸钾溶液清洗乳房并按摩。清洗后用干净毛巾擦干乳房，每头牛固定一条毛巾。挤奶器每次都要进行消毒，并保持负压正常和防止空吸。人工挤奶要掌握正确的挤奶方法。

每次挤奶后1分钟内，把乳头放在盛有药液的浴杯里浸泡0.5分钟，防止病菌侵入。常用药液有4%次氯酸钠、0.5%~1%碘伏、0.3%~0.5%洗必泰和0.2%过氧乙酸。

(3) 防止乳房外伤。包括挤伤、压伤、烫伤以及化学刺激物的烧伤等。对于产前、产后乳房肿胀比较大的牛，不准强行让它起立或急走。

(4) 不喂发霉变质饲料，饲草饲料搭配合理，保证维生素和矿物质的充足供应。

(5) 平时注意预防结核病、口蹄疫、李氏杆菌病、瘤胃积食、瘤胃酸中毒等。

(6) 接种乳房炎疫苗。肩部皮下注射三次，每次5毫升，第一次在牛干奶时，30天后注射第二针，产后72小时内再注射第三针。

4. 治疗

(1) 浆液性乳房炎。减少多汁饲料、精料和蛋白质饲料的喂量；增加挤奶次数，减轻乳房压力。急性期每1小时挤乳1次，同时进行乳房按摩，消肿；初期冷敷，1天后热敷食盐水或呋喃西林水，每天4~5次，每次0.5小时；另外，要加装乳房绷带。

治疗：可以用40万~80万IU的抗生素，蒸馏水100毫升，或0.25%的普鲁卡因100毫升，混合后注入到乳头腔里，在注入前最好先将乳房内的乳汁挤干净。

(2) 卡他性乳房炎。增加挤奶次数。每2小时挤奶1次，夜间6小时挤1次。挤奶时必须进行按摩，挤净乳汁，有凝块的用手指捏夹揉碎，然后将奶挤净。

治疗：在乳头腔或乳腺腔中注入青霉素80万IU，0.5%普鲁卡因溶液200毫升，并配合热敷和热浴。

(3) 乳房脓肿。浅在脓肿，在化脓成熟时尽早切开排脓。深部脓肿，先用注射器抽出内容物，然后往脓腔里注射抗生素。

(4) 乳房坏疽。形成坏疽性溃疡的可先用3%~4%过氧化氢水或0.1%~0.3%高锰酸钾溶液冲洗，然后涂搽青霉素油膏，再静脉注射磺胺药、抗生素；有全身症状时，用全身疗法。

在用抗生素疗法的同时结合中药疗法，效果明显。可内服云苔子250~300克，隔日1剂，3剂为一疗程。也可内服几丁聚糖，日喂15克，每日2次，拌入精料中，饲喂6~8天。

(四) 子宫炎

1. 病因

(1) 助产或剥离胎衣时，术者手臂、器械消毒不严，胎衣不下腐败分解，恶露停滞等。

(2) 子宫积水、双胎子宫严重扩张、产道损伤、低血钙、分娩环境脏等都能引起感染。

(3) 在极冷极热时，身体抵抗力降低和饲养管理不当都会使子宫炎的发病率升高。

(4) 继发于一些传染病如滴虫病、钩端螺旋体、牛传染性鼻气管炎、病毒性腹泻等。

(5) 慢性子宫炎多由急性转化而来，有的因配种消毒不严所致，无明显的全身症状。

2. 症状

根据病理过程和炎症性质可分为急性黏液脓性子宫内膜炎、急性纤维蛋白性子宫内膜炎、慢性卡他性子宫内膜炎、慢性脓性子宫内膜炎和隐性子宫内膜炎。

通常在产后一周内发病，轻者无全身症状，发情正常，但不能受孕；严重的伴有全身症状，如体温升高，呼吸加快，精神沉郁，食欲下降，反刍减少等表现。患牛拱腰、举尾，有时努责，不时从阴道流出大量污浊或棕黄色黏液脓性分泌物，有腥臭味，内含絮状物或胎衣碎片，常附着尾根，形成干痂。直肠检查，子宫角变粗，子宫壁增厚。若子宫内蓄积渗出物时，触之有波动感。

3. 预防

胎衣不下是产后牛子宫炎发病的主要原因。

（1）加强饲养管理。

①应重视怀孕后期和产后期奶牛的日粮平衡，尤其是维生素 A、维生素 D、维生素 E 和微量元素硒、锰、钴以及矿物质钙、磷等的比例。干奶牛的饲养以日喂精料 3~4 千克，青贮料 15 千克，自由采食青干草为宜。

②对产后子宫内膜炎的奶牛，做到早发现、早治疗。

（2）搞好牛场环境卫生。

①注重场地卫生，牛床、牛舍、运动场应保持干燥，定期消毒，1 次/月，也可以针对环境情况增加到 2 次/月。

②及时处理牛舍及运动场粪便、积水、污水。

③保持牛体清洁、干燥。

（3）控制产前、产后感染。

①建立独立产房，并定期消毒，为生产母牛提供一个安静、清洁、保温的分娩环境。

②母牛分娩前应对分娩环境消毒，并清洗消毒临产母牛的后躯。一般让奶牛自己分娩，只有在难产时才给与适当助产，助产时应对助产者手臂和助产器械严格消毒。助产操作要规范、防止产道损伤及感染。

③产前 2~5 天和产后应尽快恢复其体力，增强奶牛抗病能力，立即注射静脉 20% 葡萄糖酸钙或 20% 葡萄糖液 500 毫升，每天 1 次，连注 2~3 天；产后即肌注催产素 100 单位，加快胎衣脱落。产后 24~48 小时，应向子宫内灌注抗菌素 1 次，以防产后子宫感染。如发生胎衣不下应无菌剥离胎衣。

④及时治疗分娩、助产时的产道损伤，产后恶露异常等。

⑤产后 1 个月应预防产后瘫痪、乳房炎、酮病等疾病的发生。

（4）避免配种污染。

①精液稀释、吸取与输精过程应无菌操作；输精时应用消毒液清洗母牛外阴部。

②人工授精时，对器材、人员、母牛要严格消毒。输精时避免损伤子宫颈或子宫黏膜。

（5）注意产后调整。

①药物调整：是促进子宫复旧、促进母牛早发情。对产后子宫收缩乏力的奶牛可以注射雌激素、垂体后叶素等药剂。也可以灌服调理气血、活血化瘀、促进子宫收缩的中药，如产后宫康王、生化汤、补中益气汤、桃红四物汤等。

②对正常分娩的奶牛，分娩后即灌服产后宫康王等以生化散为主的纯中药制剂或清宫液 50 毫升。

③在产后一个月应检查奶牛子宫复旧情况，对复旧不好的奶牛应及时给予治疗。

④为促使奶牛早发情，可以给奶牛饲喂一下补肾助阳的中药，如淫荡霍、催情散等。也可以注射垂体促性腺激素释放激素。

4. 治疗

治疗奶牛子宫内膜炎主要是控制感染、消除炎症和促进子宫腔内病理分泌物的排出，对有全身症状的进行对症治疗。

（1）如果子宫颈未开张，可肌注雌激素促进开张，开张后肌注催产素或静注10%氯化钙溶液100～200毫升，促进子宫收缩而排出炎性产物。然后用0.1%高锰酸钾液或0.02%新洁尔灭液冲洗子宫，20～30分钟后向子宫腔内灌注青霉素链霉素合剂，每天或隔天一次，连续3～4次，但是，对于纤维蛋白性子宫内膜炎，禁止冲洗，以防炎症扩散，应向子宫腔内注入抗生素，同时进行全身治疗。

（2）常规治疗方案是用抗菌素进行治疗，现阶段主要用宫康宁混悬剂。使用前剪掉封口，用输精器具直接于宫体内给药。急性子宫炎和产道感染时，2天注药1次，每次20毫升；治疗慢性子宫炎所致不孕症时，每5～7天注药1次，每次20毫升。

（3）慢性化脓性子宫内膜炎，可选用当归活血止痛排脓散，组方为当归60克、川芎45克、桃仁30克、红花20克、元胡30克、香附45克、丹参60克、益母90克、三菱30克、甘草20克、黄酒250毫升为引，隔日1剂，连服3剂。

（五）蹄叶炎

1. 概述

为蹄真皮与角小叶的弥漫性、非化脓性渗出性炎症。多发生于青年牛和胎次较低牛。

2. 病因

（1）饲养管理不当，日粮不平衡。

（2）粗饲料不足或品质低劣。

（3）管理不当，蹄护理不及时。

（4）继发于瘤胃酸中毒、胎衣不下、母牛肥胖症、霉败饲料中毒、乳房炎、酮病等病。

3. 症状

（1）急性型。

①体温40～41℃，呼吸40次以上/分钟，脉搏100次/分钟以上。

②食欲和产乳量下降。背部弓起，步状僵硬，腹壁紧缩；蹄冠部肿胀，蹄壁温度升高。

③多发于前肢的内侧蹄趾和后肢外侧蹄趾。若前肢患病，后肢聚于腹下；若后肢患病，头低下、两前肢后踏、两后肢稍向前伸。

④四肢发病时，四肢频频交替负重，为避免疼痛而改变姿势，拱背站立。

⑤严重病例，为减轻疼痛，病牛两前肢交叉，两后肢叉开，动物不愿站立，趴卧不起。

（2）慢性型。全身症状轻微，患蹄变形，患趾前缘弯曲，趾尖翘起；蹄轮向后下方延伸且彼此分离，蹄踵高而蹄冠部倾斜度变小，蹄壁延长，系部和球节下沉，拱背，全身僵直，步态强拘，消瘦。

（3）亚临床型。无跛行，但削蹄时可见蹄底出血，角质变黄，而蹄背侧不出现嵴和沟。

4. 预防

（1）加强饲养管理。严格按母牛的营养需要饲喂，控制精料喂量，保证有足够的优质干草饲喂量。为了防止瘤胃酸中毒，日粮中加入0.8%氧化镁或1.5%碳酸氢钠（按干物质计)。

(2) 加强牛舍卫生管理。实行清粪工作岗位责任制,保持牛舍、牛床、牛体清洁干燥。

(3) 定期修剪、清洗与护蹄。每年至少进行两次维护性修蹄,修蹄时间可定在分娩前的3~6周和泌乳期120天左右。修蹄注意角度和蹄的弧度,适当保留部分角质层,蹄底要平整,前端呈钝圆。将10%硫酸铜溶液直接喷入蹄叉内,隔日1次。

(4) 定期喷蹄浴蹄。夏季每周用4%硫酸铜溶液或消毒液进行一次喷蹄浴蹄,冬季容易结冰,每15~20天进行1次。喷蹄时应扫去牛粪、泥土垫料,使药液全部喷到蹄壳上。浴蹄可在挤奶台的过道上和牛舍放牧场的过道上,建造长5米,宽2~3米,深10厘米的药浴池,池内放有4%硫酸铜溶液,让奶牛上台挤奶和放牧时走过,达到浸泡目的。

(5) 加强对继发病的治疗,以减少继发性蹄叶炎。

5. 治疗

治疗原则是消除病因,减轻疼痛,促使角质新生。治疗时首先区分是原发性还是继发性。原发性多因饲喂精饲料过多所致,继发性多因乳腺炎、子宫炎和酮病等引起。

(1) 首先用清水、棕刷、蹄刀等去除蹄部污物,修整患蹄,然后用1%的高锰酸钾溶液将患蹄洗净,彻底清除坏死组织,再用10%碘酊涂布,用呋喃西林粉、消炎粉和硫酸铜适量压于伤口,再用鱼石脂外敷,绷带包扎蹄部即可。隔5~7天检查1次,一般1~3次可愈。

(2) 如患蹄化脓,应彻底排脓。用3%的过氧化氢溶液冲洗干净,如有较大的瘘管则作引流术。3天后换药一次,一般1~3次即可痊愈。

(3) 缓解疼痛。用1%普鲁卡因20~30毫升行蹄趾(指)间神经封闭,也可肌内注射乙酰普吗嗪。

(4) 成年牛放血1 000~2 000毫升,放血后静脉注射5%碳酸氢钠液500~1 000毫升、5%~10%葡萄糖溶液500~1 000毫升。也可分别静脉注射10%水杨酸钠液100毫升、20%葡萄糖酸钙500毫升。

(5) 严重蹄病应配合全身抗菌素药物疗法,同时可应用抗组织胺制剂、可的松类药物。

(六) 瘤胃臌气

1. 概述

是因牛采食了容易发酵的食物,在瘤胃和网胃内产生大量气体不能排出,引起消化道机能紊乱的一种疾病。分原发性和继发性两种。

(1) 原发性瘤胃臌气。常发生在牧草茂盛的季节,大多是牛采食了大量容易发酵的青绿饲料,未经浸泡处理的大豆、豆饼,或堆积发热的青草以及经过霜、露、雨、雪冻结的牧草;采食霉变的干草、精料;饲料或饲喂制度的突然改变也易诱发本病。

(2) 继发性瘤胃臌气。常见于食道阻塞、麻痹或痉挛,瘤胃积食,前胃弛缓,创伤性网胃炎,慢性腹膜炎,胃壁及腹膜粘连等疾病。

2. 特征

左侧肷窝部高度臌胀,叩诊有鼓音。

3. 症状

(1) 急性瘤胃臌气。常常在采食后不久或采食过程中突然发生。呆立,食欲消失,腹围急剧增大,严重的左肷部高度膨隆,叩诊有鼓音,腹痛不安,摇尾踢腹,频频起卧,反刍和嗳气停止,瘤胃蠕动减弱或干脆消失。气促喘粗,张口伸舌,心悸、脉搏快而且弱。晚期会出现运动失调，站立不稳，不断哞叫，最终因为窒息或心脏麻痹而死亡。

（2）慢性瘤胃臌气。多为继发，臌气比较轻，时胀时消，病程长达1周或几个月。

4. 预防

加强饲养管理，增强前胃神经的反应性，促进消化机能。

（1）防止牛采食过量多汁、幼嫩的青草和豆科植物（如苜蓿）以及易发酵的甘薯秧、甜菜等。堆积发热或被雨露浸湿的饲草要尽量少喂。

（2）豆类饲料要用开水浸泡后再喂，并适当限制饲喂量。禁喂开花前的豆科植物。

（3）做好饲料保管和加工调制工作，严禁饲喂发霉腐败或混入尖锐异物的饲料。

（4）谷实类饲料不要粉碎过细，干草也不要铡的过细，同时注意精粗比例。

5. 治疗

原则是排气减压，制止发酵，补充体液，恢复前胃机能。

（1）急性病例。采用套管针穿刺或胃管放气。

①瘤胃穿刺：在左肷部突出部位剪毛并消毒，穿刺前先切开皮肤，左手按压住皮肤，右手把套管针在脊突与穿刺点的腹壁呈60°角，通过切口进瘤胃一定深度，拔出针栓，使气体排出。需要注意的是：放气速度不要太快，可用手指稍微按住套管口控制排气的速度。

②胃管放气：选取口径合适的硬质胶管，经过牛的口腔或鼻腔投入瘤胃，助手用手压迫牛左侧腹壁，术者把胃管前后移动，促使胃内气体排出。为了能使内容物尽快地排出来，可以通过胃管灌入一定量的清水，然后再导出来，反复多次地洗胃。

③对泡沫性瘤胃臌气，尤其是伴发严重的呼吸困难时，宜果断施行瘤胃切开术，取出大部分内容物，如有条件，可植入健康牛的瘤胃内容物3~5升。

（2）原发性瘤胃臌气。以尽快灭沫消胀为目的。

①可灌服花生油或大豆油500~1 000毫升。也可灌服大蒜泥250克、醋250克、白酒250克。

②胀气不严重的，可灌服消气灵30毫升，液体石蜡油500毫升，加水1 000毫升。

③抑制瘤胃内容物发酵，可将鱼石脂20~30克、福尔马林10~15毫升、1%克辽林20~30毫升加水配成1%~2%溶液，内服。

④促进嗳气，恢复瘤胃功能，其方法是向舌部涂布食盐、黄酱，或将一棵树根衔于口内，促使其呕吐或嗳气。同时，静注10%氯化钠500毫升，10%安钠加20毫升。

⑤对妊娠后期或分娩后的病牛或高产病牛，可一次静脉注射10%葡萄糖酸钙500毫升。

（3）在治疗过程中，要注意牛全身机能状态，如有异常现象，要及时强心、补液。

（七）瘤胃积食

1. 概述

牛瘤胃积食也叫急性瘤胃扩张。是指因为采食了大量难于消化的饲草或易臌胀饲料，致使瘤胃容积增大，瘤胃正常的消化和运动机能紊乱的一种疾病。

2. 病因

（1）精饲料喂量过大，粗饲料喂量不足或缺乏。

（2）突然变更饲料，或变成适口性好的饲料，牛贪食过量。

（3）饲料过于单纯，粗纤维含量高，营养性差，喂后饮水不及时或饮水不足。

（4）牛过食或偷食了过量容易臌胀的大豆、玉米等谷物，又饮了大量的水。

（5）采食大量未经铡断的半干不湿的甘薯秧、花生秧、豆秸等。

（6）吞食了产后的胎衣或者塑料薄膜、牛毛等异物。

（7）继发于瘤胃弛缓、瓣胃阻塞、创伤性网胃炎、真胃炎和热性病等。

3. 症状

常在采食后几小时发生。食欲废绝、反刍停止，鼻镜干燥、神情不安，呆立，拱背，努责，呻吟，用蹄子踢腹部，喜欢卧着；腹围显著增大，用拳头按压瘤胃，有压迹并且牛有痛感，叩诊呈浊音，瘤胃蠕动音减弱或消失。尿少或无尿。有排粪姿势，刚开始排粪正常，以后仅能排出少量干硬而且带有黏液的粪便，也有的排少量褐色恶臭的稀便，流涎。严重时呼吸困难、呻吟、吐粪水，有时从鼻腔流出。加不及时治疗，多因脱水、中毒、衰竭或窒息而死亡。

4. 治疗

加强瘤胃收缩，促进瘤胃内容物排空，消食化积，防止脱水和酸中毒。

（1）按摩疗法。在牛左肷部用手掌按摩瘤胃，每次5～10分钟，每隔30分钟按摩一次。

（2）清肠。促进内容物排空。

①硫酸钠或硫酸镁500～600克，碳酸氢钠50～100克，用常水配成10%溶液一次灌服。

②液体石蜡或植物油500～1 000毫升，鱼石脂15～20克，加水1 000毫升，一次灌服。

（3）提高瘤胃兴奋性

①用酒石酸锑钾8～10克溶在水中灌服，每天1次。

②静脉注射10%氯化钠注射液300～500毫升，10%氯化钙100～200毫升，20%安钠咖注射液10～20毫升。

（4）补充体液，防止酸中毒。25%葡萄糖液500～1 000毫升，复方氯化钠液或5%糖盐水3～4升，5%碳酸氢钠液500～1 000毫升，一次性静脉注射，每日1～2次，酌情连用2～3天。

（5）手术。重症而顽固的积食，用药不见效时，可行瘤胃切开术，取出瘤胃内容物。

5. 预防

加强饲养管理、预防牛过食或偷食，注重干草与精料的合理搭配，不能为追求产奶量而片面加大饼粕类饲料的喂量；不能突然变更饲料，也不能让饲料原料过于单纯，同时注意日粮的进食量，不要过量。注意充分饮水，适当运动。

第五节　蛋用鸡的养殖管理与疾病防治技术

蛋用鸡主要用于生产商品蛋。根据蛋壳颜色的不同分为白壳蛋鸡系和褐壳蛋鸡系。其特点是：一般体型较小，体躯较长，后躯发达，皮薄骨细，肌肉结实，羽毛紧密，性情活泼好动。一般年产蛋可达270～300枚。

一、蛋用鸡的品种

（一）白壳蛋鸡

白壳蛋鸡主要是以来航品种为基础育成的，是蛋用型鸡的典型代表。开产早，产蛋量高；无就巢性；体积小，耗料少，产蛋的饲料报酬高；单位面积的饲养密度高，相对来讲，单位面积所得的总产蛋数多；适应性强，各种气候条件下均可饲养；蛋中血斑和肉斑率很低；适于集约化笼养管理。不足之处是蛋重小，神经质，胆小怕人，抗应激性较差；好动爱飞，平养条件下需设置较高的围栏；啄癖多，特别是开产初期啄肛造成的伤亡率较高。我国白壳蛋比褐壳蛋价格稍低，在褐壳蛋多的情况下，白壳蛋不太受欢迎。

1. 京白904

京白904为三系配套。是北京市种禽公司育成的北京白鸡系列中目前产蛋性能最佳的配套杂交鸡。父本为单系，母本两个系。这种杂交鸡的突出特点是早熟、高产、蛋大、生活力强、饲料报酬高。在"七五"国家蛋鸡攻关生产性能随机抽样测定中，京白904的产蛋成绩名列前茅，甚至超过引进的巴布可克B-300的生产性能，是目前国内最好的鸡种。

2. 京白823

京白823是北京市种禽公司从1975年起，以引进的商品蛋鸡为素材，在科研院校育种专家的通力合作下育成的两系配套杂交鸡。是"六五"国家蛋鸡育种攻关的成果。在京白904问世之前，京白823是国内饲养量最大、地区分布最广的优秀蛋鸡品种，为我国蛋鸡业的发展作出了突出的贡献。

3. 京白938

京白938是北京市种禽公司的科技人员为实现白壳蛋鸡羽速自别雌雄，减少翻肛鉴别公母带来的不利影响和费用，在原有京白823和904配套纯系的基础上，进行快羽和满羽的选育。目前已成为公司的白鸡重点鸡种，逐步取代京白823和京白904。

4. 滨白42

滨白42是东北农学院利用引进素材育成的两系配套杂交鸡，是目前滨白鸡系列中产蛋性能最好、推广数量最多、分布最广的高产蛋鸡。滨白42适应东北地区的寒冷气候，关内也有分布，但数量不多。

5. 滨白584

东北农业大学的专家从1986年起，引进海赛克斯白父母代作育种素材，与原有滨白鸡纯系进行杂交组合品系选育，经过6年的工作，1992年筛选出品系配套的滨白584高产蛋鸡。目前在生产中滨白584已代替了滨白42，得到大规模推广，主要分布在黑龙江省境内。种鸡饲养于哈尔滨市原种鸡场。

6. 星杂288

星杂288是由加拿大雪佛公司育成的。星杂288早先为三系配套，目前为四系配套。该品种过去是誉满全球的白壳蛋鸡，世界上有90多个国家和地区饲养。星杂288杂交鸡为北京白鸡的选育提供了素材。

7. 海赛克斯白

海赛克斯白是荷兰优利布里德公司育成的四系配套杂交鸡。以产蛋强度高、蛋重大而著称，被认为是当代最高产的白壳蛋鸡之一。

8. 巴布可克B-300

巴布可克B-300是美国巴布可克公司育成的四系配套杂交鸡。世界上有70多个国家和地区饲养，其分布范围仅次于星杂288。巴布可克公司已被法国依莎公司兼并，该鸡现称"依莎巴布可克B-300"。

9. 尼克白鸡

尼克白鸡系美国辉瑞公司育成的三系配套杂交鸡。祖代鸡于1979年引入广州市黄陂鸡场，目前有些地方仍有饲养，主要是作为育种素材使用。北京白鸡的Ⅷ系就是以尼克白鸡做素材选育的。目前，沈阳市四台子尼克白种鸡有限公司饲养有尼克祖代鸡。

10. 罗曼白

罗曼白是德国罗曼公司育成的两系配套杂交鸡，即精选罗曼 SLS。由于其产蛋量高，蛋重大，引起了人们的青睐。目前，河南华罗家禽育种有限公司已引进罗曼白鸡的父母代。

（二）褐壳蛋鸡

褐壳蛋鸡有下列优点：蛋重大、刚开产就比白壳蛋重；蛋的破损率较低，适于运输和保存；鸡的性情温顺，对应激因素的敏感性较低，好管理；体重较大，产肉量较高，商品代小公鸡生长较快，是肌肉的补充来源；耐寒性好，冬季产蛋率较平稳；啄癖少，因而死亡、淘汰率较低；杂交鸡可以羽色自别雌雄。但褐壳蛋鸡体重较大，采食量比白色鸡多 5~6 克/天，每只鸡所占面积比白色鸡多 15% 左右，单位面积产蛋少 5%~7%；这种鸡有偏肥的倾向，饲养技术难度比白鸡大，特别是必须实行限制饲养，否则过肥影响产蛋性能；体型大，耐热性较差；蛋中血斑和肉斑率高，感观不太好。

1. 依莎褐

依莎褐是法国依莎公司育成的四系配套杂交鸡。是目前国际上最优秀的高产褐壳蛋鸡之一。依莎褐父本两系为红褐色，母本两系均为白色，商品代雏可用羽色自别雌雄：公雏白色，母雏褐色。

2. 海赛克斯褐

海赛克斯褐是荷兰尤利布里德公司育成的四系配套杂交鸡。该鸡在世界分布也较广，是目前国际上产蛋性能最好的褐壳蛋鸡之一。父本两系均为红褐色，母本两系均为白色，商品代雏可用羽色自别雌雄：公雏为白色，母雏为褐色。

3. 罗曼褐

罗曼褐是德国罗曼公司育成的四系配套、产褐壳蛋的高产蛋鸡。父本两系均为褐色，母本两系均为白色。商品代雏接可用羽色自别雌雄：公雏白羽，母雏褐羽。

4. 迪卡褐

迪卡褐是美国迪卡布公司育成的四系配套杂交鸡。父本两系均为褐羽，母本两系均为白羽。商品代雏鸡可用羽色自别雌雄：公雏白羽，母雏褐羽。

5. 黄金褐

黄金褐是美国迪卡布公司培育的配套系蛋鸡，其特点是体型较小，外貌与迪卡褐无多大区别。

6. 罗斯褐

罗斯褐为英国罗斯公司育成的四系配套杂交鸡。父本两系褐羽，母本两系白羽，商品代雏鸡可根据羽色自别雌雄。

7. 农大褐

农大褐是北京农业大学以引进的素材为基础，利用合成系育种法育成的四系配套杂交鸡。是"七五"国家蛋鸡育种攻关的成果。父本两系均为红褐色，母本两系均为白色。其特点是父母代和商品代雏鸡都可用羽色自别雌雄。

8. 海兰褐

海兰褐是美国海兰国际公司育成的四系配套杂交鸡。父本红褐色，母本白色。商品雏鸡可用羽色自别雌雄：公雏白色，母雏褐色。

9. 星杂 566

星杂 566 是加拿大雪佛公司培育的四系配套杂交鸡。是非条纹与条纹的原理羽色自别雌雄。

10. B-6 鸡

B-6 鸡是国内选育的唯一黑羽的褐壳蛋鸡，是中国农科院畜牧研究所育成的两系配套杂交鸡，用引进的素材通过封闭群家系选育方法育成的。父本羽色红褐，母本鸡为斑纹洛克，俗称芦花鸡，商品代鸡可用羽色自别雌雄：公鸡绒毛黑色，头顶上有一白色的亮斑，母雏绒毛也是黑色，但头顶上没有黑色亮斑。

（三）粉壳蛋鸡

粉壳蛋鸡是由洛岛红品种与白来航品种间正交或反交所产生的杂种鸡，其蛋壳颜色介于褐壳蛋与白壳蛋之间，呈浅褐色，严格的说属于褐壳蛋，国内群众都称其为粉壳蛋，也就约定成俗了。其羽色以白色为背景有黄、黑、灰等杂色羽斑，与褐壳蛋鸡又不相同。因此，就将其分成粉壳蛋鸡一类。其主要特点：产蛋量高，饲料转化率高，只是生产性能不够稳定。

1. 星杂 444

星杂 444 是加拿大雪佛公司育成的三系配套杂交鸡。

2. 农昌 2 号

农昌 2 号是北京农业大学育成的两系配套杂交鸡，父系为白来航品系，母系为红褐羽的合成系。商品雏可通过羽速自别雌雄。

3. B-4 鸡

B-4 鸡是由中国农科院畜牧研究所以星杂 444 为素材育成的两系配套杂交鸡。父系为洛岛红品种，母系为白来航品种。该杂交鸡羽色灰白带有褐色或黑色羽斑。

4. 自别雌雄新型 B-4 鸡

自别雌雄新型 B-4 鸡是中国农科院畜牧研究所在原 B-4 鸡的基础上经过几年选育，于 1993 年建立起纯快羽和纯慢羽的配套品系，实现了商品鸡自别雌雄的目标，既可羽速自别雌雄，也可部分羽色自别雌雄，这是新型 B-4 鸡的突出特点，自别雌雄准确率达 98% 以上。

5. 京白 939

京白 939 是北京市种禽公司的科研人员从 1993—1994 年间进行选育的粉壳蛋鸡配套系。父本为褐壳蛋鸡，母本为白壳蛋接。杂交商品鸡可可羽速自别雌雄。目前京白 939 已得到广泛的推广应用。

（四）绿壳蛋鸡

绿壳蛋鸡是利用我国特有的原始绿壳蛋鸡遗传资源，运用现代育种技术，以家系选择和 DNA 标记辅助选择为基础，进行纯系选育和杂交配套育成的。其主要特点：体型小，产蛋量较高，蛋壳颜色为绿色，蛋品质优良，与白壳蛋鸡相比，耗料少，蛋重偏小。如上海新杨绿壳蛋鸡、江西东乡绿壳蛋鸡、江苏三凰青壳蛋鸡。

1. 三凰绿壳蛋鸡

三凰绿壳蛋鸡由江苏省家禽研究所（现中国农业科学院家禽研究所）选育而成。有黄羽、黑羽两个品系，其血缘均来自于我国的地方品种，单冠、黄喙、黄腿、耳叶红色。

2. 东乡黑羽绿壳蛋鸡

东乡黑羽绿壳蛋鸡由江西省东乡县农业科学研究所和江西省农业科学院畜牧兽医研究所

培育而成。体型较小,产蛋性能较高,适应性强,羽毛全黑、乌皮、乌骨、乌肉、乌内脏,喙、趾均为黑色。该品种抱窝性较强(15%左右),因而产蛋率较低。

3. 昌系绿壳蛋鸡

昌系绿壳蛋鸡原产于江西省南昌县。该鸡种体型矮小,羽毛紧凑,未经选育的鸡群毛色杂乱,大致可分为4种类型:白羽型、黑羽型(全身羽毛除颈部有红色羽圈外,均为黑色)、麻羽型(麻色有大麻和小麻)、黄羽型(同时具有黄肤、黄脚)。头细小,单冠红色;喙短稍弯,呈黄色。

4. 招宝绿壳蛋鸡

招宝绿壳蛋鸡由福建省永定县雷镇闽西招宝珍禽开发公司选育而成。该鸡种和江西东乡绿壳蛋鸡的血缘来源相似。母鸡羽毛黑色,黑皮、黑肉、黑骨、黑冠。开产日龄较晚,商品代鸡群绿壳蛋比率80%~85%。

5. 新杨绿壳蛋鸡

新杨绿壳蛋鸡由上海新杨家禽育种中心培育。父系来自于我国经过高度选育的地方品种,母系来自于国外引进的高产白壳或粉壳蛋鸡,经配合力测定后杂交培育而成,以重点突出产蛋性能为主要育种目标。

6. 三益绿壳蛋鸡

三益绿壳蛋鸡由武汉市东湖区三益家禽育种有限公司杂交培育而成,其最新的配套组合为东乡黑羽绿壳蛋鸡公鸡做父本,国外引进的粉壳蛋鸡做母本,进行配套杂交。商品代鸡群中麻羽、黄羽、黑羽基本上各占1/3,可利用快慢羽鉴别法进行雌雄鉴别。

二、蛋用鸡的饲养管理

(一)蛋用鸡育雏期的饲养管理

1. 饲喂管理

雏鸡在出壳后24~36小时内开食最好。由于生长迅速而胃肠容积不大,消化机能较弱,所以必须注意满足幼雏营养需要,应该用质量最好、最卫生的原料生产高能量高蛋白的雏鸡饲料。雏鸡开食应在学会饮水2小时之后进行,在1/3的雏鸡有啄食表现时,即可少量饲喂,开食时可铺干净报纸,塑料布或用开食料盘,均匀地将料撒开,育雏第一周每天分多次喂最好,第一天每2小时喂一次料,平均每次每只喂0.5~1克,为了便于雏鸡采食,饲料中应加入30%的饮水,拌匀后饲料提起来成团,撒下去能散开即可,这样饲料中的粉面能粘在粒状饲料上,便于雏鸡采食,适口性也好。饲喂量应该逐渐地增加,每次喂料能在25分钟内吃尽为好。一般一二周内每天喂6次,以后根据发育情况逐渐变为每天喂4~5次,亦可在一周后让雏自由采食,雏鸡第一天的平均采食量在5~8克,第一周的平均采食量为每天10克,每天必须准确记录雏鸡的采食量,以便随时了解鸡群的情况与发育情况。在第二三日龄应注意找出不会吃喝的弱雏,及时放在比较适宜的环境中,教会它们饮水采食,尽可能保证大多数雏鸡的存活。

2. 饮水管理

一日龄雏鸡第一次饮水称为初饮,雏鸡出壳存放24小时后可失去体内水分的8%,存放24小时可失去体内水分的15%。为防止雏鸡因失水而影响正常的生理活动,进雏后必须先让雏鸡学会饮水。

由于运输与存放过长的雏鸡脱水多些,应在饮水中添加维生素类饮水剂。饮水的温度应接近室温（16~20℃）饮水器每天应刷洗消毒1~2次。

雏鸡的饮水量大致为采食量的1.5~1.8倍，注意不要断水，为让雏鸡尽快学会饮水，可轻轻抓雏头部，将喙部按入水中1秒左右，每100只雏鸡教2只，则全群很快学会。

3. 断喙管理

鸡在大群体高密度饲养时易出现啄羽、啄趾、啄肛等恶癖。断喙可以减少恶癖的出现，亦可减少鸡采食时挑剔饲料造成的浪费。断喙一般在6~10日龄进行，此时断喙对鸡应激小，如果雏鸡状况不好亦可推迟进行，不要超过35天，因为35天左右，雏鸡可能出现互啄的恶癖，青年鸡转入蛋笼之前，对个别断喙不成功的鸡再修理一次。

断喙方法一般要使用断喙器，断喙时左手抓住鸡腿，右手拇指放在鸡头顶上，食指放在咽下，稍使压力，便鸡缩舌，以免断喙时伤着舌头。幼雏用4.4毫米的孔经，在上喙离鼻孔2.2毫米处切断，应使下喙比上喙稍长些，稍大的鸡可用直经2.8毫米的孔，刀片应加热至暗红色，为避免出血，断喙后应烧灼2秒左右，断面应磨圆。

4. 卫生管理

雏鸡幼弱，抗病力低，一定要采用全进全出的饲养方式，严格实行隔离饲养，坚持日常消毒，适时确实地做好各种免疫，注意及时预防性用药，创造舒适稳定的生活环境，减少各种应激，就可以减少、杜绝疾病的发生。

（二）蛋用鸡育成期的饲养管理

1. 限饲管理

由于不同的季节培育的雏鸡性成熟日龄不一样，在10月至翌年2月进的雏鸡因生长后期处于光照时间逐渐延长的季节，易早产，4—8月引进的雏鸡易推迟开产，开产过早过晚均影响经济效益。若鸡体未成熟就迫使开产，会导致体重增长迟缓。瘦弱蛋鸡亦长期不见增大，脱肛和啄肛的发生率高，所以在育成期要控制鸡的生长，抑制过早性成熟。

限饲方法如下。

(1) 量的限饲。给鸡自由采食的80%左右，停喂结合，隔日给饲。

(2) 质的限饲。对某种营养物质的限制，采用低蛋白日粮时一定要保证各种氨基酸的需要量。

目前市场出售的饲料为降低成本（除预混料外），杂饼粕用量较大，饲料能量水平较低，本身已起到限制作用了，所以一般维持当天料当天吃尽即可。

2. 光照管理

光照时间临界值为12小时，12小时之内会抑制繁殖系统生长发育，一般不能少于8小时光照。在育成期渐减光照，虽然对全年产蛋量没有影响，但对产蛋前六个月的产蛋量略有增加。到达高峰期快，产蛋率高，10~18周龄光照时间要短，不可延长。增加光照时应从16周开始。

（三）蛋用鸡开产期的饲养管理

1. 饲喂管理

18周龄时称鸡体重，若此时体重达不到标准，则让鸡自由采食。18周龄后原来饲料中能量与蛋白质水平较低者应提高其浓度，白壳系不低于17%，褐壳系不低于16%。

18周后，饲料中钙的水平应达到2%以满足一部分早熟鸡对钙的需要。20周龄后，饲料中钙应提高到3.5%。

2. 养殖管理

（1）开产是小母鸡一生中的重大转折，同时是一个很大的应激，临产前3、4天内，小母鸡的采食量一般下降15%～20%，开产本身会造成母鸡心理上的很大应激。

（2）小母鸡在整个产蛋前期是负担最重的时期，在这段时期，母鸡生殖系统迅速地发育成熟，青春期的体重仍需不断增长，要增重400～500克。蛋重逐渐增大，产蛋率迅速上升，对小母鸡来讲，在生理上是一个大的应激。

（3）以上情况造成的心理上与生理上的巨大应激，消耗母鸡的大部体力，使母鸡在适应环境和抵抗疾病方面相对下降。所以必须尽可能地减少外界对鸡的进一步干扰；减轻各种应激为鸡群提供安宁稳定的生活环境。

3. 光照管理

如在晚秋后转群，此时日照已短，应逐渐补充增加光照。如达不到原订标准，补充光照可推迟一周。

（四）蛋用鸡产蛋高峰期的饲养管理

1. 饲喂管理

（1）青年鸡自身的体重，产蛋率和蛋重的增长趋势使产蛋前期成了青年母鸡一生中机体负担最重的时期，这期间青年母鸡的采食量由75克逐渐增长120克左右，由于种种原因，很可能造成营养的吸收不能满足机体的需要。为使小母鸡能顺利进入高峰期，并能维持较长久的高产，减少高峰期可能发生的营养上的负平衡对生产的影响，从18周龄开始应该给予高营养水平的产前料或直接使用高峰期料，让小母鸡体重略高于标准也是有益的，对于高峰期在夏季的鸡群尤其重要。

（2）对于产蛋高峰期在夏季的鸡群，应配制高能高氨基酸水平的饲料，如有条件可在饲料里添加油脂，当气温高达35℃以上时，可添加2%的油脂。气温30～35℃范围时，可添1%的油脂。油脂含能量高，极易被鸡消化吸收，并可减少饲料中的粉尘，提高适口性。对于增强鸡的体质，提高产蛋率与蛋重比较重要的。

（3）母鸡的饲料是否满足需要，不能只看产蛋率情况。青春期小母鸡，即使采食营养不足，也仍会保持其旺盛的繁殖机能，完成其任务。这种情况下，小母鸡是消耗自身的营养来维持产蛋，并且蛋重会变得比较小。所以当营养不能满足需要时，首先表现在体重增长缓慢或停止增长，甚至下降。这样，就没有体力来维持长久的高产。因此，随后产蛋率就会停止上升或开始下降。产蛋率一旦下降，即使采取补救措施也难以恢复。因此，应尽早关心鸡的蛋重变化与体重变化。

2. 光照管理

产蛋期的光照管理需根据育成阶段光照情况来决定。

（1）饲养于非密闭舍的育成鸡，如转群处于自然光照逐渐增长的季节，且鸡群在育成期完全用自然光照，转群时光照时数已达10小时或10小时以上，转入蛋鸡舍时，不必补人工照明，待到自然光照开始变短时，再加人工光照以补之。人工光照补充的进度是每周增加半小时，最多一个小时，也有每周只增加15分钟的。自然光照加人工光照达16小时即可。如转群处于自然光照逐渐缩短的季节，转入蛋鸡舍时自然光照时数虽有10小时，甚至更长些，但是逐渐在缩短，故应立即加补人工照明。补光的进度是每周增加半小时，最多1小时。当光照总数16小时，维持恒定即可。

（2）饲养在密闭鸡舍完全人工控制光照的育成鸡，18周龄转入同类鸡舍时，按每周增加半小时,最多一小时的进度增加光照时数,增加到每天 16 小时的时候,维持恒定光照时数即可。

(3) 产蛋鸡的光照强度。产蛋阶段的鸡需要的光照强度比育成阶段强约一倍,应达 20 勒克斯。

(五) 蛋用鸡产蛋后期的饲养管理

当鸡群产蛋率由高峰降至 80% 以下时,就转入产蛋后期的管理阶段。

1. 饲喂管理

(1) 降低时粮中的能量与蛋白质水平,轻型蛋鸡(白壳)代谢能降到每只鸡每日 $1.21\times10^6 \sim 1.25\times10^6$ 焦耳,粗蛋白质降低到每只鸡每日 16 克,中型蛋鸡(褐壳)代谢能降到每只每日 $1.30\times10^6 \sim 1.39\times10^6$ 焦耳,粗蛋白质降到每鸡每日 18 克。

(2) 增加日粮中的钙。每只鸡每日摄取钙量提高到 $4.0\sim4.4$ 克。

(3) 限制饲料摄取总量。轻型蛋鸡产蛋后期一般不限饲,中型蛋鸡为防止过肥,可限饲,但限量至多是采食量的 $6\%\sim7\%$。

2. 鸡群管理

要及时剔除病弱、寡产鸡。如果鸡不再产蛋应及时淘汰,以减少饲料浪费,降低饲料费用。同时部分寡产鸡是因病休产的,这些鸡更应及时剔除,以防疾病扩散,一般 2~4 周查检淘汰一次。

三、蛋用鸡的疾病防治

(一) 疾病的预防

1. 加强饲养管理,增强鸡体的抗病能力

(1) 执行"全进全出"的饲养。一栋鸡舍只养同一日龄同一来源的鸡,而且同时进舍,同时出舍,其后进行彻底地清舍消毒,准备接下一批鸡。因为不同日龄的鸡有不同易感或易发的疾病,如果一栋鸡舍饲养着几种不同日龄鸡,则日龄较大的患病鸡或是已病愈的鸡都可能带菌或带病毒,并可能通过不同的途径排菌或排毒而传染给易感的鸡,如此反复一批一批地感染下去,使疾病长期在舍内存在。如果采用"全进全出"制度,同批鸡同时间转出或上市,彻底消毒后再进下一批鸡,就不会有传染源和传播途径存在,这样就安全多了。

(2) 鸡舍要及时通风换气。鸡舍饲养密度过大或通风不良,常蓄积大量二氧化碳以及由于粪便和垫料发酵腐败而产生大量有害气体,对饲养人员与鸡都有不良的影响。鸡舍内氨的含量不得大于 0.15%,一般以人们进入鸡舍后无烦闷感觉和眼鼻无刺激感为度。

(3) 鸡舍及环境的清洁消毒是防止疾病传播的重要措施。根据不同的消毒对象可采用不同的消毒剂和方法。平时鸡舍进口处设消毒池,池内放入 2% 火碱水,对进入舍内的人员和物体消毒。鸡舍消毒或鸡舍带鸡消毒,以及人员、衣物、用具、墙壁、地面、网具、笼具等喷洒消毒。

2. 防止由外地、外场引入病鸡和带菌(病毒)鸡

从外地、外场引进种鸡时,一定要经兽医人员检疫,千万不要从发病鸡场或刚解除疫情鸡场购鸡入场。很多鸡场与养鸡户都有过由于不慎引入病鸡或带菌(病毒)鸡,致使疫病在场内传播的沉痛教训。

3. 定期进行疫病监测和预防接种

疫病监测就是利用实验方法检测鸡群的免疫或感染状态,从而为制定免疫程序提供出科

学依据。如对新城疫和传染性法氏囊炎的抗体监测，根据其抗体水平可确定免疫时间。了解了感染状态可以进行鸡群的净化，如鸡白痢和霉形体病的检疫，淘汰阳性鸡，逐渐使之净化。预防接种是防治传染病最重要的措施之一。通过接种疫苗或菌苗，使鸡体获得免疫，增强特异性抵抗力，从而成为不易感机体，就会切断传染病流行的环节。

4. 加强灭鼠工作，进行粪便与垫料无害化处理

鼠类是多种疫病的贮存宿主和传播者，养鸡场的鼠类已成为公害。饲料房、开放式鸡舍、废物堆集的地方，都是鼠类藏身和繁殖的良好场所，因此，应将灭鼠作为养鸡场经常性的工作。粪便与垫料的处理是目前养鸡场存在的一个老大难问题，一般的方法是将清除的垫料与粪便运到远离鸡舍或建筑物的地方，进行堆积发酵处理。

5. 病鸡和死鸡要及时处理

病鸡和死鸡是同鸡舍、同鸡场或其他鸡场的传染来源。鸡群中出现病鸡时应及时取出，并送兽医人员诊断与处理。凡确诊为传染病的患鸡和死鸡都应及时取出，及时掩埋或焚烧，不得在该鸡舍内隔离和堆积，以免扩大传播。

6. 防止蛋传疾病

所谓蛋传疾病就是从感染母鸡传给新孵出后代的疾病。蛋传疾病通常有以下两种情况：一是病原体在蛋壳和壳膜形成前感染卵巢滤泡，在蛋形成过程中进入蛋内，如沙门氏杆菌等。二是鸡蛋在产出时或产下后因环境卫生差，病原体污染蛋壳如一般肠道菌，特别是沙门氏菌、大肠杆菌，时而有绿脓杆菌、葡萄球菌以及霉菌污染蛋壳，并通过蛋壳的气孔进入蛋内。这样，被污染的种蛋在孵化过程中可能造成死胚或臭蛋，孵出的雏鸡多数为弱雏或带菌雏，在不良环境等应激因素的影响下发病或死亡。因此，预防蛋传疾病是提高雏鸡成活率的重要因素，平时应注意种鸡舍的卫生环境，勤打扫，勤更换垫料，并保持干燥，以减少粪污蛋。

(二) 疾病的诊治

1. 鸡组织滴虫病

鸡组织滴虫病又称盲肠肝炎、传染性肠肝炎或鸡黑头病，是鸡的一种急性原虫病。主要特征是盲肠出血肿大，肝脏有扣状坏死溃疡灶。

(1) 病因。病原为火鸡组织滴虫，为多样性虫体，大小不一。火鸡组织滴虫的生活史与异刺线虫和存在于鸡场土壤中的几种蚯蚓密切相关联。鸡盲肠内同时寄生着组织滴虫和异刺线虫，组织滴虫可钻入异刺线虫体内，在其卵巢中繁殖，异刺线虫卵可随鸡粪排到体外，成为重要的感染源。土壤中的蚯蚓吞食异刺线虫卵后，组织滴虫可随虫卵进入蚯蚓体内。当鸡吃到这种蚯蚓后，便可感染组织滴虫病。常发生于2周至4月龄鸡，散养鸡多见。本病的发生与盲肠内异刺线虫有关，蚯蚓作为搬运宿主具有传播作用。

(2) 症状。病鸡精神不振，食欲减退，翅下垂，呈硫黄色下痢，头部皮肤发绀，变成紫黑色，故称"黑头病"；病鸡主要表现为盲肠和肝脏严重出血坏死，盲肠内含有血液，切开肠管可见红黄色干酪样物质凝结棒状内容物。肝脏肿大，表面有特征性扣状凹陷坏死灶。

(3) 防治措施。加强饲养管理，建议采用笼养方式，用驱虫净或伊维菌素定期驱除异刺线虫；发病鸡群用0.04%、0.03%和0.02%的痢特灵拌料，各用2天或用0.1%的甲硝唑拌料，连用5~7天。

2. 传染性喉气管炎

(1) 病因。该病是由传染性喉气管炎病毒引起的一种急性呼吸道传染病。各年龄鸡均

可感染，以成年鸡的症状最为典型。病鸡及康复后的带毒鸡是主要传染源，经上呼吸道及眼内传染，被呼吸器官及鼻腔排出的分泌物污染的垫草、饲料、饮水和用具可成为传播媒介。

本病一年四季都能发生，鸡群拥挤，通风不良，饲养管理不善，维生素A缺乏，寄生虫感染等，均可促进本病的发生。此病在同群鸡中传播速度快，群间传播速度较慢，常呈地方性流行。

（2）症状。病鸡呼吸困难，抬头伸颈，并发出响亮的喘鸣声，表情极为痛苦，有时蹲下，身体随着一呼一吸而呈波浪式起伏；咳嗽或摇头时，咳出血痰，血痰常附着于墙壁、水槽、食槽或鸡笼上，个别鸡嘴有血污。将鸡喉头用手向上顶，令鸡张开口，可见喉头周围有泡沫状液体，喉头出血。若喉头被血液或纤维蛋白凝块堵塞，病鸡会窒息死亡。死亡鸡鸡冠及肉髯呈暗紫色，死亡鸡体况较好，死亡时多呈仰卧姿势。

在喉和气管内有卡他性或卡他出血性渗出物，渗出物呈血凝块状堵塞喉和气管，或在喉和气管内存有纤维素性的干酪样物质。呈灰黄色附着于喉头周围，很容易从黏膜剥脱，堵塞喉腔，特别是堵塞喉裂部。干酪样物从黏膜脱落后，黏膜急剧充血，轻度增厚，散在点状或斑状出血。鼻腔和眶下窦黏膜也发生卡他性或纤维素性炎。黏膜充血、肿胀，散布小点状出血。病鸡鼻腔渗出物中带有血凝块或呈纤维素性干酪样物。产蛋鸡卵巢异常，出现卵泡变软、变形、出血等。

（3）防治措施。一是坚持严格的隔离、消毒等防疫措施。新购进的鸡要用原群内少量的易感鸡与其作接触感染试验，隔离观察2周，易感鸡不发病，证明不带毒，此时方可合群。二是加强免疫预防。目前使用的疫苗有两种，一种是弱毒苗。最佳接种途径是点眼，但可引起轻度的结膜炎且可导致暂时的盲眼，如有继发感染，甚至可引起1%~2%的死亡。故有人用滴鼻和肌注法，但效果不如点眼好；另一种为强毒疫苗。只能作擦肛用，绝不能将疫苗接种到眼、鼻、口等部位，否则会引起疾病爆发。擦肛后3~4天，泄殖腔会出现红肿反应，此时应能抵抗病毒的攻击。一般首免可在4~5周龄时进行，12~14周龄时再接种一次。

治疗方面，一是继发细菌感染，死亡率会大大增加，大群鸡用诺瑞隆口服液和加替沙星各2瓶，上午集中一次饮水，银翘散1袋和泰达新2瓶下午集中一次饮水，连用5天。二是肌注喉气管炎高免卵黄抗体2毫升，隔天再肌注1次；三是中药治疗。金华平喘散、清瘟败毒散，每天晚上集中1次拌料，连用7天。

3. 绦虫病

鸡绦虫病是绦虫寄生于肠道内，引起鸡粪便稀薄、产蛋率下降、蛋壳颜色变浅、蛋重轻、畸形蛋增多的一种寄生虫病。本病一年四季均可发生，以6—11月多发。

（1）病因。鸡绦虫的感染与中间宿主密切相关，所以控制和减少中间宿主有助于预防绦虫。其中间宿主主要有蚂蚁、苍蝇（蝇蛆）、蚯蚓、螺蛳、金龟子步行虫等甲虫。

（2）症状。青年鸡采食下降、饮水增加，体重增加减缓，鸡群发育迟缓，均匀度差。病鸡表现呆滞、羽毛蓬乱、冠髯苍白、消瘦死亡。产蛋鸡呈现消化障碍，消瘦贫血，鸡群互喙和啄肛现象增多。蛋壳颜色、硬度以及蛋黄颜色都变差，蛋也变小，产蛋量停止增长或明显下降。绦虫头节深入到肠黏膜下层，破坏肠黏膜形成结节样病变，引起出血性肠炎，粪便稀薄呈淡黄白色血样黏液，粪便成型呈高粱样红褐相间粪便。粪便中发现孕节，节片芝麻粒至大米粒大小，乳白色，有时可见节片蠕动。虫体的代谢产物可引起病鸡自体中毒，呈现神经症状如痉挛等。剖检时小肠黏膜肥厚，充血，可发现成虫。寄生部位呈针尖大结节样病变，中央凹陷。大量虫体聚集时，引起肠堵塞，可造成肠破裂和腹膜炎，严重时导致死亡。

（3）防治措施。预防方面，一是定期驱虫。60日龄青年鸡，120日龄初产蛋鸡，各驱虫一次。成年产蛋鸡，5月与8月各预防驱虫一次。由于夏秋季节是中间宿主苍蝇和甲虫大量繁殖季节，是蛋鸡感染绦虫的重要阶段，所以8月驱虫尤为重要。二是加强预防。应经常清除鸡粪，进行发酵处理，以杀死孕卵节片中的虫卵。苍蝇开始繁殖季节在饲料中加入环丙氨嗪，抑制蝇蛆繁殖。

治疗方面，一是每千克体重用20毫克吡喹酮拌料，集中1次投服。5天后再用1次。每吨饲料添加鱼肝油500克，连用7天；二是用槟榔煎剂饮水。每千克体重用槟榔粉1克加水煮成槟榔液，槟榔粉用量不能太大，以免中毒。用纱布滤去药渣，冷却后待用，一般服完药后2小时内开始排虫，持续1~2小时排完。用吡喹酮第二次驱虫后产蛋率开始恢复，20天后产蛋恢复正常。

4. 球虫病

鸡球虫病是一种常见的急性流行性原虫病。这种病分布广，发生普遍，严重危害鸡的寄生虫病。本病以15~50日龄的鸡最易感染，气温在20~30℃和雨水较多的季节最为流行。球虫病发病率高达70%左右，死亡率20%~50%。患鸡多愈后生长缓慢，经济效益差。

（1）病因。病原是艾美耳科艾美耳属的多种艾美耳球虫。其共同特征是每一个卵囊内有4个孢子囊，每个孢子囊内又有2个子孢子。目前我国已发现世界公认的寄生在鸡肠道内的9种艾美耳球虫，其中柔嫩艾美耳球虫和毒害艾美耳球虫的致病性最强，它们分别寄生在鸡的盲肠和小肠。这9种艾美耳球虫可根据它们卵囊的大小、形状、颜色、在外界的孢子化时间、从宿主吞食卵囊到从宿主粪便中排出有卵囊所需时间、寄生部位、病变等特征加以鉴别。

球虫通常以卵囊阶段排出体外，卵囊外形呈卵圆形、椭圆形、圆形与瓜子形。基本结构包括卵囊壁和原生质团，有的卵囊在稍尖的一端有卵膜孔，有的内膜突出于卵膜孔形成极帽。卵囊在外界适宜的条件下经孢子生殖在其内形成孢子囊，孢子囊内又形成子孢子，孢子化的卵囊具有感染性。

（2）症状。

（3）防治措施。在养殖过程中，除选好鸡苗和饲料、科学规范饲养管理外，消毒是预防鸡球虫病的有效措施。圈舍、食具、用具用20%石灰水或30%的草木灰水或百毒杀消毒液（按说明用量对水）泼洒或喷洒消毒。保持适宜的温、湿度和饲养密度。本病流行季节，投喂维生素A、维生素K以增强机体免疫能力，提高抗体水平。雏禽期可用抗球虫类药物按最佳剂量拌料投喂3~5天。

5. 鸡马立克氏病

本病主要感染鸡和火鸡。日龄越小易感性越高，1日龄雏鸡比10日龄以上雏鸡易感性高几百倍，蛋鸡大多在2~5月龄发病。本病主要传播途径是呼吸道。病鸡在其羽毛囊上皮细胞内复制病毒并可长起向外排毒，病毒随着皮屑和脱落的羽毛污染空气，饲料及周边环境，在较长时间内具有传染性，通过空气传播本病。本病不能经卵垂直传播。发病率一般为5%~30%。

（1）症状。根据肿瘤发生的部位和症状，可分为四种类型。

神经型：病鸡运动失调，腿麻痹，不能行走，呈一腿向前一腿向后的"劈叉"姿势。

内脏型：病鸡精神沉郁，食欲减退，腹泻，羽毛松乱，迅速消瘦。

眼型：虹膜由黄色退成灰色，甚至浑浊。瞳孔边缘不整齐。瞳孔缩小，严重时瞳孔仅留下一个针头大小的孔，造成失明。

皮肤型：在颈部和翅内等部毛囊肿大呈结节状。皮肤增厚，毛囊周围有出血斑点并呈肿瘤状。

（2）诊断。本病的内脏型与淋巴白血病十分相似，应注意鉴别。淋巴白血病一般发生在性成熟的6~8月龄的鸡，多为散发，死亡率低，呈持续性，没有明显的高峰，法氏囊常形成肿瘤结节，法氏囊不萎缩反而肿大。而马立克氏病法氏囊多发生萎缩，淋巴白血病不发生腺胃，皮肤和肌肉的肿瘤。

（3）防治措施。防止雏鸡马立克氏病毒野毒早期感染：日龄越小对本病的易感性越大，因此，防止雏鸡早期感染至关重要。为此，要做好孵化前种蛋、孵化器、腐化室的消毒；对育雏室，鸡笼及其用具也应彻底消毒。雏鸡在接种马立克氏病疫苗后的3周内实行严格的隔离饲养。不同日龄的鸡不能混群饲养，实行全进全出饲养制度。

做好疫苗接种工作：一日龄雏鸡应全部接种马立克氏病疫苗。目前马立克氏病疫苗有血清Ⅰ型疫苗、血清Ⅱ型疫苗、血清Ⅲ型疫苗和多价疫苗。血清Ⅲ型疫苗为火鸡疱疹病毒疫苗，它是目前国内外使用最广泛的疫苗。如果经火鸡疱疹病毒疫苗接种无效的鸡群，使用多价苗可获得良好的效果。

6. 鸡大肠杆菌病

本病对鸡易感，各种年龄鸡均能发病，但以4月龄以内的鸡发病较多。本病可经卵垂直传播。带菌种蛋在孵化过程中可能出现死胚，孵出的雏鸡多为隐性感染，若遇到某些降低抵抗力的因素时即可发病。水平传播可以通过被大肠杆菌污染的饲料，饮水，垫草，空气等传染媒介，经消化道，呼吸道，脐带及皮肤创伤等途径感染。大肠杆菌病常续发或并发沙门氏杆菌病传染性支气管炎，新城疫，霉形体病，巴氏杆菌病，法氏囊病，使病情更加复杂，死亡率增高。饲养管理和卫生防疫不良都是促使本病发生的诱因。

（1）症状。急性败血症：6~10周龄的肉鸡常发生此病，幼雏夏季多发。病鸡表现呼吸困难，精神不振，下痢，粪便呈白色或黄绿色，食欲减退或拒食，腹部涨满。死亡率一般为5%~20%

雏鸡脐炎：主要发生在出壳初期。病雏脐孔红肿并常有破溃，后腹涨大，呈红色或青紫色。粪便黄白色，稀薄，腥臭。病雏精神萎顿，拒食。

卵黄性腹膜炎：产蛋鸡腹气囊受大肠杆菌感染发生腹膜炎和输卵管炎，输卵管变薄，管腔内充满干酪样物，输卵管被堵塞，排出的卵落入腹腔。病鸡产卵停止，鸡冠萎缩呈紫色，后腹部胀大下垂，直立呈企鹅姿势，逐渐消瘦死亡。发生广泛性腹膜炎，肠腔脏器发生粘连，有大量腹水。全眼球炎：是急性败血症状复期的一种症状，常为单侧性，散发。表现眼睑肿胀，流泪，羞明，角膜混浊，失明，眼球萎缩。

（2）诊断。大肠杆菌病的临诊症状与病理变化与多种疫病（雏鸡白痢，副伤寒，霉形体病，马立克氏病）有相似之处的，不易区别。常见是大肠杆菌与其他细菌混合感染。除了典型病例根据症状与病变作出诊断外，大多数情况下需要进行细菌学检查。

（3）防治。加强饲养管理，搞好卫生防疫工作，是防治本病十分重要的措施。

大肠杆菌对喹诺酮类药物，庆大霉素，卡那霉素，氯霉素新霉素，链霉素，土霉素，磺胺类和呋喃类药物均敏感。由于长期使用上述药物，致使大肠杆菌对这些药物产生耐药性。有条件时可做药敏试验，选用敏感药物进行治疗。

在本病发生严重的鸡场，可试用多价大肠杆菌灭活油佐剂苗。最好采用当地典型发病鸡分离出的菌株制苗，这样可以保证预防效果。种鸡的免疫第一次在4周龄接种，皮下注射0.4~0.5毫升；第二次在18周龄接种，皮下注射0.9~1.0毫升。种鸡免疫后雏鸡可获得被动免疫。油佐剂灭活菌苗也可用于雏鸡。

7. 禽霍乱

本病对鸡最易感，其次为鸭和鹅。各种年龄家禽均可感染。在鸡中以4个月龄以上的性成熟产蛋鸡发病最为严重，2月龄以内的鸡很少发病。发病多在夏秋季节。病鸡的病源污染饲料、饮水、空气和用具等经消化道或呼吸道传染。当饲养管理不良、机体抵抗力降低时发生内源性传染，往往查不出传染来源。

（1）症状

急性型：鸡发病急、死亡快，有的突然死于鸡笼内，有的死于产蛋箱内。有时前日有食欲、精神正常，次日发现鸡死在鸡舍里。有些鸡在死前数小时出现症状。精神沉郁，离群独处，拒食，缩颈闭眼，羽毛松乱，口鼻中流出黏性分泌物。腹泻，排出黄白色或黄绿色稀粪。死前鸡冠或肉髯呈暗紫色，病程几小时或1~2天。

慢性型：一般发生在急性流行的后期，或是由毒力较弱的菌株感染所致。常见肉髯苍白、水肿，续而变硬。翅和腿关节肿胀，病鸡跛行以至瘫痪。病鸡精神沉郁，食欲不振，体重减轻，有时发生持续性腹泻。有的鸡呼吸困难，鼻腔流出分泌物。

（2）诊断。本病可根据流行特点、临床症状及剖检病变特征，再结合用病死鸡的肝和脾为病料，做组织触片，用美蓝染色液染色后油镜检查有无两极染色的巴氏杆菌，可以确定诊断。鉴别诊断应注意与新城疫相区别。

（3）防治。

免疫接种：鸡场若无本病流行，一般不需要接种菌苗。在流行地区接种菌苗有一定的效果。菌苗有弱毒苗和灭活苗，可选择使用。种鸡和蛋鸡在产蛋前接种，免疫期一般为3个月。

药物防治：平时有计划地进行药物预防是防制该病的重要措施，特别是对那些不进行免疫接种的鸡场更为重要。已发病的鸡场也应及时选用药物治疗。常用的药物有庆大霉素、氯霉素、恩诺沙星、氟哌酸、喹乙醇、新诺明、土霉素、链霉素等。可采用混水法、拌料法和逐只投服法给药。但对不吃不饮的病鸡，应采取注射给药法。为了避免细菌产生抗药性，最好先做药敏试，或采取交替用药法，可以提高防治效果。注意用药疗程和剂量。

8. 传染性法氏囊病

本病主要发生于鸡，其中以3~6周龄鸡最易感染发病。一年四季均有流行，但以4—6月间为本病发病季节。本病主要通过被病鸡排泄物污染的饲料、饮水和垫料经消化道感染，也可经呼吸道传播本病。雏鸡感染本病后对新城疫等疫苗接种后的免疫有很大影响，往往造成免疫失败。

（1）症状。鸡群突然发病，发病后第3天开始死亡，5~7天达到死亡高峰，以后逐渐减少而康复。病鸡出现减食或拒食、萎顿、羽毛蓬乱，体温升高到43℃以上，排出黄白色水样稀粪。病鸡严重脱水呈现眼窝凹陷，脚爪干枯，个别鸡自啄肛门。死亡率一般为3%~30%，有的高达50%~60%。

（2）诊断。本病根据发病急、传播快、病程短，并结合法氏囊、肌肉、肾脏和腺胃等器官的特征性病变，对典型病例不难作出诊断。对于亚临诊型病例可进行病毒分离、琼脂扩散试验和酶联免疫吸附试验进行确诊。本病在雏鸡阶段与新城疫容易混淆，注意区别。新城疫病程稍长，陆续发生，排绿色稀粪，有呼吸和神经症状。新城疫没有肾脏和法氏囊特征性病理变化。

（3）防治。做好免疫接种工作：可参考以下免疫程序。

种鸡：1日龄种雏来自没有经过法氏囊病灭活苗免疫的种母鸡，首免一般多在10～14日龄进行（如果种雏来自注射过法氏囊灭活苗的种母鸡，首免一般多在20～24日龄进行）。二免在首免后3周进行。然后在20周龄和38周龄再用油乳剂灭活苗各肌内注射1次，从而保证后代雏鸡获得较高水平的母源抗体。

商品蛋鸡：首免在15～18日龄进行，二免在首免后3周进行。

肉用仔鸡：雏鸡3～4周龄时用弱毒苗进行一次免疫接种。如果仔鸡在本病高发区饲养，并且超过60日龄出售。应在免疫后的3周进行二免。

搞好卫生消毒工作：由于掖氏囊病病毒对环境因素的抵抗力很强，一旦环境被污染，将长期存在。因此，对环境、鸡合、笼具、用具、地面、种蛋等要彻底清洁消毒。严格限制人员进出鸡合、并进行消毒。

发生传染性法氏囊病后的处理措施：鸡场一旦暴发本病，要隔离病鸡，用福尔马林、强碱或酚类制剂等消毒药进行彻底消毒。给鸡群充足的饮水，饮水中加糖、0.1%的盐和适量的抗生素。对发病初期的病鸡和假定健康的鸡，全部使用接氏囊病高免血清，每只鸡肌内注射0.4～0.6毫升或者注射1～2毫升高免卵黄液进行治疗。治疗后10天用两倍量的中等毒力活疫苗进行接种。

9. 鸡痘

雏鸡和青年鸡发生本病较多，雏鸡的死亡率较高，病毒通过损伤的皮肤和粘膜而感染。夏秋季可通过蚊、蝇、蝉、虱等吸血昆虫机械传播本病。

（1）症状和眼观病变。

皮肤型：在鸡冠、肉髯、啄角、眼皮、面部、腿、爪、翅内侧等无毛部位出现痘疹。痘疹开始为黄白色结节状，隆起于皮肤上，干而硬，结节干燥后形成深棕色痂皮，痂皮一般存留3～4周，脱落后遗留下灰白色的疤痕。一般无全身性症状。

黏膜型：常见于雏鸡和青年鸡。痘疹发生在口腔、咽喉、上腭、食道或气管黏膜上。开始为黄色结节，以后逐渐互相融合大片黄白色干酪样假膜。假膜不易剥离，强行剥离则露出出血的溃疡面。病变常引起吞咽和呼吸困难，常导致窒息死亡。

（2）防治。

定期预防接种：常用的疫苗为鸡痘鹌鹑化弱毒冻干疫苗。6～20日龄雏鸡，将痘苗200倍稀释，于翅内皮肤刺种一下。

20～30日龄小鸡，疫苗100倍稀释刺种一下；30日龄以上的鸡，100倍稀释刺，小鸡的免疫期为2个月，大鸡为5个月。一般在10～20日龄和蛋鸡开产前各接种一次。

治疗措施：一旦发生本病，对病鸡隔离，轻者治疗，重者逮杀并进行彻底消毒。对健康鸡进行紧急预防接种。本病无特效药物治疗，可采取对症疗法，剥除痂皮，伤口处涂擦紫药水或碘酊。口腔、咽喉处用镊子除去假膜，涂敷碘甘油。眼部可挤出蓄积的干酪样物，用2%的硼酸液冲洗干净，再滴入5%的蛋白银。

10. 鸡白痢

鸡白痢是由鸡白痢沙门氏杆菌引起，主要侵害雏鸡的一种败血性传染病。发病率和死亡率均高。鸡白痢传播方式主要是经种蛋传播。一旦雏鸡发病，病原通过粪便污染饲料和饮水引起同群鸡相继感染发病。育雏室湿度过高或过低，环境不卫生，通风不良，饲料不足等都可增加发病率。雏鸡最易感，常发年龄是2周龄内，成年鸡多呈隐性感染。一年四季均可发生，尤其是出雏季节多见。

(1) 症状。带菌种蛋在孵化中一部分成为死胚，也有在出壳后1~2天内死亡；大部分发病在4~7日龄。表现精神沉郁，怕冷，翅下垂，不喜活动拥挤一起。拉白色稀糊状的粪便，有时粘在肛门围周成团而排粪困难，雏鸡吱吱叫。近年来有肺型鸡白痢，可不见白痢发生，但精神沉郁，死亡。

(2) 诊断。肝肿大有点状出血，胆囊扩张。病程长者可见肝脏有灰白色坏死点，脾肿大质脆，肺呈褐色肝样肺炎，心包、肌胃、肺脏、肠管有白色坏死结节。成年鸡主要表现肝肿大，有坏死点，胆囊充满胆汁；卵泡变形，呈暗灰色，内容物呈油脂样，病变的卵泡可能从卵巢脱落，成为干硬的结块，或卵黄破裂引起腹膜炎。

(3) 防治。白痢病主要是预防。首先要选用无白痢杆菌史的种鸡作种鸡；其次在种蛋入孵前要严格消毒，对环境卫生要特别注意，杜绝传染源；当雏鸡出壳后，应给药物预防。治疗白痢药物很多，可选用氯霉素、庆大霉素、土霉素、痢特灵、磺胺类等药物治疗。

11. 新城疫

鸡新城疫主要感染鸡、火鸡、珠鸡、野鸡、鹌鹑和鸽，而鸭、鹅及麻雀等禽类可成为本病的带毒者而不发病。本病主要传播途径是呼吸道和消化道。新城疫病毒不能经卵垂直传播，病母鸡所产的卵，在孵化的前4~5天内，胚胎因感染而死亡。本病一年四季均可发生，各种日龄的鸡均能感染。雏鸡常带有母源抗体，在1~2周龄内有一定的抵抗力。以后母源抗体逐渐减弱，若此时感染了新城疫强毒，即可暴发本病。

(1) 症状。典型新城疫病鸡体温升高，精神沉郁，减食或拒食，渴欲增加，排出绿色或黄白色稀粪。口、鼻内有多量黏液，嗉囊充满气体或液体，张口呼吸。发病后期出现脚、翅瘫痪和扭颈等神经症状。

(2) 诊断。根据本病流行特点、症状及剖检变化，典型新城疫一般可作出诊断。非典型新城疫可取病死鸡的脑、肺、脾等病料接种鸡胚作病毒分离，用血凝和血凝抑制试验鉴定病毒，确诊本病。在诊断本病时应注意与禽霍乱和禽流感相鉴别。与禽霍乱的鉴别要点：禽霍乱鸡、鸭、鹅均可感染。患病多为成年鸡。急性病例病程短，常突然死亡。慢性病例肉胃肿胀，关节发炎，无神经症状。药物治疗有效。剖检突出病变为肝脏有灰白色小坏死灶和小肠出血性卡他性肠炎。肝触片染色镜检可见到两极染色的巴氏杆菌。与禽流感的鉴别要点：禽流感的潜伏期和病程比新城疫短，没有明显的呼吸困难和神经症状。剖检常见有皮下水肿和黄色胶样浸润，肠腔、心包等有黄色透明渗出液和纤维蛋白性渗出物，黏膜、浆膜等处出血较新城疫严重，肠道黏膜一般不形成溃疡。有条件可进行病毒分离和血清学试验来确诊。

(3) 防治。做好平时卫生防疫工作：鸡场要坚持全进全出饲养制度和定期消毒制度。新购进的种鸡做好检疫工作，并隔离饲养观察。为了杜绝野毒侵入，饲养人员吃住在场，谢绝参观。工作人员、饲养用具等进出鸡场必须严格消毒。

做好定期免疫接种工作：首先要制定出适合本地、本场实际情况的免疫程序。现提供以下两种免疫程序供参考。弱毒苗与油乳剂灭活苗共同接种的免疫程序：适合于规模较大、新城疫不安全的鸡场。首免于5~7日龄用Ⅱ系或Ⅳ系弱毒苗滴眼、滴鼻，同时用新城疫油乳剂灭活苗注射，每羽0.25毫升。二免于8周龄用Ⅳ系或Ⅰ系苗免疫1次。三免于开产前用Ⅰ系苗肌内注射1羽份，同时再皮下注射新城疫油乳剂灭活苗，每羽0.5毫升。弱毒苗的免疫程序：适合于饲养规模较小的养鸡专业户及新城疫较安全的地区。首免于 5~7 日龄用 h 系或Ⅳ系苗滴鼻、点眼或饮水。二免于 25~30 日龄用 h 系或Ⅳ系苗滴鼻、点眼或饮水。三免于 55~60 日龄时用Ⅳ系或Ⅰ系苗接种。四免在开产前用Ⅰ系苗肌内注射接种。以后可根据抗体监测水平选择适宜的时机进行免疫接种。

鸡场发生本病的紧急措施：当鸡场发生新城疫时，应严格隔离病鸡，处理好死鸡，彻底消毒。对未发病成年鸡群普遍用新城疫Ⅰ系苗，对 1 月龄以内的雏鸡用Ⅳ系苗，按常规剂量 2~4 倍进行紧急接种，同时注射新城疫油乳剂灭活苗 1 羽份。对于早期病鸡和可疑病鸡，可用新城疫高免血清或卵黄抗体进行防治。

12. 传染性支气管炎

本病主要侵害于鸡，成年鸡发病率较高。主要传播途径是经呼吸道和经眼结膜感染。被污染的饲料、饮水及用具均为本病传播媒介。本病传播快、发病急、呈流行性或地方流行性，发病率可高达 90%~100%，平均死亡率达 18%~20%。

（1）症状与眼观病变。发病初期病鸡流泪，结膜炎，鼻腔流出分泌物。经 1~2 天则呈现本病典型呼吸道症状，如张口呼吸、咳嗽、喷嚏、呼吸哆音等。病情严重者可咳出带血的黏液或凝固的血液。除呼吸道症状外，病鸡精神萎顿、减食、体温升高到 43℃ 以上，产蛋鸡群产蛋量减少 10%~60%。本病特征性病变为喉头和气管黏膜肿胀和高度潮红，并有出血点和出血斑。喉和气管内覆盖一层分泌物，并有干酪样物，伪膜及组织脱屑。有时见气管内血性分泌物和血凝块以及纤维蛋白条带。其他脏器一般无可见病变。

（2）诊断。本病典型病例可根据呼吸困难、咳出带血的黏液、喉头和气管内出血和糜烂，再结合流行特点可以作出诊断。非典型病例可进行病毒分离、包涵体检查及血清学（琼脂扩散试验、斑点免疫吸附试验等）检查来确诊本病。本病应注意与传染性支气管炎和传染性鼻炎相鉴别。

（3）防治。

预防接种：第一次接种在 1~2 月龄时，用弱毒疫苗点眼或滴鼻。在 3.5~4 月龄时再用同样的疫苗和方法进行第二次接种。

发病后的措施：本病无特效药物治疗，可用抗菌药物防止细菌继发感染，减少死亡。对发病鸡场实行隔离封锁，对病愈鸡最好是淘汰或隔离饲养。以免长期带毒传播本病。对于发病鸡群进行疫苗接种。

13. 禽流感

禽流感又叫真性鸡瘟（亚洲鸡瘟），是由 a 型流感病毒引起的一种高度致死性传染病。我国仅有少数地区流行。故在国内外引进鸡时要高度警惕。鸡感染本病时发病率死亡率很高。死亡率可高达 50%~100%。本病通过直接接触病禽和健康带毒禽的粪便、口腔分泌物而感染。在自然界，野生水禽（鸭）是 a 型流感病毒的主要携带者。

（1）症状。潜伏期一般为 3~5 天。本病常突然暴发，流行初期的急性病例可不出现任何症状而突然死亡。一般病程 1~2 天，症状变化很大。可能见有呼吸道症状，如打喷嚏、哆音、窦炎和结膜炎；头部常出现水肿，可能同时出现或不出现腹泻；病鸡体温升高，羽毛蓬松，鸡冠发绀。有的腿变红，鼻分泌物增多，呼吸极度困难，甩头，严重可窒息死亡。产蛋率明显下降。

（2）诊断。主要病变是口腔、腺胃、肌胃角质膜下层和十二指肠出血，胸骨内面、腹部脂肪和心脏均有散在性出血点，肝、脾、肺、肾常见有灰黄色的小坏死灶。

（3）防治。因本病在江西尚未流行，因此在引进国内外鸡时要隔离观察，一旦发现可疑病要及时封锁、隔离和消毒，一经确诊要尽快扑灭。发病时，据报道，可用灭活油乳剂苗进行免疫。服用广谱抗菌素，加强管理，可降低因继发感染造成死亡而引起的损失。

14. 禽伤寒病

禽伤寒是由禽伤寒沙门氏杆菌感染致病。雏鸡及青年鸡易发生此病。

（1）症状。经种蛋传染给雏禽，症状与白痢相似。潜伏期4~5天。急性病程5~6天，慢性可持续数周。急性者体温升高，口渴，粪呈黄绿色，呼吸急促，厌食，冠及肉髯呈紫红色，死亡率高；慢性者，症状轻微，有泻痢贫血现象，死亡率低，但康复的鸡则成为带菌者，不宜种用。

（2）诊断。急性死亡无明显病变。病程较长的病例，整个尸体充血或有黄疸。最典型的病例变化是肝、脾肿大呈铜绿色或棕绿色。其他病变包括肝和心肌上有灰白色坏死点、心包炎，母鸡由于卵泡破裂而常引起的腹膜炎等。本病与鸡白痢在临床症状上很难区别，但通常鸡白痢主要流行于幼雏鸡，而鸡伤寒常发生于3周龄以上的青年鸡和成年鸡。另外，肝、脾明显肿大、发红或变成棕绿色或青铜色也是鸡伤寒较特征的病变。本病与鸡霍乱的区别在于鸡伤寒的病程一般不如鸡霍乱急骤。剖检时鸡伤寒肝、脾明显肿大，而鸡霍乱的脾一般不肿大，肝肿大的程度也没有鸡伤寒那么显著。鸡霍乱还有显著的全身性出血现象。

（3）防治。防治方法与鸡白痢的方法相同。

15. 鸡住白细胞虫病

本病是由住白细胞虫属的卡氏或沙氏住白细胞虫寄生于鸡白细胞和红细胞引起的。因主要引起鸡冠变白和出血，故又叫白冠病、出血性病。卡氏住白细胞虫致病性强，危害较大。因本病靠吸血昆虫（库蠓、蚋）传播，故有明显的季节性。

（1）症状。3~6周龄的鸡常为急性型。病鸡卧地不起，喀血，呼吸困难，突然死亡，死前口流鲜血。亚急性型表现精神沉郁，羽毛松乱，流涎，贫血，鸡冠肉髯变白。下痢，粪便呈绿色，呼吸困难，常于1~2天发生死亡。大雏和成年鸡多为慢性型，临床上呈现精神不振，鸡冠苍白，腹泻，粪便呈白色或绿色，含有多量黏液，体重下降，发育迟缓。产蛋下降或停止，死亡率不高。

（2）诊断。口腔内有鲜血，冠发白。全身皮下出血，肌肉尤其是胸肌及腿肌有出血点和出血斑。各内脏器官广泛出血，尤其多见于肺、肾和肝，严重的可见两侧肺充满血液，肾包膜下有血块，其他器官如心、脾、胰及胸腺等也见有点状出血；有时气管、胸腔、嗉囊、腺胃及肠道内见有大量积血。肌肉（最常见于胸肌、腿肌和心肌）和肝、脾等器官常见到白色小结节，大小如针尖至粟粒大，同周围组织有明显界限。

（3）防治。治疗可用下列药物：①磺胺6甲氧嘧啶（SMM），按0.2%浓度混入饲料中，连喂4~5天。②呋喃唑酮，按0.015%浓度混饲，连喂4~5天。③克球粉，按0.4%浓度混饲，连喂5~7天。控制媒介昆虫，是预防本病的重要环节。在本病流行季节，可用6%~7%的马拉硫磷喷洒驱杀库蠓和蚋。也可用下列药物进行预防，用0.0001%的乙胺嘧啶拌料，或用0.01%呋喃唑酮或0.05%克球粉拌料。

第六节　肉羊的养殖管理与疾病防治技术

肉羊是适应外界环境最强的家畜之一，食性广、耐粗饲、抗逆性强。肉羊的养殖投资少、周转快、效益稳、回报率高。近年来，随着我国人民生活水平的提升，对肉羊的需求也逐渐增加，因此，养殖肉羊的前景越来越好。

一、肉羊的品种

我国的肉羊品种较多，分布也比较广泛，加上近年来引进的肉羊新品种，主要有以下品种。

（一）槐山羊

槐山羊主要产于河南省周口地区和安徽省西北部的安阳地区，是优良肉羊和板皮品种。其体型中等，毛短而密，性早熟，繁殖快，善采食，耐粗饲，喜干厌潮，擅登高，爱角斗，易于放养。

（二）成都麻羊

成都麻羊主要分布在成都平原四周的丘陵和低山地区，且以双流、金堂、龙泉、大邑、汶川等地区饲养量最为众多。成都麻羊所产的板皮是四川板皮中的最佳产品，板皮质地细密，弹性好、强度大、耐磨损。成都麻羊也是良好的肉用性能的肉羊。

（三）南江黄羊

南江黄羊是由四川省南江县承担的国家"八五"畜牧重点科研攻关项目研究课题培育出的新型肉羊品种。一级成年公羊平均体重66.9千克。南江黄羊有"亚洲黄羊"之称。该品种的数量已经达到5万只以上，其中特一级羊5 000只以上，等级羊1万只以上。该羊体格较大，体质坚实，肉用性能好，繁殖力强，已经推广到国内16个省市自治区。是当前国内肉用性能较好的肉羊品种之一。

（四）马头山羊

马头山羊是我国南方山区优良的肉羊品种，主要产于湘鄂山区，包括湖北的众多县市，以及湖南部分地区均有分布。马头山羊繁殖性能较高，母羊4~8月龄发情，公羊初配年龄为5~8月龄，母羊一般10月龄可初配，一年四季均可发情配种，平均每胎产羔1.82只，平均产羔率为200.3%。是繁殖率较为强盛的肉羊品种。

（五）长江三角洲白山羊

长江三角洲白山羊主要分布于江苏省，是我国优良的地方肉用山羊品种，也是制作优质毛笔原料的主要肉羊品种。

（六）青山羊

青山羊主产于鲁、苏、皖等省份，包括山东的菏泽，济宁市的曹县、单县、金乡等20多个市县，江苏的徐州市以及安徽的淮北市等地，均有分布。所产羔皮叫猾子皮，是我国独特的羔皮用肉羊品种。

（七）小尾寒羊

小尾寒羊原产于我国山东省西南部，梁山县是其中心产区。小尾寒羊属于绵羊系肉羊品种，以其性成熟早、四季均可发情、高产多胎、体型大、生长发育快而享有"国宝肉羊"之美誉。其中心产区的广大畜牧科技工作者在小尾寒羊保种、品种选育、提纯复壮等方面做了大量的科研工作，小尾寒羊无论在数量上，还是质量上均取得了长足的发展和提高。梁山小尾寒羊已经推广到内蒙古、宁夏、甘肃、陕西、黑龙江、新疆、辽宁等20多个省市自治区，为全国各地广大牧民脱贫致富奔小康和肉羊品种改良发挥了重要的作用。

（八）努比羊

努比羊是一种乳肉兼用型的山羊品种，原产于非洲，现已分布于世界各地，我国湖北、四川等地已经有广泛的饲养。努比羊具有体格大、生长快、泌乳性能好等优点，利用努比公羊和马头母羊杂交、其杂交优势十分的明显，所产杂交羊的初生重、日增重、成年体重及屠宰率均在马头山羊基础上有所改进。因此，许多肉羊养殖场将其作为第一父本，进行肉羊的杂交改良利用。

（九）波尔山羊

波尔山羊是一个优秀的肉用山羊品种。该品种原产于南非，作为种用，已被非洲许多国家以及新西兰、澳大利亚、德国、美国、加拿大等国引进。自1995年我国首批从德国引进波尔山羊以来，许多地区包括江苏、山东、陕西、山西、四川、广西、广东、江西、河南和北京等地也先后引进了一些波尔山羊，并通过纯繁扩群逐步向周边地区和全国各地扩展，显示出很好的肉用特征、广泛的适应性、较高的经济价值和显著的杂交优势。

（十）杜泊羊

杜泊羊是由有角陶赛特羊和波斯黑头羊杂交育成，最初在南非较干旱的地区进行繁殖和饲养，因其适应性强、早期生长发育快、胴体质量好而闻名。杜泊羊具有早期放牧能力，生长速度快，肉中脂肪分布均匀，为高品质胴体。虽然杜泊羊个体中等，但体躯丰满，体重较大，引进杜泊羊对上述品种进行杂交改良，可以迅速提高其产肉性能，增加经济效益和社会效益。

（十一）无角陶赛特羊

无角陶赛特羊原产于大洋州的澳大利亚和新西兰，是以雷兰羊和有角陶赛特羊为母本，考力代羊为父本进行杂交，杂种羊再与有角陶赛特公羊回交，然后选择所生的无角后代培育而成。具有早熟，生长发育快，全年发情和耐热及适应干燥气候等特点。公、母羊均无角，颈粗短，体躯长，胸宽深，背腰平直，体躯呈圆桶形，四肢粗短，后躯发育良好，全身被毛白色。我国新疆和内蒙古自治区曾从澳大利亚引入该品种，经过初步改良观察，遗传力强，是发展肉用羔羊的父系品种之一。

（十二）夏洛莱羊

夏洛莱羊被毛同质，白色。公、母羊均无角，整个头部往往无毛，脸部皮肤呈粉红色或灰色，有的带有黑色斑点，两耳灵活会动，性情活泼。额宽、眼眶距离大、耳大、颈短粗、肩宽平、胸宽而深、肋部拱圆、背部肌肉发达、体躯呈圆桶状，后躯宽大。两后肢距离大，肌肉发达，呈"U"字形，四肢较短，四肢下部为深浅不同的棕褐色。夏洛莱主要分布在河北、山东、山西、河南、内蒙古、黑龙江、辽宁等地区。

二、肉羊的饲养管理

（一）羔羊的饲养管理

1. 饲养方式

羔羊出生后，首先进行脐带消毒处理，待母羊舔干羔羊身上的黏液后，立即让其吃上初乳，因为初乳对羔羊的健康有着特殊重要的作用。初乳吃得好，羔羊体质强，生长发育快，抗病，成活率高。1月龄内的羔羊，瘤胃尚未完全发育，要以哺乳为主，但要注意早开食，尽早训练其学会吃草吃料，以促进瘤胃的发育，增加营养来源。2月龄羔羊，哺乳和吃料各占一半。3月龄羔羊，补饲草料为主，哺乳为辅，要求饲料体积率，多样化，营养丰富，易消化吸收，以优质青干草、玉米和豆饼为主要饲料。4月龄的羔羊已不需哺乳，依靠采食即可独立生活。

2. 管理要点

（1）哺乳。羔羊产后应尽早吃上初乳。

（2）补料。15日龄前羔羊不能采食大量草料，基本上以哺乳为主，但要尽早开食训练吃草、吃料，15日龄后羔对营养的需要逐渐增加，完全靠母乳已不能满足其生长发育的需要，应加强补饲，15日龄的羔羊每天约吃精料75克，20~30日龄的羔羊每天吃料100~150克，补饲干草及精料的同时，羔羊必须每天饮水2~3次。

（3）去势、去角、编号。育肥羊需要在羔羊期去势、去角、编号，便于管理和育肥。

（4）断尾。细毛羊与二代以上的杂种羊，尾巴细长，一般在初生1周左右进行断尾。

（5）断奶。生长发育正常的羔羊，一般在3~4月龄即可断奶。

（二）育肥羊的饲养管理

以育肥屠宰为目的的羊称为育肥羊，包括羔羊及淘汰的老龄羊。羊的育肥是为了短期内利用低的成本获得质优量多的羊肉，育肥提高羊肉产量，改善胴体品质。育肥要求时间短，催肥快，成本低。

1. 育肥方式

分为：放牧育肥、舍饲育肥、混合育肥、移地育肥。

（1）放牧育肥。羔羊在豆料牧草为主的草场放牧，成年羊在以禾本科牧草为主的草场放牧，放牧时，充分利用夏秋草场抓膘育肥，羔羊需60天左右，淘汰羊需要80天左右，就能膘满肉肥，可增重20%~30%，注意育肥必须保证盐与饮水的供应。

（2）舍饲育肥。舍饲育肥时，进圈育肥羊改变饮食习惯，要有一个适应期，开始喂给优质干草为主日粮，逐渐加入精料。适应新饲养方式后，改变育肥日粮一般以45%的精料与55%的粗料搭配为优，加大育肥力度时，精料比例可加至60%，甚至更高，颗粒饲料用于羔羊育肥，日增重可提高25%，同时减少饲料浪费。

（3）混合育肥。即放牧、舍饲相结合的育肥方式。例如，第一期放牧育肥安排在6月下旬至8月下旬两个月，每一个月龄放牧，第二个月每天加精料200克，到育肥后期补饲精料量增加至400克；第二期放牧安排在9月上旬至10月底，第一个月放牧加补饲200~300克，第二月补饲精料量加到500克，这样，全期增重可以提高30%~60%。

（4）移地育肥。包括2种方式：①山区繁殖、平原育肥；②牧区繁殖的羔羊，转移到精料、环境条件较好的平原或农区育肥。

2. 管理要点

一般农区不具备放牧条件，故多采用舍饲育肥的方式。

舍饲育肥羊的管理要点如下。

（1）育肥前统一用虫克星驱虫一遍，以杀灭肠道寄生虫。毛长的要剪毛。

（2）羊舍光线要暗，以羊能见到草料为准。

（3）羊舍温度以15~20℃最为理想。

（4）饲料搭配合理，使用催肥添加剂。

（5）一天饮一次水，以中午为佳。

（6）育肥时间一般75天左右，时间过短，育肥效果差，过长则增加成本。

（三）种公羊的饲养管理

1. 饲养方式

种公羊应芦够持中等以上膘情，使之健壮、活泼、精力充沛。种公羊的饲养分为配种期和非配种期两个阶段。非配种期，以放牧为主，但必须每日坚持补饲，喂以含蛋白质较高的混合精料。青草期少补，枯草期多补。食盐和骨粉要常年供给。配种期公羊消耗营养和体力最大，这时的日粮营养要全面，易消化，适口性好，特别是蛋白质要求质高量多。一般在配种前 1～1.5 个月就应加强营养，逐渐增加日粮中的蛋白质、维生素和矿物质等，到了配种期，根据采精次数的多少每天补给 1～3 个鸡蛋，同时，适当喂些胡萝卜等。经常观察种公羊的食欲好坏，防止角斗和爬跨，并保证有足够的运动。

2. 管理要点

种公羊要求精细的饲养管理，力求保持常年健康的种用体况，并具有优良的遗传性。

（1）必须保证饲料的多样性，尽可能提供青绿多汁饲料全年均衡供给，在枯草期较长的地区，应准备充足的青贮饲料，同时注意补充矿物质和维生素。

（2）即使在非配种期，也不能单一饲喂粗料，必须补饲一定的混合精料。

（3）必须有适度的放牧和运动时间，防止过肥影响配种。

（四）母羊的饲养管理

1. 饲养方式

怀孕前期（怀孕 3 个月），胎儿发育较慢，只要能供足优质青（干）草，一般不需补饲。到怀孕后期（产前 2 个月），胎儿生长迅速，需要大量的营养物质，必须朴饲混合精料。饲料要求体积小，易消化，富含蛋白质、矿物质和维生索等全价营养。放牧时，不走远路，不打冷鞭，严防剧烈活动，以防流产。预产期前半个月，须单独饲喂，一般不宜出牧。对哺乳母羊，要注意保持乳房卫生，细心观察采食及粪便情况，除喂给优质青干草或花生秧外，必须补充精料，补量随哺乳羔羊数而定，一般产单羔母羊每天补给精料 0.3～0.4 千克，苜蓿干草 0.5 千克，产双羔母羊每天补给精料 0.4～0.5 千克，苜蓿干草 1 千克。

2. 管理要点

母羊饲养管理可分为：空怀期、妊娠期、哺乳期三个阶段。

（1）空怀期饲养。空怀期为羔羊断奶至配种受胎这一段时间，母羊日粮干物质约为其体重的 2.5%，配种前 1～1.5 个月加强放牧，使母羊膘情达到中等以上。空情期母羊管理重点，做好发情鉴定及及时配种。

（2）妊娠期母羊。妊娠期为 150 天，可分为妊娠前期和妊娠后期，妊娠前期是受胎后的 3 个月，胎儿发育较慢，所增重量仅占羔羊出生重的 20%，因此，该时期可以维持空怀期饲养量，此期若处于青草季节，要抓好放牧，非青草季节要多喂优质干草或者贮料，少补饲一些精料。即可满足营养需要，使母羊保持良好膘情，妊娠后期胎儿生长迅速，增长约占初生体重的 80%，这一阶段需要全价营养，母羊每天补精料 0.6～0.7 千克。

妊娠母羊的管理要点：①抓好膘；②清洁卫生；③严防孕羊拉稀；④患病孕羊注意治疗方案，避免造成流产；⑤严防急猛打、惊吓、挤、撞、蹄沟、爬陡坡等；⑥母羊临产前 10 天进入准备好的单圈产房，精心护理，做好接产的准备。

（3）哺乳期饲养。根据沁乳量及羔羊数量，结合优质青干草、青贮多汁饲料，给母羊补饲 0.5～1.5 千克。

三、肉羊的疾病防治

（一）羔羊痢疾

主要发生于1周内羔羊的一种急性传染病。

1. 病因及症状

由魏氏梭菌引起的持续性下痢，死亡率高的急性传染，俗称红肠子病，患病羔羊精神沉郁、不吃奶、垂头拱背、腹壁紧缩，常卧地不起，拉绿色、黄白痢或棕色的粥样或水样稀便，有恶臭，后期排血便，高温2~3天死亡。

2. 防治措施

本病易发区每年对羔羊用四联苗或五联苗预防接种，羔羊痢疾，可用敌菌净与黄胺1∶5结合，30毫克/4千克体重（羔羊一般为70~120毫克），当羔羊生后哺乳时投给，每日二次，连用3天，可预防此病发生，加强母羊饲养管理，羔羊圈舍保持清洁、卫生，经常消毒通风，温度一般以20~25℃为宜。

（二）羊肠毒血症

1. 病因及症状

由魏氏梭菌引起一种急性致死性传染病，春秋之交和秋末季节发病居多，育肥羊场中生长较快的羔羊及成年羊最易感染，发病急，死亡快，多为散发，病羊剧烈腹泻，粪便呈暗绿色或黑褐水稀水，全身肌肉颤抖、磨牙、头劲向后弯曲、口流白沫，昏迷而死。

2. 防治措施

常发地区定期按种菌苗，如每年春秋2次注射羊梭菌病四防氢氧化铝菌苗。治疗本病一般口服金霉素或磺胺咪（每次8~12克），结合强心镇静、解毒等进行对症治疗。

（三）羊痘

羊痘是由痘病毒引起的一种急性、热性、接触性、传染性，其特征是皮肤或某些部位的黏膜发生痘疹。

1. 病因及症状

春季流行较多、传染快，病愈羊终生免疫。初期体温升高至40.5~41.9℃，出现丘疹后变为水疱、脓疱，最后干结成痂、脱落。

2. 防治措施

预防接种羊病疫苗，病羊可用0.1%高锰酸钾水冲洗患部，干后涂以碘酒、紫药水、四环素软膏、红霉素软膏等。

（四）口蹄疫

由口蹄疫病毒引起偶蹄兽的一种呈急性、热性、高度接触性的传染病。

1. 病因及症状

患病动物口、舌、唇、鼻蹄、乳房等部位发生水疱，破溃形成烂斑，患畜体温升高，精神不振，食欲低下，成年羊死亡率为1%~2%，幼畜死亡率达20%~50%。

2. 预防措施

严禁从病区引进动物及其产品、饲料、生物制品等，定期进行预防注射口蹄疫疫苗。口控病变可用冰硼散撒布，蹄部病变可将患处用2%来苏儿浸泡，然后涂氧化锌鱼肝油软膏，严重除局部治疗外，可用安钠咖、葡萄糖等治疗。

（五）羊疥癣病

由螨侵袭羊皮引起发痒的一种疾病。

1. 病因及症状

秋冬及剪毛前后多发，感染后羊只痛痒不安，啃咬患处，最后造成脱毛，患处形成水泡，破裂后形成痂皮。

2. 防治措施

（1）定期进行羊体药浴，羊舍消毒。

（2）局部治疗。0.5%~1%敌百虫溶液涂擦，或灭疥灵药膏涂于患处，间隔3~5天涂药1次。

（六）羊瘤胃积食

瘤胃充满大量饲料，超过正常容积，致使胃体积增大，胃壁扩涨，食糜滞留在瘤胃引起严重消化不良的疾病。

1. 病因及症状

采食过量的质量不良、粗硬易膨胀的饲料，或采食干料而过食谷物、饲料，引起消化不良等，导致不断嗳气，继而嗳气停止，腹痛摇尾，后蹄踏地，拱背咩叫，精神沉郁等症状。

2. 防治措施

（1）液体石蜡100~150毫升，硫酸镁50克口服，补液盐100克，加水1 000毫升灌服。

（2）用10%氯化钠溶液100~150毫升静脉注射，同时肌内注射新斯的明2~3毫升。

（3）严惩者手术切开瘤胃，取出瘤胃内容物。

（七）羊胃肠炎

胃肠炎是胃黏膜及其生成组织的出血性或坏死性炎症。

1. 病因及症状

消化不良、下痢、体温升高为特征，可分为饲养不当引起的胃肠炎和传染性胃肠炎。

2. 防治措施

（1）合霉素0.5克，一次内服，每日3~4次。

（2）黄连素1~2克，内服，每日3次。

（3）复方氯化钠注射液500毫升，糖盐水300~500毫升，10%安钠咖5~10毫升，维生素C 100毫克，混合静脉注射。

（八）羊肺炎

1. 病因及症状

羊肺炎多因寒冷或吸入异物及刺激性气体而引起病羊精神沉郁、体温升高1.5~2℃，呼吸急迫、咳嗽、鼻孔流出灰白色黏液或脓性鼻液，多发于初春或寒冷的冬季。

2. 防治措施

（1）青霉素80万~120万，链霉素100万，肌内注射，每日2~3次。

（2）10%的磺胺嘧啶钠20~30毫升，肌内注射，每日2次，连用3~5天。一、下痢症。患病奶羊不肯吃奶，只啃土，排黄稀尿，带有血丝。精神萎靡，走路摇摆，死亡率高。治疗方法是按每只羊炒6克生盐，以开水冲泡，待水温时给羊灌服。

主要参考文献

陈士瑜.1999.菇菌生产技术全书［M］.北京：中国农业出版社.

陈勇，贾陟，徐卫红.2016.果树规模生产与病虫害防治［M］.北京：中国农业科学技术出版社.

国家蔬菜品种鉴定委员会.2017.中国蔬菜优良品种（2004—2015）［M］.北京：中国农业出版社.

黄永强.2017.畜禽养殖及疫病防治新技术［M］.北京：中国农业出版社.

刘保才.1998.蔬菜高产栽培技术大全［M］.北京：中国农业出版社.

吴逸群，许秀，魏睿.2017.常见农作物病虫害防治技术［M］.北京：科学出版社.